问学录

李晓榕 著

科研治学方略的
师生对话

清华大学出版社
北京

内 容 简 介

每一位学子和学者多少都有一些关于怎样更好地科研治学的想法，也都遇到过不少有关的问题，包括如何选题、有什么准则、确定课题后如何入手、有什么攻坚利器、怎么对待学术新动向、卡壳时怎么办、迷茫时有何妙策、如何合理安排时间、怎么更有效地学习、怎样发表论文、有关的科研道德规范是什么，等等。

本书选材于作者 20 年间回国讲学的报告和座谈，以对话录的形式，探讨上述的众多问题，深入探讨提升科研治学的战略、战术和战斗力，给出一些有效实用的法则、方法、策略和窍门。讨论深入浅出，旁征博引，现身说法，引人入胜。

本书适合本科生、硕士研究生、博士研究生和中青年学者参考使用。对于读者而言，即使只排除了一个疑难或学到了一条有用的策略，所花的时间也是十分值得的。

图书在版编目(CIP)数据

问学录：科研治学方略的师生对话/李晓榕著.—北京：清华大学出版社，2021.2
ISBN 978-7-302-53116-6

Ⅰ.①问… Ⅱ.①李… Ⅲ.①自动化技术–文集 Ⅳ.①TP2-53

中国版本图书馆 CIP 数据核字(2019)第 104437 号

责任编辑：梁 颖 李 晔
封面设计：傅瑞学
责任校对：梁 毅
责任印制：吴佳雯

出版发行：清华大学出版社
　　　　　网　　　址：http://www.tup.com.cn, http://www.wqbook.com
　　　　　地　　　址：北京清华大学学研大厦 A 座　　　邮　　编：100084
　　　　　社 总 机：010-62770175　　　　　　　　　　邮　　购：010-83470235
　　　　　投稿与读者服务：010-62776969，c-service@tup.tsinghua.edu.cn
　　　　　质量反馈：010-62772015，zhiliang@tup.tsinghua.edu.cn
印 装 者：大厂回族自治县彩虹印刷有限公司
经　　销：全国新华书店
开　　本：155mm×235mm　　　印　张：21.75　　　字　数：357 千字
版　　次：2021 年 2 月第 1 版　　　印　次：2021 年 2 月第 1 次印刷
定　　价：69.00 元

产品编号：079699-01

谨将此书献给我的家人（佩珠、文迪、文一）、学生和有志于学的同道，没有他们的支持、理解和付出，就没有此书。

《题聊斋志异》

王士禛

姑妄言之姑听之，
豆棚瓜架雨如丝。
料应厌作人间语，
爱听秋坟鬼唱时。

《负暄琐话完稿有感》

张中行

姑妄言之姑听之，
夕阳篱下语如丝。
阿谁会得西来意，
烛冷香消掩泪时。

《问学录稿成寄语》

李晓榕

姑妄言之姑听之，
精研治问理真丝。
高题妙法天才力，
乐趣无来枉费时。

自序

　　每本书都是一家店铺，书中内容即店中之货。有各类书，正如有各色店铺。出书即开店，本店乃游子回乡所开，不转售他处之货，所售之货未必他处所无，却定有本店特色：所售之货虽未必皆"独"创，却必有"自"到之处，乃私见。家有敝帚，享之千金，今置店中，与众分享。在此，提醒买家览者注意，偏见乃私见之街坊，常见于私见之家。"凡是诚意的思想，只要是自己的，都是偏论，'偏见'。……惟有偏见乃是我们个人所有的思想，别的都是一些贩卖，借光，挪用的东西。"（林语堂《论语丝文体》）

　　《呻吟语》云："至道无言，至言无文，至文无法。"《庄子·山木》载：无用之木得享天年，只因伐木者嫌其无用而不伐；不能鸣叫之鹅，却因不能鸣叫而为主人所杀。故庄子建议处乎材与不材之间，即有用与无用之间。科研治学亦处乎有法无法之间。西人称[1]：科研本身非科学，仍为艺术或技艺。治学之道既介乎有法无法之间，难以言说，此间意在何为？答曰：勉为其难，强作解人，论此有无之间的无法之法。当代西方名哲维特根斯坦有传世名言[2]：不可言者，务须默然处之。无独有偶，大哲老子亦云："知者不言，言者不知。"能出此言，自为智者。然既明此理，为何仍发皇皇五千言？此间所欲论者，或许只堪意会，未可言传，一旦言传，必有所误。因而高者不言，言者不高，所言难高。此类一得之愚，或可与凡人言，恐难为智者道。既如此，本书适于何类读者？答曰：于一半读者，或以为陈言老套、浮语虚辞、浅见肤论；于另一半，或显得高深莫测、弗知所云、未可企及；于余者，定乃真知灼见、要言妙道、恰到好处！愿个中得者，"得意"而"忘言"。

　　治学向有正道与邪途。此间主谈正道，偶及邪途，为立而破。当今最诱人之邪途乃"捷径"，诚如国之第一诗人屈子于国之第一诗篇《离骚》

---

[1] W. H. George: Scientific research is not itself a science; it is still an art or craft.

[2] Ludwig Wittgenstein: Whereof one cannot speak, thereon one must remain silent.

所咏："彼尧舜之耿介兮，既遵道而得路。何桀纣之昌披兮，夫惟捷径以窘步。"正道非一，皆百川归海，殊途同归，正如武学正宗非一。此间所述，乃治学"趣宗"，当属正宗。趣者，兴趣、乐趣、情趣、意趣、理趣、志趣、风趣、雅趣、谐趣、趣味也。所谈诸法各理，均非空话虚言，实乃店主努力践行者，纵然不免时有所偏。然则书不尽言，言不尽意，意不尽理，理不尽真，真不尽美，美不尽善。

著述之人，总有希冀。一愿抛此一得之砖，引来百思之玉。位卑识浅言微而聊尽匹夫之责：虽无金针，难以度人，铜针亦有其用。愿此铜针导出金针，引来度人之作。再愿此针催人思索，助人明了何事当为、当如何为，以除陋习恶习。三愿促善文风：科研方法之书，易流于沉闷板滞、高谈空论、新意寥寥。本书力避之。《礼记·表记》云："情欲信，辞欲巧。"子曰："言之无文，行而不远。"所引诗词古话、妙语名言、洋文西谚、轶事趣闻，或因其精辟而富启示，值得体悟；或因其雅趣而增文采，可堪回味。再者，为免空泛，甘冒自炫之嫌，现身说法，讲述切身经历体验，以为实例实证。

本店构建历程如下。以往二十年间，店主常回国交流讲学。十余年前，北航毛士艺教授建议扩大影响，不囿于纯学术内容，助益或可更大。对此建议，深表谢意！思虑再三，自忖以谈治学之道为宜。随后数年，间或报告科研心法体会。其时，友人建议出书，但自忖尚欠成熟，条理性系统性尚缺，出书或显太自以为是。为增成效，几经尝试，遂改报告为座谈。自十二年前学术休假至今，于西安交大、浙大、川大、北航、西工大、哈工大等十余所高校，与师生座谈，逾二十场，谨此向参与众师生致谢。中后期座谈多有录音记录，经西安交大信息工程科学研究中心（CIESR）曹雯、高永新、刘宝、毛艳慧、孟浩展、孙力帆、王祎敏、徐林峰、尹翰林诸生整理。谨致谢意！几经增删修改，渐觉大加改善发挥后似可公布，因座谈不显得自以为是，其内容较随意，无需"一本正经"，其结构较灵便，不必条理十足、层次分明、系统完善。其时抉择有二：精简后投杂志或先发博文。适逢科学网邀请，遂于修改润色后上传。所有五十余篇博文上传至科学网及CIESR网页，均由孟浩展"一手操控"。在此深谢！登出后反响不错，数月之间，点击率已逾三十万。网友纷纷各抒己见，不乏谬赞，间有质疑或异议，尤为有益。不少网友建议结集出版。再加增删、理顺、剪接、修改、调整、润色、完善，遂成此书。新加若干插图，或富启示，或增谐趣，望见者喜之。新制漫画多为店主与刘宝联合构思，由其打草图，再由刘梵瑜先生完成最终构思并制作，在此深谢。

本店之成有赖大量师生座谈讨论，故采"对话体"。鲁迅尝云："幻灭之来，多不在假中见真，而在真中见假。日记体，书简体，写起来也许便当得多罢，但也极容易起幻灭之感；而一起则大抵很厉害，因为它起先模样装得真。"（《三闲集·怎么写》）有鉴于此，特此明告：虽为对话体，却非实录；采对话体，取其尤宜论事说理且结构随意灵便之长。然则缺憾亦大，恰如清代史学名家章学诚所责："问答之体，问者必浅而答者必深，问者有非而答者必是。今伪托于问答，是常以深且是者自予，而以浅且非者予人也，不亦薄乎？"（《文史通义·匡论》）或曰：此短非对话体所必有，古希腊大哲柏拉图享誉千古之《理想国》乃至《对话集》全体，儒家经典《论语》《孟子》，先秦名家公孙龙之《白马论》等诸多中国哲思名著经典，乃至伽利略划时代之科学名著《关于托勒密和哥白尼两大世界体系的对话》及波义耳开现代化学之名著《怀疑的化学家》，皆为问答体，并不因而稍有逊色。答曰：所言甚是，然此间岂敢奢望与此等巨著名篇相提并论？本店所囿实因其原料为上述座谈，旨在"挤出"治学心得，而非重在各方交相辩难。所谈心得，至多可为店主一家之言，决无是己而非人唯我而独是之意，望读者明鉴。

书中引用中文原文加引号，译文及转述用楷体，以示区别。他人之译文，加引号，不附原文。凡店主所译，不加引号，均附外文原文，以便方家指正。古文今译或注释，皆为店主所为。书末索引，犹如房屋之后窗，大大便利用者，"好像学问的捷径，在乎书背后的引得，若从前面正文看起，反见得愈远了。"（钱锺书《写在人生边上·窗》）欧美之书，皆有"引得"（index），不知为何中文书有之者寥寥？本书索引最初之初稿乃 CIESR 之曹雯、曹晓萌、吉清强、刘宝、孙力帆、王哲、尹翰林、张乐诸生所作，谨表谢意！

本序为何半文半白？非为复古，实则考虑者三。其一，借故而求新，造旧以创新：遍地皆旧，新方真新；到处都新，旧则实新。——全为白话，则司空见惯，难以"脱颖而出"；通篇文言，则"吃力不讨好"，——既耗店主之神，亦乏独特之新，更有费解之病。其二，书序旨在点睛，当为全书之警策，故"会看书的先看序"（周作人语），会看序的需细读。"不文不白"，当可杜绝一目十行，囫囵吞枣。其三，朦胧之美、含蓄之妙、模糊之佳、空灵之趣，实为文言胜于白话处。其旨以不明言说透为宜，或可求之于《围城》中方鸿渐致苏小姐之信为何用文言。

久居海外，已不惯于中文书序之套话，故一概免去。唯恳请读者不吝赐教，将批评指正寄达 xli@mail.xjtu.edu.cn，不胜感激。泰西大文豪莎翁尝有名言：简者，智之魂。（Brevity is the soul of wit.）此序已不简，就此步王士禛《题聊斋志异》及张中行《负暄琐话完稿有感》韵，作如下小诗《问学录稿成寄语》打住：

> 姑妄言之姑听之，
> 精研治问理真丝。
> 高题妙法天才力，
> 乐趣无来枉费时。

李晓榕

2019 年 1 月 2 日之夜于新奥尔良简容斋

目录

第1章
科研选题

1.1 科研的战略、战术和战斗力

战略、战术和战斗力

李[1]：你们认为国内科研最大的缺陷是什么？

学：是不是缺少团队内的合作？我们经常是单打独斗。

教：是不是国内的研究不够深入？

李：我认为最大的缺陷是不善于选题：大多数国内学者选题不佳、不慎重、欠斟酌，这是大忌。科研好比打仗，

选题是战略，方法是战术，功底是战斗力。

这么打个比方，大家容易记牢。是否善于选题，是优秀学者与平庸学者的分水岭。题好文一半：课题选得好，科研事半功倍。所以，选题能力是评判科研水平的可靠依据。一般而言，智者更注重高层，特别是整体规划。国内的很多研究不够深入，的确是一大问题。其实，国内的科研团队远比国外多，学术氛围却不如欧美健康。研究的方法策略是战术。还有，国内学术界、特别是理论界，历来十分强调功底。功底固然重要，也只是战斗力而已。不过，当前普遍浮躁，在这种大环境下，强调功底没错。你们选题的主要困难是什么？

学：对我们博士生来说，最大的困难是没有课题。有一个就不错了，根本谈不上选择。

教：我们青年教师也差不多。我们常常感到是在杂志缝里找课题。

李：这么慌不择路、饥不择食，有一个课题就做一个，太可悲了！

学：这是现实困难，我们的时间压力很大，我们得在四五年内毕业。

李：还是太草率了。要知道，你今后的工作领域，特别是治学领域，与你的博士论文课题大有关联。为什么要那么急于确定课题呢？我宁可迟一二年毕业，也要选个好课题。这一二年的投资，回报很大。

博士论文课题方向极其重要。我的朋友、美国马萨诸塞大学的龚维博教授用优化理论术语形象地说：你的博士导师用它把你初始化，

---

[1] 李：李晓榕，学：学生，教：教师。

把你放在某座山山脚的一个地方，以后你一辈子就爬这座山了。大多数人一辈子都会只爬这座山，很少有人会换一座山爬的。选题跟找对象大有相通之处：不可轻率、见一个谈一个，一定要慎重，否则后悔莫及，除非你本来就是闹着玩的——你只是为了"攻读、获取"博士学位而已。

学：牛人张五常说，要不是他花了三年时间才选好他的博士论文课题，他就写不出他的成名之作《佃农理论》。

教：我们青年教师压力更大：升职有很多量化要求和时间限制，如果不在某个年限内升到某个职称，以后就没指望了。

李：人人都有不少现实困难：硕士生、博士生有时间限制，要毕业；青年教师有大量杂务，要"服侍"众多量化指标，不满足就无法评职称，还要挣钱买房；中年教师负担和各种责任都更大，包括家庭和工作上的，更难专注于学术，这也是大器难以晚成的一大原因。

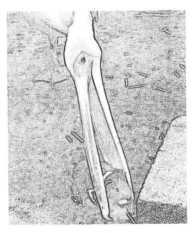

处处受限，身不由己

如果太看重约束，真的一辈子就被束缚住了，正如明人陈继儒的《小窗幽记》所说："耳目宽则天地窄，争务短则日月长。"是啊，"耳目宽"则物欲约束多而强，天地随之变窄；所"争"名利事"务"短少，日月自然就长。各个时期都有不少约束，当时都以为至关重要，倒想回来则未必。比如在读硕士博士期间，那真是花样年华，没有多少约束，想学什么都可以。青年教师要评职称，赶写文章。这个课题需要两三年，远水不解近渴；那个几个月就能出来，立竿见影，所

3

以就做它。这样，科研成了"敲门砖"，学生用它敲开学位之门，教师用它敲开晋级加薪、资助获奖之门。

一味迁就约束，终将一事无成；事事计较优化，势必远离最优

老是迁就约束，患得患失，就不可能做喜欢之事，就很难作出成就。明人洪应明的《菜根谭》说得好："学者有段兢业的心思，又要有段潇洒的趣味。"**越在乎约束，束缚就越强。**你们可能说我是饱汉不知饿汉饥，站着说话不腰疼，其实我们是过来人。我们年轻时也有各种困难，包括就业困难和被裁员的风险。

教：是吗，这不容易想象。您能不能给我们来个"现身说法"？

李：《智慧书》说[1]：决不谈论自己。谈论自己，要么自夸，那是虚荣；要么自责，那是小心眼儿。在此，我只好明知故犯了。不过，我也觉得德国大哲学家尼采说得有理[2]：从不谈论自己是一种很精致的伪善。我博士毕业时，正赶上美国经济大衰退，就业机会极少，竞争激烈。我有幸在一所大学找到一个教职，一年后学校就因严重的财政困难，大幅度紧缩开支，将我的固定（tenure-track）教职转为短期（non-tenure-track）教职，期限仅一年。领导也承认，这种做法史无前例、闻所未闻。当时我们既无系主任，又无院长，系主任因故辞职，院长因大多数终身教授投了不信任票而被调离。我一家三口在异国他乡，全靠我的工资生活，压力可想而知。在这种危机四伏、混乱不堪的情况下，虽然不得不找工作，我仍然坚持做好学问，积极申请科研经费，这样才能在转到另一所学校临走之前，获得美国国家科学基金会的青年研究奖。如果当时不仍旧做好学问，就难以找到新的固定教职，学校也不会在大半年后把我转回固定教职，更别提获得研究奖了。

不少事业有成之人都有过非常艰难的时期。你的痛苦、你的压力，你自己感受最深，别人不容易体会。你常常会觉得就你压力最大，人人都以为自己负担最重。（英谚：Everyone thinks his sack heaviest.）另外，从优化理论来看也很明显：步步优化是"贪婪近视算法"，短期

---

[1] Baltasar Gracián, *The Art of Worldly Wisdom*: Never talk about yourself. To do so you must either praise yourself, which is vain, or blame yourself, which is little-minded.

[2] Friedrich Nietzsche: Never to talk about oneself is a very refined form of hypocrisy.

效果也许不错，但总体长期效果不好。所以心态要平衡。

再举一个我的切身例子。多年前我是助理教授时，系里有两派斗得天翻地覆。一派是大多数终身正副教授，想把系主任拉下马，另一派是系主任和少数教授，但有工学院院长的全力支持。我坚持不卷入这扯不清的是是非非。几年后，有些同事说我很聪明，在他们把时间精力用于内斗时，我的学问突飞猛进。他们不清楚或者忘记了我为了避免卷入所承受的压力和付出的代价。当时，吃力不讨好的事，都落到我这样中立而非终身教授之人身上。更困难的是压力。比如说系主任任期届满，投票决定是否连任时，极为强势的院长把我单独叫到他的办公室，跟我说了一通，居然让我当场在他的眼皮子底下投票。顶着这突如其来的巨大压力，我还是投了弃权票，否则事后我一定会看不起自己。你们不容易想象那种巨大的压力，因为院长完全可以由此解雇我，而且此前他居然对对立派的一位死硬的终身教授调到工学院下属的一个实验研究院任工程师。后来常务副校长（Provost）来公布投票结果，只有一票弃权，可见其他试图保持中立之人，都屈服于院长的淫威。系主任虽得以连任，但随即被调离。

教：后来院长对您如何？

李：当然不好，但也并没有处心积虑给我小鞋穿。我想有多个原因：一是他要打击的人不少，二是他知道我的骨头比较硬，三是后任系主任对我不错，四是我的学问越来越好。新院长上任后，我才"翻身"。他很器重我，还找校长要求给我个人特别加薪。他后来还要我当系主任，我虽不情愿，但还是不得已而为之，否则对我们系的发展不利，对我的处境也不利。更重要的是，系里已没有派系之争了。我当系主任之后，凡是可能有争议之事，特别是牵涉人事、利益之事，都要求公事不私议，摆在桌面上开会解决，而不是私下串通，那样容易形成派别。这么多年来，系里一直相安无事，没有派别。

国内不少人把美国理想化。其实，美国高校中的派别之争相当普遍，主要原因之一是谁也不太需要买别人的账，领导也难以令教授就范。有句流行话：*领导常来去，教师自留居*。（Administrators come and go, but faculty members stay.）

教：您也许不清楚我们青年教师的压力有多大。每年都有一大堆量化的具体要求，比如发文章、争项目。

李：美国大学的终身教职（tenure）聘用制未必不更残酷，几年没拿到就得走人。它十分注重发表和科研到款，有著名的**不著则亡**（Publish or perish）之说。

朦胧跟着兴趣走

教：事先怎么知道哪些约束不必重视，而哪些约束应该重视呢？

李：跟着兴趣走，兴趣是最佳向导，这是我的治学观、人生观。不要太被环境压力等约束左右自己，应跟着感觉走，在兴趣的引领下发展长处，多做喜欢之事，少做不喜欢之事，"守真志满，逐物意移"。（《千字文》）

大智若愚，深蓦犹慧。一心拣芝麻，必定丢西瓜。中外都说"贪小失大"（Penny wise and pound foolish），"去小智而大智明"（庄子语）——不放弃小聪明，就不会有大智慧。大智与小智的一大区别是：大智不在乎眼前，小智看重眼前，处处优化、步步优化。很多精明人明知这种"贪婪算法"不好，仍不由自主这样做。机关算尽太聪明，最蠢莫过用心机。这种人活得很累，不能"潇洒走一回"，聪明反被聪明误。其实，太过精明，就是愚蠢。而一些不聪明甚至愚钝的人想得不多，结果却好。的确，"逐物实难，凭性良易"（刘勰《文心雕龙·序志》）。顺乎本性的自然策略大都相当不错：不仅最终结果不赖，而且过程也令人愉快。过程比结果更要紧。

学：您说的很有道理，但是会按您说的去做的人，您不说他们也会这样做；不按您说的去做的人，您说也没用。

李：是啊，"智者渠(他)自知，愚者谁信尔(你)"（王安石《拟寒山拾得》）。不过，我想主要有两种作用：①前者是朦胧的，有时会迷茫，如果我说得清楚，他们的迷茫会少点，会更有意识更明确地这么做。②对后者会有冲击，也许会去试试，尽管后来有可能逐渐回归原状。人都有自己的思想，能影响一点就不错了。我知道，不管是谁说的、怎么说，大多数人还是过于在乎各种约束。这是人生的悲哀。

教：您是说，要有个长期的计划，不要近视，被短时的压力和约束所左右。

李：对，不要近视、被约束左右，但我并没建议制定人生长期规划。最好率"兴"而为——朦胧地跟着兴趣感觉走。没兴趣而下棋，会很痛苦；有兴趣的话，越下越有趣，越难越有味。近二千年前古罗马帝国代表性帝王、哲学家马可·奥勒留的《沉思录》（Marcus Aurelinus, *Meditations* ）是西方享誉千古的名著，它一再强调的一个主旨是：莫为形势、压力、约束、利益等扭曲自己。在此，朦胧优于明晰。如果有个长期规划，就可能为达到中间目标而扭曲自己。何况，这种长期规划大都不可行，因为人生充满了不确定性。比如有些人，包括我，并没有精心策划却出国了，人生随之大变。不要老想着所制定的规划或目标而扭曲自己、迷失本真。要有人生目标，可以有明确或朦胧的中短期规划，但应跟着兴趣和感觉走，调整规划，否则就容易犯贪婪近视、步步优化的毛病。

1.2　选题准则

教：有些学生很羡慕其他同学，导师很早就帮他们选好课题方向了，很快就发了一些文章。其实，这容易使学生局限在一个小范围内，不利于拓展视野和知识面。自己摸索选题，要试不少方向，知道这个方向可以做，那个方向也可以做。毕业时文章可能不多，但是这种厚积薄发所带来的对科研的好处，要远胜于前者。

李：对，一个课题是自己选的还是导师定的，那完全是两码事。做研究是个探索过程，很不确定，在黑暗中上下求索的经验体会非常宝贵，能力也会因此提高。正如徒步登顶和坐缆车到达顶峰，体悟感觉不可同日而语。所以我往往让学生自己选题，我只提供必要的指导。最有意思、最可能成功的课题是研究者本人慎重确定的课题。治学就像游泳，据说渔民从不教小孩游泳，只是把他们扔到水中自学而已。法国数学家阿达玛（Jacques Hadamard）甚至认为，讨要研究课题的学生不是一流的。

选题三要则

教：那么，到底该怎么选题呢？

李：我认为，**选题的三个首要准则是：趋喜避厌，择重舍轻，扬长避短**。它们相辅相成，不可分割。此外还得量力而行，考虑可行性、新颖程度、所需的时间精力以及获取科研资助的潜力，学生最好在导师熟悉的范围内选题，等等。很多人强调新颖性和投入产出，我觉得不应过分强调。

1. 趋喜避厌

在所有因素中，我认为兴趣最关键，所以要趋喜避厌，回避不感兴趣的课题，否则会感到索然无味、怀才不遇、浪费生命，而且成功的概率不大。兴趣不大，就不容易出成果；兴趣大，相当于在为自己工作，就能充分发挥主观能动性。人人都喜欢做自己擅长之事。瑞士著名心理学家皮亚杰（Jean Piaget）指出："所有智力方面的工作都依赖于兴趣。"他还说："兴趣是能量的调节者，它的加入便发动了储存于内心的力量，足以使工作有兴趣，因而使它看起来容易而且能减少疲劳。"杰出的学者大都兴趣深沉而广泛。即使没有取得重要成就，兴趣也会使生活更充实、更丰富、更有意义。注意，**人生就是过程，过程比结局更要紧**。所以，人生有目标的主要好处，在于使追求它的过程更有意思，使自己更享受这一过程，从而使人生更有价值。我曾多次谢绝中青年学者要我替他们定课题、找突破口。我不了解他们的真实兴趣以及长处和短处，而最好的课题是能引发浓厚兴趣的课题。没有强烈的愿望，是很难攻克难题的。我很赞同何毓琦先生的建议[1]：寻找一个有些人很想解决的现实问题，你对它恰巧感兴趣而又所知不多，下决心解决它，但不拘泥于用你熟悉的工具。

2. 择重舍轻

教：我们都知道要选重要的课题。我认为主要困难在于不知道课题的重要性。怎么判断一个课题有多重要呢？

李：主要看课题成功完成后有多大影响，会改变多少东西、改变的程度多大。改变包括由不清楚变为清楚。一个简单判据是：越能向远离课题的人解释清楚，课题的意义就越大。小同行之外的研究者也关心的课题一般比较重要。另一个判据是：这一课题的成果，会导致

---

[1] Go find a real world problem that a group of people is eager to solve, that happens to interest you for whatever reason, and that you don't know much about. Make a commitment to solve it but not a commitment to use tools with which you happen to be familiar. 引自《新学者融入世界科坛》。

或影响的后续成果有多大、有多少。不知道课题的重要性说明对课题的把握和对领域的了解不到位。只有加强学习，加深理解，别无他法。经验不足者在研究初期不清楚课题的重要性并不少见，不要气馁。

说到重要性，大多数学者都有一个重大误区，认为重要的课题比不重要的难度大。事实上，与重要课题相比，不重要的课题完全可能同样困难甚至更加困难。举例来说，一个更通用而一般的问题也许更容易解决。一个算术应用题可能是一个代数题的特例，而这个更一般、更重要的代数题却可能更容易解决。正如大数学家狄利克雷和戴德金所说[1]：假如直接求解，一般问题到头来往往比特殊问题更容易。重要性与难度之间的关系不大，在一个新领域，那真没多大关系，不见得重要的就难。关键是：谁不想做重要而又容易的课题？所以在一个老领域，倒有些关系：那么多人搜来搜去，多数重要而又容易的课题都解决了。

教：应该怎么看所谓的意义重大？多重要的课题算是意义重大？

李：多大算大，因人而异。所选的课题，至少本人应认为重要。有些人知道自己的课题根本不重要，兴趣也不大。粗制滥造，发表一堆垃圾文章凑数，想靠数量取胜、攻学位拿项目、加薪升职。既然不喜欢这个课题，为什么不换一个更喜欢的？既然不喜欢做学问，为什么不找更喜欢的职业呢？不喜欢、不善于做科研的人，却偏偏以此为业。真是自寻烦恼、浪费生命，悲夫！

《智慧书》说得好：优秀在质不在量。（Excellence resides in quality not in quantity.）同样，**成功、声誉和价值取决于研究成果的质而不是量**。据说居里夫人一生只发表了七篇文章，却两次获得诺贝尔奖。哥德尔一生发表的东西不足 300 页，却是当之无愧的逻辑学和哲学伟人。并非人人都能取得重大成果，但是，不考虑重大课题，就不可能有重大成就。要选择最重要而又力所能及的课题。为什么名师出高徒？名师的弟子大多瞄准重大课题，一旦成功，就成器了，就是高徒，就广为人知。宋代鸿儒陆九渊有句名言："人惟患无志，有志无有不成者。"（《陆九渊集·语录下》）

---

[1] Peter Dirichlet and Richard Dedekind: As it often happens, the general problem turns out to be easier than the special problem would be if we had attacked it directly.

DNA 双螺旋结构的发现，是正确选题的成功范例。我建议大家读读沃森的《双螺旋：发现 DNA 结构的故事》(James Watson, *The Double Helix*)。沃森讲述了他是如何坚持正确的选题，排除万难，"羽化而登仙"——由一位博士后在短短的几年内一举获得诺贝尔奖。此书颇有争议，原来取名为 *Honest Jim*，意在实话实说，不加掩饰。其直率堪与卢梭的《忏悔录》相比。哈佛大学出版社单方面撕毁出版合同，不肯出这本书，觉得它败坏科学家的形象。科学家并不都像他在书中所描述或揣摩的那样不择手段和厚颜无耻。不过，据说他的科研道德并不差，从不在未参与研究的论文上署名。沃森是科普娱乐化的高手，他后来的《基因、女郎、伽莫夫》再次证实了这一点。所以，也许他是为了娱乐性而故意夸大各种人物的阴暗面，甚至不惜丑化自己。

选题时要选自认为重要的。最多是因眼光见识不够好而出错。但至少你要觉得意义不小，否则是浪费生命，除非你乐在其中。

教：对于选题，我想重要性比兴趣更重要，兴趣是可以培养的，如果重要，可以培养相应的兴趣。

李：强扭的瓜不甜。对多数人来说，我相信兴趣更要紧。兴趣确实可以培养，但也可以在重要的课题中选感兴趣的。说得极端点，研究感兴趣的课题，是为自己做研究；研究重要的课题，是为他人做研究。如果不喜欢，即便重要，也是替人打高级工。孔子有名言："君子之学为己，小人之学为人"。这还有大史学家陈寅恪之诗为证："天赋迂儒自圣狂，读书不肯为人忙。平生所学宁堪赠，独此区区是秘方。"（《北大文学院己巳级史学系毕业生赠言》）他说平生所学唯一的秘方是"读书不肯为人忙"。注意，我并不是说，看重重要性就是小人之学。

学：为什么说君子之学为己，小人之学为人？为什么不是相反：君子之学为人，小人之学为己？

李：《荀子·劝学》的有关论述可以作为解释："古之学者为己，今之学者为人。君子之学也，以美其身；小人之学也，以为禽犊。"小人学习就像用家禽和小牛这样的古代常用礼物去讨人喜欢。即小人学习是为了炫才耀己、利禄之途、要誉之地，为了抬高身价，装饰自己给别人看，所以是"俗学"；而君子学习是为了修身养性、正己育德、增知长识，所以是"道学"。不过，成名成家、争强好胜、赢得荣誉和尊重、希望自身价值得到广泛认可，这无可非议，也是很多人治学的一个主要动力，其中不乏大师巨匠。比如达尔文就说他自己有一种虚荣心，想要博得同道科学家的尊敬。

教：您谈到为己、为人，我有一个很深的感触：科研成果在自己的名下。我个人狭隘的理解是，在公司工作，比如软件公司，写了很多软件，相当于给公司做产品，公司给你的回报只有薪水。所以，去公司上班是为别人工作。而在高校工作是国家付你工资，让你做科研，成果在你自己的名下，是为自己工作。

学：钱伟长说，国家的需要就是他的兴趣、他的专长。只有获得更多的社会认同感以后，兴趣才会培养起来。

李：钱伟长这么说是由衷的。比如，他原想像他的叔父、国学大师那样以国学为生。当年他以中文、历史双双满分的成绩考取清华，中文系与历史系主任都要抢他，恰逢"九·一八事变"，为国图强的志向，使他选择了一窍不通的物理学，4 年后就成了物理系的尖子学生。他的观点属于**治学"要宗"**。它突出重要性、看重结果，国家的需求是从重要性角度说的，做出了结果肯定贡献大，所以是看重结果。有的人对重要性比对兴趣反应更强烈，重要的东西驱动力更大。说得动听点，就是使命感强于兴趣。

我更强调过程，认为过程比结果重要，我们应该享受过程。而且，过度重视重要性，就难免扭曲自己，难以最好地发挥，成就反而受限。跟着兴趣走，不求可自得，最终结果反而会更好。我的观点属于**治学"趣宗"**。看重过程则便于做到"胜固欣然，败亦可喜"，正如梁启超所说："我不但在成功里头感觉趣味，就是在失败里头也感觉趣味。"如果只看最终结果，成王败寇，会迫使人破釜沉舟，这有助于达到目标。但万一没达到目标，失败了，代价惨重——人生变得意义不大。

说到根本，次序至关重要，巨大的差别由此而生。当然，对于看重兴趣或重要性，没有所谓对错。人各有志，各有倾向。治学"趣宗"有不少大师伟人。比如，爱因斯坦说[1]：我坚信，热爱是比责任感更

---

[1] I firmly believe that love is a better teacher than a sense of duty.

好的导师。美国文豪爱默生也有名言[1]：没有热忱，便没有伟大的成就。林语堂等中国名人，也有类似的话。总的来说，注重兴趣、享受过程是发自内心的，而强调重要性、在乎结果和影响主要是外来的驱动。研究表明（比如见《创造力手册》），内部动机比外部动机更有助于发挥创造力，内部动机越强，越能发挥创造力，而外部动机对创造力的发挥利弊参半，其好处主要是通过增强内部动机而实现的。梁启超在《学问之趣味》中说得好："'如果一件事做下去不会生出和趣味相反的结果，这件事便可以为趣味的主体。' 赌钱，有趣味吗？输了，会怎么样？……凡趣味的性质，总要以趣味始，以趣味终。所以能为趣味之主体者，无非下列几项：一是劳作，二是游戏，三是艺术，四是学问。……凡是有所为而为的事情，都是以一件事为手段而以另一件事为目的。为达目的起见，勉强用手段；目的达到时，手段便扔到了一边。……小孩子为什么玩游戏？为游戏而游戏。人为什么生活？为生活而生活。为游戏而游戏，游戏便有趣；为体操分数而游戏，游戏便无趣。……趣味总是藏在深处，你想得着，便要进去。"

教：我认为重要的和感兴趣的课题之间应该会有重叠、有交集啊。

李：它们当然有重叠，但毕竟有区别。问题是不一致时，应该更看重哪一个。碰到一个重要课题，有些人不问自己是否感兴趣就去做。好比遇到一个能干的对象，不管是否喜欢、是否合得来，就结婚。重要的往往不止一个，要在感兴趣的里面挑重要的，或者在重要的里面选感兴趣的。有的课题，不了解时不喜欢，了解之后也许喜欢了。如果了解后兴趣索然，却硬着头皮上，那不可取，也难有所成。

治学还有一些其他"宗派"，比如，最注重名声的可称为"**名宗**"，达尔文等不少学术大师大概可以归入"名宗"。此外，还有信徒众多的"**利宗**"，它最注重利益：书中自有千钟粟，书中自有黄金屋，书中自有颜如玉。我觉得，它亦正亦邪，大概不能算治学正宗。不同之"宗"并不完全互斥，而有相当大的共同部分。比如，"趣宗"和

---

[1] R. W. Emerson, "Circles," *Essays, First Series*: Nothing great was ever achieved without it [enthusiasm].

"要宗"并不鄙视名利,只不过不把名利放在首位而已。今日的年轻学人恐怕大多属于"利宗"或"名宗",我年轻时也如此。只是随着修养的提高,才逐渐向"趣宗"和"要宗"转变。

3. 扬长避短,不求全面发展

读中学时看到一句箴言,印象深刻,大意是:每天都得强迫自己做至少一件不喜欢做的事(后来得知,马克·吐温说过类似的话)。我后来很不以为然,这是严重的误人子弟。我觉得应避开自己的短处,切莫哪壶不开偏提哪壶。人都有长处和短板。要想有所成就,就得扬长避短。短板,我觉得,让它短着关系不大。我不认同在能力上"全面发展",更不应取己之长,补己之短,做学问尤其如此。人的精力有限,用于补短,就不能用于扬长。何况,补短不如扬长愉快。事事都做得同样好,往往是非常平庸之人。[1] 同理,面面俱到、没有短板而无突出之处的人,学术前途堪忧。此外,竞争靠长处,所以长处越长越好。

学:我们的教育体制鼓励人人都全面发展。

李:是啊,对于做学问来说,我觉得这是一大误导。美国的中小学教育比较强调自由发展,这比较好。其实,**人人各有所长,能力的差异主要是表现不同。在某些方面弱,在另一些方面强,主要是兴趣使然。**长处往往在喜欢的方面。一般来说,喜欢、愿意做之事才做得好。多做喜欢之事,自然而然就变成长处了。

有道是[2],强者总有大弱点。例如,许多大师都有一些可笑之短,这样的例子不胜枚举(见框)。知道之后,我们是不是该懊恼自己的生活自理能力太强?

大师的可笑之短

　　爱因斯坦出门开会之后忘了自家住址,回不了家,只好打电话问秘书自己的住址,传为笑谈。

　　更有甚者,一代国学大师章太炎,自行外出购物,离家门几十米

---

[1] Elbert Hubbard, *The Philistine*: As a rule, the man who can do all things equally well is a very mediocre individual.

[2] 现代管理学之父 Peter Drucker(德鲁克):Strong people always have strong weaknesses。

后就不识归路，又不记得门牌号码，问人也只会说"我家在哪里？"好像人人都知道他是谁、住在哪儿。

钱锺书学识渊博，可说是冠绝当代。他的夫人、著名作家杨绛说他生活自理能力极差，不会拿筷子，穿鞋分不清左右脚，多年不会划火柴点火。他当年考清华，虽然英文满分，国文特优，但数学仅得15分。清华校长罗家伦慧眼识才，面试后破格录取他。要是他也追求全面发展，就不会有后来的大成就了。与此类似，著名史学家吴晗当年大二转学，报考北大历史系，文史和英文均为满分，但数学零分，未被录取；而报考清华历史学系，文史和英文也是满分，因不考数学而被录取了。

英国前首相丘吉尔是著名的政治家、军事家、史学家、作家、画家、记者，在多方面有盖世之才，比如曾获诺贝尔文学奖。据说他生活自理能力更差，连牙膏都不会挤。

教：有一个木桶理论，说一个木桶能装多少水是由最短的那块板决定的，鼓励大家全面发展。

李：这个系统论中的木桶原理，教育学和管理学常常引用。与此同理的西谚还有：链条的强度，取决于最弱之处。（A chain is no stronger than its weakest link.）其实，没有短板往往意味着毫无长处。这正像：时刻准备着，等于毫不准备；四海为家，就是无家可归、到处漂泊；毫无缺点，则必定平庸无奇；从不失误，就不会真正成功；无所不专，则一无所专。其实，一美遮百丑，一长掩众短。一个人的价值体现在长处的充分发挥，体育健将是如此，学术大师亦如此，影视明星尤如此，政府首脑更如此。谁在乎他们无关紧要的短板？西谚云：耕牛渴望有马鞍，驽马想要牛犁。（The lumbering ox yearns for the saddle: the nag yearns for the plough.）人的通病是爱慕他人之长，羞恨自己之短，其实要人尽其才。国内常说"学科发展不平衡"是一个不足。我想，在不少情况下，这恐怕是非重点发展学科为争取资源而造出的似是而非的托词：学科发展本来就该扬长避短、发挥特色，而不该齐头并进。否则，为什么不所有高校都成为国际领先，所有学科都达到世界一流？

1.3　如何培养兴趣？

教：您这么强调兴趣，但是，在约束条件下，科研兴趣有时候就被扼杀了。怎样才能不断培养兴趣？感觉做着课题，有时候就做不下去了。兴趣是天生固有的还是后天培养的？

李：兴趣既有先天的成分，又有后天的成分。怎么培养兴趣，是一个大问题，因人而异。我想谈几点。

第一，兴趣有赖于熟悉

这条完全是后天的。有某种程度的熟悉才谈得上兴趣，不熟悉，就不会有真兴趣，即所谓兴趣跟随知识。（Interest follows knowledge.）对一个课题有兴趣，首先得对它有所了解（虽不必了如指掌），了解它与其他课题的关系、它的重要性、它的应用、它的内在美，等等。所以，在较熟悉之前，博士生往往谈不上对一个课题有浓厚的兴趣。拿一首诗来说，只有知道它的背景和典故、与文化和其他诗篇的关系，才能更加欣赏它。比如，钱锺书的《宋诗选注》，倍受称颂，一个主要原因是它提供了丰富的联想。诗是否真正可译，颇具争议。我认为，诗的语言、结构、音韵、节奏，乃至风格等，或优或劣都可译，但诗的寓意，譬如用典和暗喻，是无法翻译的。好诗使人浮想联翩，不熟悉就难以体会寓意，而诗的韵味主要在意象和寓意。所以，诗味难以在翻译之后存活。翻译的诗，大多像兑了水的酒，味不纯，不易激发兴趣。屈原的"香草美人"，翻译后就不能体会其深层含义。再如，数学家说一个数学结果很美，往往就是它既简洁又与大量其他结果有千丝万缕的和谐联系。不熟悉这些和谐联系，就不能体会它的美。著名的欧拉公式 $e^{i\pi} + 1 = 0$ 就是一个佳例，它十分简洁地联系了 1，0，i，π，e 这五个来自不同数学分支而意义最为深远的常数，意味深长。黎曼猜想非常简单，连高中生都能理解，在数学界却公认其位居数学难题之冠，因为它神秘地与众多数学分支中的重大问题有密切联系。不常下围棋、不深谙此道之人是不可能喜爱围棋的，他们甚至可能对棋迷感到不可思议——有人竟然会痴迷于摆弄那些毫无意义的黑白子！

第二，好心态有助于培养兴趣

这条既有先天的成分，又有后天的成分。"浮生长恨欢娱少，肯爱千金轻一笑。"（宋祁《木兰花》）太看重物质利益，短促不定的一生（"浮生"）都很难有这种千金难买一笑的由衷"欢娱"。陈省身说"数学好玩"，这很能说明他为什么会成为世界数学大师。孔子的名言"仁者乐山，智者乐水"，可以加一句：学者乐知。心态不好很难产生真兴趣。如果不把压力约束看得那么重，就容易产生兴趣。谁能锱铢必较，在高强度的压力下兴趣盎然？

真正的兴趣不带功利性。太在乎利害利益，舍本逐末，兴趣就被阉割了。《菜根谭》说："人生太闲则别念窃生，太忙则真性不现。"不要斤斤计较，待人接物也是这样，短期吃小亏，长远无形中却可能"占大便宜"。所以不计较的人常常运气好，这也是郑板桥的名匾"难得糊涂"和"吃亏是福"的道理所在。塞翁失马，焉知非福？孔子、孟子周游列国，遍求诸侯以施展政治抱负，到处碰壁，不得已才授徒著书。要不是他们到处碰壁，就很难名垂千古，也就不会有后来的孔孟之道了。美国科学院院士、物理学家 John Perdew 博士毕业后找不到正式工作，做了六年的博士后，反而因祸得福，迫使他在密度泛函理论上浸淫多年，做出卓越成就。

一辈子要面对众多约束。家庭条件不好，就去弄不感兴趣的课题来改善家境。这就会恶性循环，牺牲了真正科研的时间精力。如果心态好，条件不太好，还是能静下心来做，就容易产生兴趣。有兴趣，学问就会好起来，条件往往会改善，即所谓"求之不必得，不求可自得。"（俞平伯《重刊〈浮生六记〉序》）所以当代哲学大师冯友兰深有感触地说："学问这种东西也很奇怪，你若是有所为而求它，大概是不能得到它。你若是无所为而求它，它倒是自己来了。"（《我在北京大学当学生的时候》）有成就的学者大都心态较好。要慢慢去体会、去超脱，不要太计较短时的得失。

第三，成功激发兴趣

这条是后天的。绝大多数人的兴趣，至少在开始阶段，都要靠成功来培养。自信的主要基础是成功经历。只有达到相当高度，认识了内在美之类的东西后，才不需要靠成功来激发兴趣，而这，不少人也许一辈子都难以达到。注意，这儿的成功是指做成了，不必得到他人的认可。成功是科研的重要激励，如果研究的成功不能激发增强你的兴趣，说明你不适于做研究。高斯立志于数学研究，是因为他求解难题成功（见下框）。我在读博后期，完全独立地考虑、提出、描述并部分解决了比较模型集优劣及其选择的问题，包括得到一个简明的圆判据。虽然这一成果并不重大，但这一成功，使我相当自信自己适于做科研。尝试着独立发现并解决一些问题，不必都是科研问题，会大大增强解决问题的兴趣。

> **高斯成功解难题，立志数学**
>
> 高斯上大学时，语言学和数学都出类拔萃，他不能肯定要以哪个为职业。直到快 20 岁的一天，他证明了一个结果，由此足以判定，多少边的正多边形可以用圆规和直尺做出，而这个成果解决了一个长达 2200 年悬而未决的大难题。高斯随即决定投身数学研究，人类因而有了"数学王子"。

治学需要全身心投入，在未达到一定欣赏水平之前，身心都需要极大的付出。一旦成功，那些含辛茹苦全都赎回勾销了，这是名副其实的"苦尽甘来"。未经风雨，岂有彩虹？没有前面的付出，就没有后来的喜悦。实验生理学之父、法国科学家贝尔纳说[1]：没有被未知折磨的体验，就不会有发现的喜悦。而且，建功立业之路越崎岖艰辛，功成名就的喜悦越强烈。就像发现浮力定律用以解决金冠问题的阿基米德，从浴缸里跳出来，赤身裸体，满街跑着喊"尤里卡！"（Eureka！找到了！）文艺复兴时期的法国著名散文家蒙田的《随笔集》内容真诚，思想独到，表述直率，开创了西方随笔文体，对后世影响巨大，很值得一读。他在"困难增强欲望"的随笔中说得好[2]："意愿会因受阻而强化。……据其本质，品味的对立面，无如来自易得的饱足，对它的增强之甚，无如稀少和困难。……乐趣从痛苦中寻求刺激。"是啊，如果原创研究人人可为、人人易为，那么其乐趣自然大打折扣。此外，只有登上小山，才能看见后面的大山，才会对

---

[1] Claude Bernard: Those who do not know the torment of the unknown cannot have the joy of discovery.

[2] Michel de Montaigne, *That Difficulty Increases Desire*: Wills are sharpened by flat opposition… by nature there is nothing so contrary to our tastes than that satiety which comes from ease of access; and nothing which sharpens them more than rareness and difficulty… Pleasure itself seeks stimulation from pain.

它产生兴趣。取得一些小成功，就会渴望更大的成功。登山好手无不成功地攀登过一些高峰，所以比常人更有毅力、更能享受到登山乐趣，这与他们所尝到的征服困难——成功登顶和登山途中的喜悦是分不开的。

成功之际，大喜过望

第四，兴趣与习惯相辅相成

这条是后天的。著名人文学者张中行说得好：兴趣既是习惯的母亲，又是习惯的女儿：一方面，兴趣会产生习惯；另一方面，养成习惯之后，兴趣就落地生根，便于成长开花结果。（《张中行作品集·第二卷》）养成习惯之后，就不必老是做判断、做抉择，这样就把一个有待感知控制的过程变为一个自动过程，就能轻松自如，陶然得趣。孔子云："习惯如自然。"梁启超说："必须养成读书习惯才能尝着读书趣味。……在学校中，不读课外书以养成自己自动的读书习惯，这个人简直是自己剥夺自己终身的幸福。"（《治国学杂话》）不少大学者都强调，养成读书习惯比学会读书方法更重要，"青年人要读书，不必先谈方法，要紧的是先养成好读书、好买书的习惯。"（胡适语）养成读书习惯就能良性循环：既因有兴趣而读书，又因读书而更有兴趣。亚里士多德说："不断重复的过程铸造了我们的品格；因而，优秀并非源于某次行为，而是源于某种习惯。"习惯的力量巨大，能潜移默化地成就伟业。这就是[1]"播种行动，收获习惯；播种习惯，收获个性；播种个性，收获命运"的道理所在。

---

[1] 美国牧师 George Dana Boardman: Sow an act, and you reap a habit; sow a habit, and you reap a character; sow a character, and you reap a destiny. 中译文是现成的，不知出处。

此外，好奇心大、求知欲强的人容易对课题产生兴趣。爱因斯坦曾自我评价说[1]：我没有什么特别的才能，只不过好奇心强。这条主要是先天的。真正兴趣的培养是潜移默化、日积月累的。

学：我们往往不知道我们对一个课题是不是有兴趣、是不是喜欢，如何确定是否有兴趣？

李：也许不明确，但愿意、肯多花时间去做的，一般都是感兴趣的，如果做起来得心应手，十有八九更是感兴趣和喜欢的。

1.4　得题之关键

学：我们大多数博士生对选题很彷徨，不知道该怎么办，因为不清楚课题的范围、重要性，等等。往往读了不少文献，觉得这个课题已经没什么可做的了。

李：不少课题、也许大部分课题，并非一开始就很明确，而是"极目峰途渐渐清"。如果认为某课题比较合适，但没把握，可以先试着做做，不必等到对它界定得很清楚之后再下手。判定需要时日。不会选题，是博士生的共同苦恼，因为太浅，还浮在面上，走马观花。问题好比深水洞穴精灵：不深入，千呼万唤不出来；深入后，不招自来常相伴。海面上漂浮的只有腐尸，不深入，充其量只能得到腐尸般的课题。

学：我想，我们也知道要深入，但是有什么好办法能够深入下去呢？

李：通病是想得太少太浅。多数学生不够用功，有些学生不可谓不用功，但忙忙碌碌，却很少思考。对此，"卢瑟福不满学生太用功"的故事（见下页框），富有启示意义。必须多想、多琢磨，不仅知其然，知道是怎么回事，还应多想多问其所以然，即"为何如此"。**质疑"所以然"是科研选题的一大源泉**。问题问题，因"问"而得"题"，不"问"则无"题"。如果自己能回答或看文献后能回答，理解就加深了；如果无人回答了，就有了新问题。所以，这类思考立于不败之地，何乐而不为？

---

[1] I have no special talents. I am only passionately curious.

卢瑟福不满学生太用功

一日深夜，诺贝尔奖得主、公认为继法拉第之后最伟大的实验物理学家卢瑟福（Ernest Rutherford）见实验室的灯仍旧亮着，进去后发现一学生在工作，与学生简短交谈后得知，学生从早到晚都在此工作。卢瑟福很不满，说："那你还有什么时间思考问题呢？"可见，就连以实验而享誉全球的科学家都如此重视思考的至关重要性。

另外，要特别关注矛盾或不通、不协调之处，这是科研选题的另一大源泉。矛盾可能存在于不同角度之间、不同理论之间、不同解释之间、理论与实践之间，等等。如果对某个感兴趣的课题看了一圈，没找到合适的问题，我建议花大力"啃"下两三篇好文章，集中精力于某个点，这样便于深入。这正像开酒瓶，这儿敲敲、那儿打打是开不了的，必须深入钻进瓶塞，才能打开。

学：对于博士生选题，何毓琦教授有个具体建议：挑选一篇真正有兴趣的论文，作者最好比较年轻，是一颗新星，因而更有兴趣与他人合作，推广自己的工作。努力钻研这篇论文，完全彻底理解它，达到能发表高水平、新见解的程度后，与作者联系，他会兴趣盎然地和你这位认真的知音交流。然后，和他探讨工作进展，提出高水平的见解。一旦建立起这种联系，你的博士研究就上路了，还有专家一路指导。他还说他的博士研究就是这么做的，那个新星就是卡尔曼（Rudolf Kalman）。

李：似乎不错、可行，它与上面所说的"要选好题，就得深入"一脉相承，而且很具体。我本人没有这个经历，但我知道一些例子，比如著名史学家吴晗得以师从胡适，其求师过程与此很相似。何毓琦先生的经历还有一个背景，就是他当年在哈佛时，身边没有合适的导师。

教：看综述文章所说的 open problems 和人家文章所说的 future work 也是一条路。

李：这些大都不是油水十足的肥肉，也往往不是好啃的骨头。虽然这些问题本身未必十分合适，但考虑它们可能会有所收获，种豆得瓜。

教：还有一个办法是重复实现近期文献中某个感兴趣的研究，在实现过程中，往往会有疑问或发现问题。

李：对于科研新手来说，这确实是一个办法。不过，这样得到的课题往往比较小而不重要，所以是下策。当然，除了天赋颇高者外，对于毫无经验的科研新手，第一个课题不妨选较易成功的，而且课题宜小不宜大，这样易于钻深做好说透，取得成功。大课题有利于边做边学，但难以成功。还有很多其他比较具体的选题方法，比如，考虑反常现象或未解难题，考察不同领域或方向的交叉区，从新的角度看问题，等等。

追新逐奇：新成果气味大，易招苍蝇

1.5　如何应对新潮？

常见"决堤"模式：突破-泛滥

李：我发现，各领域的研究有一个常见的"突破-泛滥"模式或简称"决堤"模式：一有重大突破，就被拿来四处出击、推广泛化、移植搬迁、拼接组合，直至胡搞乱用。突破就成了决堤，四处泛滥。突破越大，泛滥越凶，难民越多。由于是突破，而不是水到渠成，所以容易造成泛滥。

初期的不少相关工作还有意义，因为那时往往不完善，还有相当油水。过了初期，这类工作的意义多半值得怀疑，有削足适履之嫌，问题和工具都被严重扭曲。但大家没有意识到，都成了泛滥的"灾民"。有些人还挺自豪：这个问题看不出能够用上这个工具，但我用上了：把问题扭曲一下、工具也扭曲一下，这边改改，那边变变，套上了。

生搬硬套是思维惰性的表现，很不好。可悲的是，大多数研究人员终生从事这类工作！如果你正在从事这种"削足适履"式的工作，不要为你的"成就"而自豪，悬崖勒马！只有洞悉这个机关，才有希望取得重要进展。

要有前瞻性预见性，在课题变得热门之前进入。"诗家清景在新春，绿柳才黄半未匀。若待上林花似锦，出门俱是看花人。"（杨巨源《城东早春》）当前最热门的肯定不是最有前途的。不要赶时髦，也许它只是泡沫，这样，你不过是在玩泡沫。著名学者南怀瑾在《易经系传别讲》中说：一等人领导变化，二等人把握变化，末等人跟着变化走，不由自主。我挑明这个"突破-泛滥"常见模式，是希望大家明了此事，脱离泛滥。

学：西方比较强调自我，"个人认为"在西方的价值体系下可能更重要；而对于东方来说，单单"个人认为"并不能使大部分人满足或者产生安全感。获得社会或集体认可的心态往往占据了主导地位，而为了得到这种认可，往往需要与社会和集体保持一致而趋同。在选题上，东方人这种趋同的心态也许导致了"跟风"这种学术风气。

李：的确，"猛兽是单独的，牛羊则结队。"（鲁迅《春末闲谈》）科研上的"牛羊"也喜欢成群结队跟风。

教：这就牵涉到一个如何追踪国外新动向的问题。对新动向我们应该如何反应？

李：国内盲目跟风这一通病的"病情"远比欧美严重。经常有人问我国外的新动向，我往往回答说，为什么这么关心国外的新动向？不要被它牵着鼻子转。更有甚者，有些浪潮源于某些人的兴风作浪。太多人爱赶时髦，国内尤其如此，随群从众者特多。是啊，顺流漂游确实轻松。可是，只有死鱼才顺流漂游。(Only dead fish swim with the stream.)

切切牢记：时尚之事物的优点总是被夸大，缺点总是被忽视、回避，甚至抵赖，这是铁律。如果一开始就实事求是中肯地说，就难成新潮。兴风作浪者只说好话，明眼人不说，大多数人不清楚。轻信大多出于单纯，易被说服往往由于无知。经验不足、缺乏独立思考之人太轻信似是而非的东西。只有后来吸取了教训，才会意识到这一点。

付出惨痛代价后才晓得并没那么好，撞了南墙才知道此路不通。如果事先理性地思考其利弊，就不太会发生这种事。孟子说：威武不能屈，富贵不能淫，贫贱不能移。胡适说得很对：应该加上一条"时髦不能跟"。前三条不易做到，但这第四条容易做到。

时髦则不能持久，来得快必去得疾，速热则速冷。（Soon hot, soon cold.）钱锺书说得好："最时髦者亦最易过时，因时髦之涵义即不能经久，其'时'也由于其突然之新而非经久常新也。新而经久即不'时'矣。"（引自陈子谦《"丹青难写是精神"》）

追潮逐流

跟风追潮，则绝无领先之机

教：新东西时兴起来您就不关心么，难道您置之不理？

李：我们应当关注新事物、学习新东西，但应特别看清其利弊，注意其长处和短处，特别是毛病以及适用范围。"热闹中着一冷眼，便省许多苦心思；冷落处存一热心，便得许多真趣味。"（《菜根谭》）要保持头脑冷静，不光听溢美之词、不顾缺点，要尽力把握它的本质是什么，为什么好，好在哪儿，特别是，不好在哪儿。特地费神去想它到底有什么缺点，这样容易保持清醒。这让我想起一句话：蠢才万事都信，智者满腹狐疑。时髦货都有局限性。如果对它的优缺点认识得较好，就知道在你这儿到底好用不好用。一个东西急速升温时，缺点往往没人发表、披露。所以缺点局限往往要靠自己悟出来。这需要水平，但不妨咨询不在兴风作浪的高手。如果一位时髦货的鼓吹者肯说它的缺点局限，那令人尊重；如果他肯主动说，那更令人肃然起敬。在成交之前披露出售之货的缺点，和夸奖欲购之物一样，都是诚实的标志。要带着批判的眼光去琢磨，尽可能搞清楚，这样就不会随波逐流，滥用、乱用和误用。

热起来了该不该上？不是不该上，但要慎重，要分析，要权衡。还有很重要的一条：能不能扬长避短？如果不能，为什么上？上之前最好想想英国大诗人蒲柏的著名诗句[1]：天使却步之地，蠢人涌进。正因为正确是稀有之物，它才有价值而值得珍惜。如果人人都能轻易走上正路，正路岂不人满为患？反之，人满为患之路，岂是正途？真理往往掌握在少数人手里。这使我想起了当代美国大诗人弗罗斯特的著名诗篇《未走之路》，它的结尾尤其有针对性（见下框）。再者，应该"寒时暖处坐，热时凉处行。"（王安石《题半山寺壁》）博弈论中有所谓"少数派策略"：在人满为患的场合下应争当少数者，选少数人会采纳的策略。它的好处就像要在大堵车的时间段里开车，千万不该随大流，而应采用少数人走的路线；又像玩股票，要人弃我取，人取我弃。有意识地反大多数股民之道而行之——大家都买进时要卖出，大家都卖出时要买进。

The Road Not Taken by Robert Frost	未走之路（结尾） 罗伯特·弗罗斯特
… Two roads diverged in a wood, and I— I took the one less traveled by, And that has made all the difference.	…… 路在林中分岔成两条，而我—— 我走上的那一条，足迹较少，[2] 由此生发，所有的天差地别。

教：怎么知道自己是在乱用滥用呢？

李：比较典型的乱用是：某种新方法，对它的本质还没搞清就用上了，问题不很清楚或者工具不太熟悉，就乱用。自己多少应该有数。当

---

[1] Fools rush in where Angels fear to tread. 出自其成名长诗《论批评》(Alexander Pope, *An Essay on Criticism*)。此诗句后来成为英语谚语。

[2] 弗罗斯特在人生路上多年蹉跎，选择了"虽穷，仍要写诗"这条少有行人的道路，后来大器晚成，名满天下。

然，有些人是在追求产量。做这种东西便捷，发表文章容易，申请课题貌似新颖，但出不了好货。可以自欺，难以欺人。说起来有一大批同道，一大堆文章，来势凶猛，排山倒海。跟风确实轻松而又感觉踏实，代价是收效甚微。一大堆人趋之若鹜，慌不择路，人满为患，很难施展拳脚。如果没有自信能超越如此众多之人，攀蟾折桂，为什么乐意成为滚滚泥石流中的一颗泥沙？赶时髦的人后来大都很后悔，因为人满为患，——当时时髦的这个领域或者方向后来不时髦了，人太多了，不知如何是好。

十几年前，IEEE 决策与控制大会（CDC）精心安排了一场模糊理论之父扎德（Lofti Zadeh）与控制论大家 Michael Athans 之间关于模糊控制之价值的争论。扎德确实展示了他彬彬有礼的君子风范，但他的表现让我失望，因为他老是强调模糊理论的应用文章数量如何如何与日俱增，用以作为它有用的主要证据，而没说出多少它为什么有用的深层根源。这全然不像他的有些文章所彰显的深刻洞见。

学：应用文章多不正好说明影响大吗？

李：没有深层的合理根源，一时的影响大并不一定真有价值。不论是否昙花一现，时尚大都是过眼烟云，在烟消云散之后踪迹全无。比如"燃素说"在化学史上影响巨大而长久，人人都信，到头来还是大错特错。物理学上的"以太"也一样。

教：我想，赶时髦问题的关键在于，新潮的东西容易申请科研经费，而科研到款是生死攸关的问题。

李：太多的人蜂拥而上，很快就会人满为患。这是一个重大误区。传感器网络刚热起来时，2003 年我参加美国国家科学基金会的专家评审，发现申请的命中率还不到 5%，低于其他类申请的平均命中率。这是传感器网络的第一个专门计划，随后的几年更惨。如果申请不那么热的，虽然经费总额不多，但申请也少。"繁枝容易纷纷落，嫩蕊商量细细开。"（杜甫《江畔独步寻花》）不考虑自己是否喜欢，能否扬长避短，只要新潮或者容易申请经费就上，从长远来看，这样的研究者是没有希望的。

赶时髦对发表成果也不见得有利。例如 1980 年前后，艾滋病研究的兴起，导致论文数暴增，《新英格兰医学杂志》等众多医学杂志随即变得异常挑剔苛刻，考虑这类文章时，都要求是独一无二的，不含发表过的任何细节。

学：怎么判断一个东西是不是时尚呢？

李：我觉得，在工程和应用科研上昙花一现的时尚有两大标志：①通用②易用——应用领域似乎广泛，理论要求不高而较易应用，因而易于被误用滥用。比如说，模糊逻辑、粒子滤波、压缩感知等都曾经热得发烫。请不要误解，我不是说这些东西没有价值，我是说它们都新潮过、过热过。后来大家知道它们有缺陷、有毛病，但热的时候没人强调。人工智能、大数据和深度学习现在也很时髦，也正热着。

人工智能

教：当前人工智能很火，李老师是怎么看的？

李：人工智能（AI）当前在不少国家很火，在中国最甚，得到了国家极其高度的关注。首先可以肯定，几年内就会不断有大量新颖的科技产品问世、应用、推广、普及，改善人们的生活。这些产品与 AI 的研发有关，它们在各自特定的方面都可能有过人的能力，会取代很多人的工作，十分重要。这是大势所趋，任何怀疑和否定，都无法抗拒这一世界大势。比如我觉得，在不少国度，三五十年内所有车辆都会是无人驾驶的，而且出于安全考虑，会认为人开车是不负责任，甚至是违法的。

教：但是，自动驾驶技术的关键和难点是环境感知，这里的环境感知主要靠的不是 AI，而是估计、滤波与多传感器的信息融合，即利用多个传感器采集环境数据并加以综合处理，达到对环境的有效认识。

李：的确，智能怎能离开多源信息处理？"智能"一般含有"获取和处理信息用以达到目标的能力"之意，所以，（特别是当前基于数据培训的）人工智能与信息融合当然大有重叠。我想，你所质疑的是如下问题：

大量即将面世的新产品到底是不是人工智能产品？

不少这些产品其实主要靠的是信息技术、自动化技术等，AI 的确未必是其主体、灵魂或关键，即便是号称 AI 短期内的最大成就——自动

驾驶，也是如此，这的确很能说明问题。这些产品的研发，与以往
科技产品的研发并无多大本质不同。但研发者、厂商、媒体历来惯
于给新产品贴上最时髦的技术标签。既然人工智能这么火，它被人
利用，毫不奇怪。清楚了这一点之后，如果你对这些产品有什么不
满（比如说它们使你丢了工作），也不该把账都算到 AI 的头上。这
个问题值得注意，但我更想讨论的是另一个问题：

人工智能产品究竟是否真有"智能"？

此次 AI 大潮的兴起主要源于大数据"深度学习"。大家应该会同意，
智能的一大体现是善于随机应变，适应新情况，因人因地因时因事
制宜，很好地完成事先并不明确其内容的各种任务，因而无法事先
培训。另一大体现是善于学习，能举一反三，而非举百反一。在此
意义上，靠大数据学习的这种方法其实并不很"智"，它靠"举亿反
一"，以量取胜，而非以智取胜。

学：我觉得我们应该更公平一些。我们说这些 AI 产品有智能，是指经
　过大数据深度学习之后的产品，而不是之前的，正像任何一个人都
　是人类数万年遗传进化的结果，所以他的智能也是遗传进化的结果。
　比如我们可以说，学习提升了能力，大数据深度学习使得这样一个
　产品"脱胎换骨"、升华成为智能的了。

李：你说的有道理，但不尽然。特定的培训可以明显提升特定的能力，而
　一般不是智力、智能、智慧，因为智能不只是特定的能力，还得相
　当有"智"。比如，有一个经过"题海战术"训练的人，他求解相应
　题型之题的表现很好，难道我们因此就判定他比未经训练从而不太
　会解题的人更聪明、更有智能吗？更进一步，难道训练之后的他比
　之前的他明显更聪明吗？我们一般不会这么认为，一大原因恐怕是，
　我们知道他已经多次完成过这类任务（而且清楚完成的好坏），因而
　可以从中学习，更别说他受过针对这一任务的适应性强化训练，即
　便不聪明，肯定也相当会解这些题型之题了。这里有两个关键：①是
　否做过针对任务的适应性训练，②是否做过大量类似之事。一旦做
　过，用完成这种任务的好坏来判定智能的高下，就该大打折扣。

教：我觉得，靠大数据的这种学习，可以说是靠"蛮力"来取胜的，所
　以并没多少无可置疑的智能可言。

李：是的，人的学习无需如此海量的事例，连幼儿的学习，也不需要成千上万的例子。深度学习其实就是深层神经网络模型的大数据拟合，其输出就像函数插值的结果。要能对付实际问题，数据驱动的"普适"模型不能太简单；要避免这种模型的过拟合，就要有海量而丰富的拟合数据。这是保证这种"题海战术"有效可行的前提。

教：其实没什么大不了的，我们不是总把使用模糊逻辑、神经网络的东西称为是"智能"的吗？它们其实又有什么真正的智能呢？

李：的确，"智能"（intelligence）一词在科技界早已泛滥。一开始有些人出于自夸、推销、标榜等心理，给神经网络、模糊逻辑、进化算法、专家系统、机器学习等技术贴金，美其名曰为"智能的"，而它们其实与常人理解的"智能"至多只沾一点边。随后，有关人员也就大量使用，以致理直气壮、心安理得，最终积非成是，成了"约定俗成"。照此风气，今后出现比这些"智能"技术更强大的东西，恐怕只能说是"神奇的、魔法般的、奇妙的"乃至"超自然的、神圣的"（magical, miraculous, wonderful, supernatural, holy）。

话说回来，说到底就看我们心目中的"智能"究竟是什么。比如，科学通才、AI的开山大师之一西蒙（Herbert Simon）早在1956年就向他的一群学生宣布，他和纽厄尔（Allen Newell）等人刚开发的"逻辑理论家"（Logic Theorist）程序能思考、有智能，因为尽管它缺乏学习能力，却能在真值函数的命题逻辑系统中自动构造形式证明，而这是人们认为需要智能才能完成的任务。其潜台词是：能完成通常认为需要智能才能胜任的任务的，都是智能的。——按此标准，计算机自诞生之日起就有智能，因为计算本身就需要智能才能完成。

学：关于智能，我们不是有图灵测试吗？如果通过测试，就说有智能，通不过，就说没有智能。

李：没那么简单。图灵测试只是在没有更好、更简单的办法时，权且可以一用，它带有典型的现代病：总想把复杂多维的东西还原归结为某一个"本质"单维；总是只专注于可观测的外部行为。能通过图灵测试对于智能来说，既无必要，也不充分。一方面，连图灵本人都说，如果对人类智能了解或模仿不够，有些高级智能是通不过测试的，因为人们很容易就能把它们和人区分开来。另一方面，能通过图灵测试的未必有智能，因为这只说明被测对象与人在交谈上的差别不大，而交谈无法体现智能的众多方面。比如，针对图灵测试，用大数据来培训一个深层人工神经网络，并不难得到能通过测试的产品，但是它难以胜任其他真有意义、需要通用智能之事。所以，"图灵测试并没有真正激发人工智能研究人员去研发更优秀的会话者，却导致欺骗讯问者的技巧越来越多。"（莱韦斯克《人工智能的进化》）认知哲学家约翰·塞尔（John Searle）用"中文屋"反驳图灵测试的实质也是说它"虽能不懂"。总之，"智能"很难清晰界定，以至于 AI 开山大师之一明斯基抱怨说[1]，一旦机器能够完成某项任务，在质疑者眼中这项任务就不再体现智能，所以智能就像"未经探究的非洲区域"：一旦发现，随即消失。这样游移不定，很不公平。这很有道理，不少质疑者的确是这么干的。

我认为，这些 AI "能而欠智"、虽"能"欠"智"，正像寻的导弹并没有真正的智能一样，尽管它能自动寻找并击中目标，就像经过题海战术训练之人并不明显更聪明一样，他只是更会求解相应题型之题而已。真正的智能更是"通能"而非"专能"；不仅"能"（比如胜任一项预定任务），而更在于"智"——随机应变，行事巧妙，领悟微妙，善解深意，将心比心，擅长对付罕见奇特、矛盾复杂、突发多变、难以描述、答案不清等事，兼具众多方面的才能，完成五花八门的任务，等等。比如在完全陌生（未经培训）的场景中妥善行事，巧妙地完成难以定义或描述、没有对错答案、需要综合考虑多方因素的各种复杂任务，在信息奇缺或严重矛盾的情况下解决问题，擅长获取、把握、演绎、创造抽象概念，会做"元思考"（即反思思维本身），深刻理解事物的长期影响和广泛意义，充分考虑特殊场景中各方的主观感受、精神状态和道德诉求，等等。一句话，智能强调在纷繁复杂的广泛环境中兼顾多方考量、实现各种目标、含有诸多方面的"通能"。

---

[1] Marvin Minsky likens intelligence to the concept "unexplored regions of Africa": it disappears as soon as we discover it.

不智不能，能而欠智，既智又能？

学：说人工智能产品"能而欠智"，即"能而傻"，是一种"傻能"，真是一针见血，不过这是不是太负面了？

教：看来李老师对人工智能的研究是全盘否定的。

李：不对。让我首先肯定，对于完成明确的预定任务，能用大数据训练时，深度学习确实是一大技术突破，它使 AI 的实际应用真正落地，这是 AI 研究的重大成就，有望成为划时代的里程碑。我说它"能而欠智"，你们以为这是贬义词，其实是极高的赞誉：承认它"能"。AI 发展的三个阶段：①推理规则，②专家知识，③数据培训，各有所偏。当前阶段机器学习的精髓是统计数据培训。前两阶段 AI 的发展一直明显低于期望，在整体上还是"不智不能"，充其量只是"小能而欠智"、只有小"专能专技"、只能对付一些小规模的简单任务。得力于大数据的"神助"，深度学习代表的第三代已经显示出能胜任许多并不简单任务的"专能"。可见，从"不智不能"到"能而欠智"是一大进步。下一步就是争取从"能而欠智"到"既能又智"，从有"专能"到有"通能"。

AI 研究历经六十多年，实际应用终于来临，当然令人振奋。不过，不该因而忘乎所以，对 AI 的近期未来期待过高，过于乐观地以为"既能又智"阶段即将来临。要记住前车之鉴：①紧接着过去两波 AI 热的是寒冬；②当年日本的"第五代"超级智能计算机计划，野心太大，失败后导致它在 IT 业和 AI 领域自此全面落后。要清醒地认识到：当前的 AI 大潮，并非基于智能机理认识上的重大突破，而只是找到了一种比较充分利用计算机容量大、速度快、不忘却等特长的方法——大数据深度学习，它未必能撬开创造真"智"之门。真正的智能离不开意向、自我意识、情感乃至精神等，否则"能则能矣，不智也"。AI 研究在这些方面迄今并无实质进展，并无迹象在近期内会有重大突破。而且，靠大数据培训的深层神经网络，对加深理解、提高认识、改善知识的结构和表达也都帮助有限。虽然人工智能不必模仿人脑机制或人类智能，但是没有对智能本质机理认识上的突破和深化，期待近期内有质的飞跃是不是太盲目乐观？因而当前的 AI 大潮，还是会像前两个热潮一样难以为继，特别是当人们对它的期望太高之后。老子曰："飘风不终朝，骤雨不终日。"风暴越强，越难持续；期望越高，越难实现，且失望越大。深度学习的领军人物 Yann LeCun 警告说："人工智能的发展曾多次陷入寒冬，就是因为人们造不出他们吹嘘的东西来。"上一波 AI 热主要源于专家系统这一方法，其代表事件是 IBM 的"深蓝"战胜国际象棋大师。当前的 AI 大潮主要靠的是大数据深度学习这一方法，其代表事件是谷歌的 AlphaGo 战胜国际围棋大师。都只是方法上的突破，凭什么一厢情愿地盲目相信会在近期内有质的飞跃？眼下 AI 大潮来势汹汹，其优势和威力自然被夸大，短板、不足被忽视，再过几年，对大数据深度学习的弊端的认识，会逐渐清晰深化。我认为，智能离不开与外界的密切交互、内部的大量圈环循环作用以及大量的组成单元，对于由简单单元组成的系统，更是如此。深度学习迄今聚焦于单元量大，以量取胜，对其他两者重视不够。而且，其研发缺乏理论指导，像"炼丹"：靠试错法配方来炼"智能仙丹"；而且，罕见事件的长尾现象，恐怕是统计经验学习这类方法的致命伤。

话虽如此，我认为，展望未来千百年，真正堪与人类智能比肩、最终全面超越人类智能的"人工智能"是可以期待的。不过，其载体应该是"生物机器"，即（人工改进后的）生物与完全人造物（机器、芯片等产品的未来版本）的有机结合，这才是创造超级智能的必由之路，即应该充分利用而不能完全撇开几十亿年生命进化的成果。所以，人工智能研究的长远价值极其重大，值得长期投入。不过我要强调，应先期或同步提升相应的道德修为，使之成为超级道德智能，既智慧卓绝又道德高尚。

学：这么说，李老师是相信"强人工智能"的。

李：不对，我说的是生物与机器的结合，并非纯计算机或机器，所以不是"强人工智能"。

教：您说的"能而欠智"等方面，我也有些朦胧的类似感受，而又理不清道不明，所以您所说的，很有启发性。不过，您上面的一个主要观点是，没有对智能原理上的认识，AI 是很难有突破的。但是在历史上，有些突破是首先在技术上完成的，只是后来才在原理上认识清楚的。比如，我们至今未能完全搞清鸟类的飞行原理，但已经比它飞得更高、更远、更快。而且，在计算机领域，技术领先于理论，好像都可以说是一个传统了。

李：我并不是说，没有对智能机理上的认识，AI 研究是难以突破的；而是说，在没有这种认识上的突破和深化的情况下，认定深度学习这一方法是意义深远的大突破、"既能又智"的 AI 即将来临，太缺乏根据，不足以就此乐观。深度学习的多隐层人工神经网络在智能机理方面的支持不足，尽管人脑也是一种复杂的神经网络，而且算法借鉴了它的一些局部特征，比如卷积网络受到初级视觉皮层的工作机制的启发。其实，人的智能极其神奇，人脑的神经网络也远比深度学习网络复杂而不同，大力研究后，仍然所知甚少。连深度学习的牛人也承认："如今神经科学在深度学习研究中的作用被削弱，主要原因是我们根本没有足够的关于大脑的信息来作为指导去使用它……我们甚至连大脑最简单、最深入研究的部分都还远远没有理解……真实的神经元计算着与现代整流线性单元非常不同的函数。"（Goodfellow, Bengio, Courville《深度学习》）Yann LeCun 也说："深度学习网络的工作原理和真正的生物大脑有天壤之别。"

"培训"强调有针对性的特定技能获取，而人的"学习"不限于特定技能的获取，可以是通用性的心智开拓，它至少包括①通过事例的经验学习和②通过语言概念的抽象学习。其他物种没这第二条腿，因不能飞奔而缺乏智能。**深度"学习"就是通过海量经验事例（即大数据）来"培训"深层神经网络模型**，它也只有第一条腿而难以飞奔、成就真"智"。而且，这种网络远比不少缺乏意识、智能不足的高级动物的神经网络还简单。很难相信，它就是产生智能的"魔杖"。所以，不该头脑发热。还是让我们了解一下上一波人工神经网络热是如何消退的吧："基于神经网络和其他 AI 技术的创业公司开始寻求投资，其做法野心勃勃但不切实际。当 AI 研究不能实现这些不合理的期望时，投资者感到失望。同时，机器学习的其他领域取得了进步。比如，核方法和图模型都在很多重要任务上实现了很好的效果。这两个因素导致了神经网络热潮的第二次衰退。"（同上，《深度学习》）在历史上，不少这样的科技热潮来了去、去了来。AI 也已有三代，每一代都掀起一个热潮，迄今已是"三起两落"。一方面，作为每一种强大技术的首创者，或者出于理想主义的美好愿望，或者出于吸引眼球、便于融资或谋取利益等现实考虑，差不多没有理由不美化自己的宠儿、描绘一厢情愿的愿景。另一方面，媒体和网络历来希望发现突破、引起轰动，以致难免哗众取宠。所以，面对任何一个大潮，都应慎重地考虑这些在历史上一而再、再而三地产生"泡沫"的因素及其作用。

一种新方法要能火起来，得有两大要素：通用和易用，即不很费神就能到处用。深度学习方法有此二要素，只是在"易用"上不尽如意：要想有效，它往往得先"喂进"（常常得是标定的）大数据进行训练以及相应的调参，而这不是轻易就能办到的。这类通用的东西，往往有个强大普适的框架，但面对特定问题却缺乏理论指导、没有比较系统的应对方法，迫使研发者成为"炼丹师"。

总之，我认为，以往的 AI 至多只是"小能而不智"，当前以大数据深度学习为代表的 AI 大概是"能而欠智"，我坚信它无法达到、遑论在近期内达到"既能又智"，我甚至难以相信非生物的无机机器能达到"既能又智"。要在未来达到"既能又智"，最终超越人类智能，得靠经人类改造后的生命与机器的有机结合。

学：听了李老师这么说，还是不知道到底是不是该以 AI 为专业。

李：如果你信我，你感兴趣的是"专能"，那 AI 是不错的专业（当然，不少其他专业也不错），如果你感兴趣的是"既能又智"的真正智能，那要小心不被忽悠而上当。

赶时髦与新鲜货

教：有没有跟时尚若即若离的办法？以便既得到它的好处，又不受牵连。比如申请经费时，能借东风。

李：有，但不易实施。这要求屈原式的"举世皆混我独清，众人皆醉我独醒"，审时度势，不随俗从众，看清潮流的真正价值所在，另辟蹊径。这样才能既借东风，又做出真正的贡献。不过，这很需要眼力。

教：国际上信息融合领域发展的方向、切入点非常多，您有没有受到诱惑去做比较热的方向，还是按照原先既定的方向继续做下去，这是怎么考虑的？

李：我基本上不为所动。一个东西如果很热，我就不会进入，除非它对我来说很能扬长避短。数学家阿达玛甚至说，他如果发现别人也在研究同一个问题，就会放弃而转向其他问题。处女地比热门课题好多了："无人迹处有奇观。"有意识地去开垦处女地，可以慢慢来，不用担心被人抢，这样心态也好。我上次来这里作报告，讲的性能评估就是一个典型的处女地。各行各业都有性能评估，但都就事论事。我要做的是一个比较统一普适的、很多地方能用的。还不知道有谁在跟我抢这个方向。维纳开垦了一个处女地——控制论，并在《控制论》的"引言"中明确指出[1]：在科学发展上收获最大的地带，是各种已建成的领域之间被人忽视的无人区。总之，拓荒比跟风好多了。

教：做这种不热门的东西会不会有被边缘化的风险？

李：青年学子可能有此顾虑。这需要功力，新东西没有现成的理论基础，从无到有对于科研新手来说很难，难以说服人。拓荒虽然难一些，一旦做好，成就非同小可。有的东西在不热时，我是有兴趣的。看到很多人要涌进，就敬而远之了。

学：照您这么说，我们不该选新的领域咯？一般有老问题、新问题，老方法、新方法。哪种方法解决哪类问题比较好？

李：应该"少拿方法找问题"，虽然这是科研高产的窍门，但不是治学正道。反之，要"多就问题创方法"，不论问题是新的还是老的。赶时髦多半是学新工具、新方法后用于自己的领域。当然，不问青红皂白而进入热门领域或课题也是赶时髦。简言之，赶时髦大都套用新工具、新方法；新领域大多面向新背景、新问题。选新领域的一大好处是：重要课题的难度很可能跟不重要的差不多；在一个老领域，重要的往往更难，因为很可能不少人试过，没成，所以成了道边苦李。这恐怕是选新领域和老领域最重要的区别。在老领域很难建立自己的体系，而在新领域容易做出重大成就，成一家之言，也更会有"意外"发现。科研犹如采矿，领域好比矿井。开采老矿需要费力向纵深挖掘，而开采新矿则不需如此。选题的好坏就像找到金矿和煤矿的区别，由何处入手就像确定矿井的位置。

教：一个领域的新与老，怎么判断呢？似乎不能单从年头来看。

---

[1] Norbert Wiener, "Introduction," *Cybernetics*: ...the most fruitful areas for the growth of the sciences were those which had been neglected as a no-man's land between the various established fields.

李：如果一个领域的大框架、大轮廓还没形成或确定，肯定是新领域，它没有什么像样的综述、权威的专门期刊。如果已形成，但有意义的问题或近期重要成果不少，那它正在趋向成熟，应有一些综述和教科书，但往往五花八门、缺乏系统性和权威性。如果框架轮廓早已形成，而且有意义的问题或多年来重要成果很少，那应该是个老领域，即便有辉煌的历史，现在恐怕也是强弩之末，它肯定有系统性的教科书、多种专门的期刊、规模和数量可观的专门会议。年轻人不宜进入这种领域。

信息融合是一个新领域。我一直说，到目前为止，它还没有打好基础，还有待于重大突破，就像反馈之于控制论，三段论之于逻辑学，都是重大突破。信息融合领域还没有这种标志性的突破，没有真正的核心，还是沧海横流，但这样才更能显出英雄本色，造就大禹似的英雄。

教：信息融合这个问题已经长期存在，几年前就听您提到。但是这么些年过去了，也没有解决。

李：考虑这个问题的寥寥无几，这需要一批高水平的人。大家知道，香农（Claude Shannon）创建了信息论。其实同时出了一批理论，只是不如他的漂亮实用而已。发展到那时，不少人琢磨这事，包括大名鼎鼎的维纳，也搞信息论，只是更哲学化。附带说一下，"信息论"这个名起得不好，不如"信息传输理论"（信传论）或"信息量理论"（信量论），它跟信息的内容/意义无关，是从通信的角度考虑信息的输送量的。香农本人把它叫做"通信的数学理论"，这比"信息论"贴切多了。香农定位定得好，结果很漂亮而便于实用，成就了一大突破。信息融合也需要这种突破，意识到这个的不多，思考它的更少。时机似乎尚不成熟，还需要时间酝酿。不过，欠缺其实更好——如果什么都有了，可做的就少了；在城里，垦荒的意义自然不大。

1.6　选题的建议

教：有本书，书名是《规则和潜规则——学术界的生存智慧》，我看了其中谈选题部分之后，觉得蛮有收获。您能不能推荐一些关于选题的书？这本书英文原名是 *The Compleat Academic—A Career Guide*。为了推销，书名被完全改造以吸引眼球，一位天生丽质的佳人被打扮成满身珠光宝气。为什么不干脆取名《成仙得道秘诀：一步登天成为学术泰斗》？

李：很遗憾，我不知道专谈选题的书。取个投俗取宠的标题，反而使人反感，标题的俗气多半反映内容的肤浅。这本书的原名和中译名，确实说明国内出版界和读者群在这方面明显比欧美粗俗肤浅乃至堕落。如果是今天首次翻译出版，《十日谈》和《安娜·卡列尼娜》这样的书，恐怕更会有《十日激情艳色》和《一个堕落的女人》之类的书名，以便挑起人们的低下情欲。而且，正如有名的读书人、爱书人梁文道所说："出版社都想赚钱，但他们赚钱的方法却是一窝蜂地去做一些事情，彼此抄来抄去，很不要脸。"（见胡洪侠《书情书色二集》）国内现在的情况，蛮像一个文人世家，几代破落拮据，新一代弟子经商突然暴发了，一时难免铜臭味十足。但愿富裕之后能有更高的精神追求，将世家的遗风发扬光大。其实，*The Compleat Academic—A Career Guide* 这本书写得不错，只可惜它更针对美国的情况。这位"佳人"其实并不哗众取宠，正文的翻译也没有点金成石。其中有一节"选择什么样的研究模式"涉及如何选题，言之有理，值得青年教师一读。它的主要建议是，青年教师既要与导师继续合作，又要另辟自己独立的研究方向。

教：听君一席话，胜读十年书，我确实受益匪浅。关于选题，您是否可以给我们一些更具体、便于操作的建议？

李：好的，我提四点。第一，趋喜避厌，扬长避短，择重舍轻；第二，深入沉潜，专注一心；第三，一干多枝，远近兼顾；第四，虚实并举，虚中有实，实中有虚。

第一点，选择自己感兴趣的、能扬长避短而又重要的课题。

这在 1.3 节说了不少，不赘述。

第二点，深入沉潜，专注一心。

在 1.4 节谈"得题之关键"时已说了深入沉潜。现在说"专注一心"，即**心无旁骛**，集中精力钻研一个专题。这十分重要，特别是在积累不够、知识面不广时，否则一事无成。切莫打一枪换一个地方，美学大师朱光潜说："不要打游击战，要敢于攻坚。"（《谈美书简》）著名学者俞平伯在《关于治学问和做文章》中说："学问这东西看上去浩如烟海，实际上不是没有办法对付它的，攻破几点就可以了。荀子说：'真积力久则入'，从一点下手，由博返约，举一反三，就都知道了，何在乎多？"我们要任凭风浪起，稳坐钓鱼船。跟风绝对做不好。原来想做这个，做了一两年，另一阵风来了，又跟着做一两年，这样朝秦暮楚，岂能做好？舍旧逐新，必定上当。（Who leaves the old way for the new, will find himself deceived.）这是西谚的智慧。

做学问像挖坑，首先要好好选址，然后集中精力，钻进去打开一个口子，不断往下挖，在加深的同时加宽加大。在一点突破后，应注意巩固阵地，扩大战果，不要到处乱挖。古人对此早有清醒的认识。《荀子·劝学》说："蚓无爪牙之利，筋骨之强，上食埃土，下饮黄泉，用心一也。蟹六跪而二螯，非蛇蟮之穴，无可寄托者，用心躁也。……行衢道(歧路)者不至，事两君者不容。目不能两视而明，耳不能两听而聪。螣蛇无足而飞，鼫鼠五技而穷。……故君子结于一也。"这是说，蚯蚓没有尖利的爪牙和强劲的筋骨但用心专一，螃蟹虽然多腿而用心浮躁，步入歧路者到不了目的地，螣蛇没有腿脚却会飞，鼫鼠虽有五种肤浅技能而受困，所以君子要专一。

教：选了一个方向，就要对它专注，才能找到突破点。否则就一直绕着问题转，进不去。本来想降低研究风险，开好几个点同时做。由于精力不够，每个点都是围着问题转，做了一些外围的工作，没有提炼出核心问题，更谈不上解决问题。

李：要先选好题，选好后不要移情别恋、这山望着那山高。陈四益和丁聪的当代幽默小品《绘图双百喻·攀高》（见下框）蛮有寓意。我们要"面壁十年图破壁"（周恩来诗句）。男性之所以比女性更容易成功，我认为并不全是因为歧视或生理差异，社会的预期也起着很大作用。女性角色的模范是贤妻良母、相夫教子，她"天经地义"地要同时兼顾家庭各成员、各方面的需求，分心之事很多，所以难以深入，不像男性角色那样，渴望成功，可以专心致志地做一件事，便于做深做好，从而成功。这也从一个侧面说明专注一心的重要性。

攀　高

"龚生，居近南岳。幼时梦道人以麈尾击其首曰：'攀山必到最高峰，不是高峰莫见踪。'遂以为天意，乃日攀援于衡岳诸峰间。每攀一峰至半，即觉他峰高于是(此峰)。及攀他峰至半，复觉旁峰又高于是。如是三载，南岳七十二峰攀援殆遍，手足胼胝(起老茧)，形疲神惫，然无一峰一岭至巅。时人作偈曰：'天高地高，尔高我高，必也最高，是无有高。'"（引自《绘图双百喻·攀高》）

教：有些东西也许过十年我们的体会会更深。您说不要打一枪换一个地方。但树挪死、人挪活，在这个地方实在做不出，还非要坚持，这就挺矛盾。找长期方向就像优化问题，好心态就像智能算法的启发函数，再智能的算法也可能卡在一个局部点出不来，爬不上去。

李："不打一枪换一个地方"主要指专题这个层面，而不是问题这个层面。一个专题下面有一些具体的问题，换问题并无不妥。其实，如果久攻不下一个问题，就该换一个。集中精力深入一个专题，主要是针对新手而言。如果专心致志地做了相当一阵子仍无进展，有几种可能：选题不佳，方法不对，功底不够，所以要慎重选题，注意方法，加强功底。这时，要认真判断究竟原因何在，采取对策。做了几年，出了一些成果后，是可以换，但新旧专题之间最好有联系，充分利用这种联系。在同一方向做好些年后可以换一个，但新老方向最好在更高的层面上有联系。选题的致命伤是蜻蜓点水、浅尝辄止，一个专题做了不久，就换一个没多大关系的专题做，这样不妥。

一干多枝：在这枝也能得到那枝之果

第三点，一干多枝，远近兼顾。

力争选择能产生系列成果的课题，所选的多个课题应是同一主干上的分枝，即前后或同时选的多个专题要彼此相关，都围绕着同一个大课题或方向，就像一根主干上的分枝一样。这大有裨益，比如便于由"点"及"面"，融会贯通，出较大成果。

而且，多胜于一：同时考虑多个密切相关的问题往往比只考虑单个问题更有成效、更易突破。对此，我有不少切身体会。比如，最近我同时研究一个问题的非线性程度的度量和非正态（高斯）程度的度量，因为它们密切相关。我考虑前者时遇到一大困难，就转而考虑后者，发现同样的困难在后者中有个自然解法。由于二者本质相通，前者的困难也就迎刃而解了。再如，我同时研究分布式估计融合和动态系统的状态滤波，因为它们的本质大同小异。尽管如此，由于它们形式不同，研究前者的难点未必是后者的难点，反之亦然。所以我齐头并进，事半功倍。著名数学家、数学方法学家波利亚建议[1]：有选择余地时，我们应当这样选下一个课题，它最能受益于我们前面的工作。这个他称之为基于阿里阿德涅线团的"盆路口的最佳选择"，说到底就是扬长避短原则的应用。我建议：

远近兼顾，同时考虑意义重大的长期课题和颇有速效的短期课题。

我特别提出这一条，因为太多人没有科研的中长期规划或想法。随着水平的提高，应逐渐向只做重要课题的方向移动。始终只做短期小课题则毫无成功的希望。大人物不考虑小问题；当然有小人物考虑大问题，一旦成功，他就成大人物了。

学：我同意同时考虑这两类课题。但是有一个现实情况——你可能觉得一个课题意义重大，但和别人讨论几次后可能发觉意义并不重大。可能是没有兴趣了，可能是别人说服你了，也可能是投入一段时间后发现根本做不出，所以经常会换意义重大需长期投入的课题，而短期课题不需换。所以，表面上我们都在忙短期内可以完成的课题。

---

[1] George Pólya, *Mathematical Discovery*: Whenever an alternative presents itself, we should choose the next topic so that we can derive the maximum help from our foregoing work.

李：如果意义重大，一时做不出，但好好考虑过，还是大有益处，说不定哪天有用。没考虑过，就没戏。我们不得不放弃一些考虑过的问题，但不少这类放弃只是现在不花时间。我很少明确放弃，除非是兴趣转移。也许好长时间不去想这个问题，但有时突然灵光一现，觉得有希望，又返回去做，有时就成功了。况且，这种长期的课题可以有多个，要慢慢积累。这至少应作为努力的方向。有没有方向，差别巨大。

第四点，虚实并举，虚实互含。

要虚实并举：工程和应用科学研究课题，既要有理论价值，又要有应用前景。**虚中有实：理论课题应有应用前景；实中有虚：应用研究应有理论价值。**做理论课题，最好能看到应用前景，是"有用的"或"可用的"（applicable），不限于"应用的"（applied）；实际课题则应升华到有理论价值。

少做简单移植性工作，不要乐于填补空白，空白可能是因为无人问津。这类工作多如牛毛，大多数根本不值得做；首先应用并不重要，重要的是这一应用恰到好处。在选题方面，太多人饥不择食，乐于拾遗补阙，拾人牙慧，吃"残羹剩饭"，在别人做剩的地方做些边边角角的工作。这都是急功近利者的通病。

教：我有个多年的困惑。多年前有个教授跟我说，你们的研究都是从文章来到文章去，跟实际没关系，没什么用。我记忆犹新。对发文章来说，做得理论些，更符合期刊的胃口。很多实际问题有很高的实际价值、很复杂、很实用，但是研究它们却不能发高水平的期刊文章。所以我很困惑，研究的动力是实际导向呢？还是应该解决理论问题？

李：可以从两方面来说。一方面，确实存在纸上谈兵的毛病，应尽力避免。如果做的是非常基础的东西，比如基础数学，那不必有此顾虑，因为数学的应用领域如此广泛，不必明确地知道在哪儿能用上。如果是针对一个具体的领域，有很强的实际背景，而做的东西与之严重脱节，根本看不出用上的可能性，那得避免。所以，应该做有可用前景的，但最好比较理论地解决。

教：为什么要比较理论地解决呢？

李：比较理论地解决，必定抓住了某种共性，就更有希望适用于较大的范围。这不同于就事论事、非常"实际"地单纯针对眼前这个问题，做一些无法推广的类似"试错法"或"调试"的工作。所以爱因斯坦说，没有什么比一个好理论更实用。

学：怎么才能比较理论地解决一个实际问题呢？

李：举例来说，给定一个数学应用题，把其中给定具体数值的量都当做变量，用代数符号来表示，然后求解，这就是较理论地解决。同理，写程序时，最好尽量用变量符号而不是直接用数字，这样的程序更通用。大数学家欧拉面对具体的"哥尼斯堡七桥"问题，就更理论地用一般线图来表示，从而开创了图论研究。

如果问题本身很实际，在一个具体的应用领域，而你的研究与之严重脱节，看不出可用之处，那不可取。即使在别处可用，别人也不太可能知道有你这个结果。这是一方面。简言之，

应用领域受限的理论工作，不应纸上谈兵。

对整个学科领域来说，也一样。大数学家冯·诺依曼（John von Neumann）说："在一门数学远离其经验之源而发展时，存在着一种危险，即这门学科会沿着一些最省力的方向发展，并分为为数众多而又无意义的支流，唯一的解决办法是使其回到本源，返老还童。"对于工程与应用学科的理论工作，更是如此，更不该走得太远，以至于远离应用之源。不少这类理论工作有这个毛病，不注意"回归自然"。一大原因是数学出身而不懂应用的学者在引领这种研究。比如，世上本无龙，屠龙术何用？《庄子·列御寇》说："朱泙漫(人名)学屠龙于支离益(人名)，单(殚，用尽)千金之家，三年技成而无所用其巧"。然而，只要炒作得当，连屠龙学这样纸上谈兵的学科也照样能诞生、成长、兴旺，因为"无可屠之屠，才是高手之屠；无用之用，才是大用。"（见《博览群书》2007 年第 3 期的讽刺故事《屠龙学的诞生》）。

另一方面，这位教授的观点是狭隘的。多年前我参加电力领域的一个会议，有一位电力工程师真诚地问："你们为什么要研究工程师不感兴趣的问题，而不只研究亟待解决的实际问题？"我说，这是完全自给自足的思想，是典型的原始社会——没有社会分工；假如真的

这么做，现在可能还在原始社会呢。应八仙过海，各显神通，这就是社会分工的合理性。人各有长，有些人特别擅长于理论，面对实际问题时，则一筹莫展。如果都只研究亟待解决的实际问题，他们就无用武之地，发展就特别慢。关键在于，各人不同的长处被用于各自所需的地方，所以这种分工很好。为什么让擅长理论的人来解决实际问题？为什么迫使面向实际之人去对付遇到的理论难题？解决不了，怎么办？这两方面都不能偏废。科研成果最好既便捷好用，又有广泛用途——既有应用价值，又有理论意义。他们的观点，就像提倡完全自给自足的原始社会，而忽视在社会中人人各显神通、将产品投入一个产品库的价值，忽视交换的积极作用。实际情况大多如下：理论结果层出不穷，放在一个"结果仓库"（果库）里。撇开理论意义和兴趣不谈，

理论工作的实用价值在于丰富"果库"。

需要时，果库里面可能就有所需的结果，就可以取出来用。

将那位教授的说法再推一步，就归谬了。照他那么说，我们不该发展数学，应等到实际问题需要时再发展。这是错误的。我们就是要根据数学规律本身去发展，后来会被用上。需要时，就能马上取来用，所以发展就快。退一步说，一个理论结果即便始终没被直接用于解决实际问题，也未必没实用价值，它可能起间接作用：催生促成了更好的结果。做理论工作往往是广种薄收，做了一堆东西，有少量被直接用上，就不错了。大多数工作主要起铺垫辅助作用。连

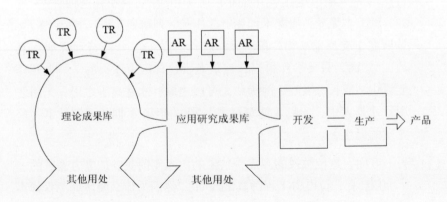

TR：理论研究；AR：应用研究

研究成果的用处

大数学家、科学家庞加莱（Henri Poincaré，又译为彭加勒）也说，科学犹如作战，大家合力才能取胜，要有人冲锋陷阵，擂鼓鸣金的也少不得。打仗单有统帅不够，还得有大量士兵，起辅助作用的科研成果就像这些士兵。

教：原来我们有一个误区，在工程项目里没有把算法变成理论、提升成理论，太专了，没有一定的普适性。按刚才讲的，如果带着背景，就能提炼出来，思路就打开了。

教：我有一个比较具体的问题。在统计、特别是序贯分析的变点检测中，不少理论结果是渐近最优的，它要求样本量趋于无穷大。这种结果是不是只有理论意义，而不能直接应用？

李：不少这种结果既有理论意义，又能被直接应用。首先，让我们回忆一下，什么是序列的极限？

学：给定任意小的正数 ε，总存在一个充分大的 N，它之后数列的每一个点都在 x 的 ε 邻域内，那么，x 就是该数列的极限。这儿，"充分大"很玄。多大是"充分大"？

李：其实这个定义既严谨，又实用。序列极限是针对大数问题的一个数学工具，它的真正实际应用对象都是有限的东西。在实际中，我们常把一个有限序列近似为它的极限 x，或者相反，把极限近似为一个有限序列。这个定义保证：只要序列足够长，这样做的近似误差不超过 ε。近似精度要求越低，N 就可以越小。为了保证定义适用于所有情形，只好笼统地说"充分大"的 N，因为这儿强调的是存在性。一般来说，N 的大小取决于精度 ε。如果 N 不依赖于 ε 和 x，就是所谓"一致收敛"，即"别无二致"地收敛。清楚了这些之后，渐近最优理论结果的实用价值也就不言而喻。实用时，并不要求样本量无穷大，只要不太小就行。有时十多个样本点就够了，只不过这时误差未必很小。

1.7　课题的虚与实

真实或虚幻，取决于理论意义和实用价值

学：不少理论知识，抽象难学不说，有多大的用处也是个问题，比如系统理论中的非因果性系统。我就纳闷，既然是非因果的，也就是不

可能实现的，那么研究这种水中月、镜中花，到底有什么意义？

李：我想从两方面来回答。一方面，对于课程内容，学生一般不该怀疑其有用性。不少美国学生常有这种怀疑，我往往回答说：假如一个三岁小孩问为什么必须吃饭吃菜，为什么今天要吃这道菜，父母难道解释这道菜多么有营养？父母无此能力也不会这么傻，即便尝试，小孩也听不懂。难道不清楚消化过程，就不进食？对于高等知识等精神食粮的获取和能力的培养来说，大三像三岁小孩，研二是六岁，需要大量各类营养，不该挑食。课程设置和教学大纲，是集体智慧深思熟虑的累积结果。一门课程就是一道菜，都应尽量好好享用。当然，有所偏好也很正常，甚至有优势。

教：这么说，教得好坏关系不大？

李：教师好比厨师，应尽可能做出营养好的美味佳肴。孔子曰："少成若天性。"一个人的口味是小时候确定的，终身难改。学术口味也多是在学术幼年少年时养成的。所以教师的作用其实很大，好的能激发情志，坏的会扼杀兴趣。

另一方面，一个东西是真实还是虚幻，要看它的理论意义和实用价值。白噪声有无穷大的功率和方差，所以不存在于现实世界和数学世界中，严谨的数学家不接纳它。但是白噪声的概念很有用，能带来极大的便利，应用广泛。久而久之，它就变得很"真实"。与此类似，非因果系统的概念相当有用，用起来很方便，因而也就很真实。说到底，所有的抽象、概念、语言都是人造的，都不是"实在"，都不"真实"。举例来说，"三"是否实在？如果是，请把"三"本身给我，不是符号"3"，不是三个什么东西。其实，你也无法给我三个苹果，只能给我三个具体的、特殊的苹果，没法给我三个一般的苹果。

思维离不开抽象。真实与虚幻的界限，因人而异。**不理解、不适应，就认为它很虚幻玄奥；理解了，用起来得心应手、自然而又习惯，就认为它很真实。**所以，水平越高，越能化虚为实，越觉得抽象的东西很真实，变成直觉的一部分。动物没有多少数字概念。两三岁的小孩，不容易掌握"三"的概念。随着年岁增长，接触日多，使用频繁，也就认为它很真实。还有，这里说的有用，并不限于现实世界，也可以用于理论。

我认为，循环乃无穷之母，对无穷大的理解，离不开循环、迭代、递推、反馈、闭环、周期性等含有自我作用、自身不断重复的过程。连小孩都懂得，不存在最大的数，因为可以在所谓"最大的数"上不断加 1。正因为无穷源于循环，对绝大多数人，包括高斯、柯西这样的大数学家来说，无穷大是一个过程，即潜无穷，它只有动态，没有静态。而天才数学家康托尔（George Cantor）坚信：它可以是一个完成了的东西，即实无穷，不同的无穷大集合可以按其势（元素个数）比大小、排序。对他来说，无穷大非常实在。时至今日，人类清楚最小的实无穷，还不能肯定第二小的实无穷到底是多大，因为未能证明连续统假设。也就是说，对于实无穷，人类迄今只会数"一"，还不会数"二"。未来的人类或更高等的智能，也许就像我们对付有限一样，对付各种无穷时举重若轻，它们也就变得非常实在了。

几根？图像尚能超越现实，何况理智？

教：这么说，我们的研究成果可以像非因果性系统一样，非常抽象、虚幻、不实用，也照样有价值。

李：对。我有个结果，假设离散时间线性系统的状态转移矩阵不必可逆。有的学者不以为然，说现实系统的状态转移矩阵必定可逆。我回答说：第一，连续时间系统的状态转移矩阵确实必定可逆，这种系统时间离散化之后的系统也一样，但直接的离散时间系统未必如此；第二，即便现实世界中所有系统的状态转移矩阵都必定可逆，我的假设也并非全无意义，它只是貌似不实用，因为它能用于非现实世界的系统。人们经常人为地构造一些现实中不存在的东西，就像实无穷、非因果系统等概念。所以，理论成果的适用对象，不必限于现实世界中存在的东西，只要是有用的东西即可。

教：您刚说过，课题应该有应用前景。您现在这么说，有没有矛盾？

李：不矛盾。有应用前景，就是被用上的可能性不很小，并不限于用于现实世界中存在的东西。它可以用于其他方面，比如人工产品、思想、理论等。如上所述，数字是我们的抽象概念，不是现实世界的具体存在，然而数学是否有应用前景？一个研究成果，如果是一个新理论的重要基石、借鉴物或灵感源，说明它很有用。举例来说，假设有个横向项目，其中有个具体问题，有人想出了特殊的一招加以解决，它完全局限于这个问题。这个解用到一个对称正定矩阵，你推广这个解，使之适用于非对称正定矩阵，你这种研究十有八九是纸上谈兵，缺乏应用前景，因为这个问题太小、太窄，你的这种推广被用上的机会微乎其微。可是，如果这个问题是从不少地方提炼出来的，这种推广研究就有一定的价值，就不是纸上谈兵，因为它有应用前景。

教：这个具体例子让我受益匪浅。但是，非对称正定矩阵是怎么回事？不是所有的正定矩阵都是对称的吗？

李：一般确实只在对称矩阵中定义正定矩阵，因为矩阵正定的定义来自二次型，而对于每一个非对称二次型，都有一个代数等价的对称二次型，所以不必考虑非对称二次型，因而以为也不必考虑非对称正定矩阵。事实上，矩阵可以脱离二次型而存在，虽然每一个非对称二次型都等价于一个对称二次型，但它们相应的矩阵并不相等，尽管可以认为这两个矩阵具有相同的正/负定性性质。我的一个研究课题，就涉及非对称正定矩阵的特性。

眼望星空，脚踏实地

教：有一部分人是眼望星空的，有一部分人是脚踏实地的。能不能兼顾？这可能有点人格分裂，两套思维。

李：是不容易。不少理论水平高的人对应用研究不屑一顾，而有些应用能力强的人对理论工作嗤之以鼻，各以所长，相轻所短。这有点像左右手互相鄙视、指责甚至拆台。其实两方面都有意义，应该互相体谅，都有无法取代的价值。

教：基础研究不能很快看到应用价值；应用研究马上就能产生经济效益。但是我觉得，做应用研究的人应该感谢做基础研究的人。没有基础研究，应用研究怎么做啊？美国工业界有个统计，对管理最有用的是运筹学里的单纯形法。做出这个成果的是些数学家，谁知道对企业的效益和管理起到这么大的作用。

李：单纯形法主要是丹茨格（George Dantzig）研创的，他被称为线性规划之父。其实，他所考虑的原始问题本身就是空军战斗资源的规划问题，属于管理科学的范畴。注意，有比你更理论的人，也有比你更实际的人。最好把两头都拓展一点。不要太苛刻，老是指责人，公说婆没意义，婆说公无价值。比如，工程界有句名言：科学家梦想伟业，工程师真做大事。（Scientists dream about doing great things, engineers do them.）文人相轻，这样不好。

学：我记得钱学森说过，他这辈子最大的心得就是理论与实际相结合。

李：他的导师冯·卡门历来以填平基础理论和应用技术之间的鸿沟为己任，钱学森一脉相承。这使我想起英国著名数学家哈代（G. H. Hardy）。他根本就厌恶应用（见框），跟钱学森正好相反。

教：有些人很诚实，陈省身就说，我一做物理实验就头疼，见到物理器件就难受，我就一辈子搞数学。

李：如果理论工作者只了解相近的理论，应用研究者只考虑相关的实际问题，这好比一辈子足不出户，只生活在几世同堂的大家庭里。于是，要想成亲，只有近亲。这样，要想有后代，只能靠近亲繁殖。其结果大都有先天不足乃至缺陷，因为缺乏多样性所带来的互补，隐性毛病都变成显性：或者缺乏联系实际所具有的活力，或者缺乏理论深度所带来的广泛适用性。所以，理论工作者应该多了解实际问题，应用研究者应该多学习理论。

哈代追求纯洁，厌恶应用

哈代写了一本名声极大的书 *A Mathematician's Apology*（《一个数学家的辩白》），他说：我做数学不管有没有应用，如果有应用，我就觉得这种数学"脏"、不干净、不纯、不好，能被应用的数学是比较差的数学。他希望做的是纯之又纯、阳春白雪的数学。他的研究重点之一是数论，后来有不少应用。我想，哈代的在天之灵也许会耿耿于怀：这些应用把圣洁的数学玷污了。他也许会引用《智慧书》说[1]：伟大而睿智者啊，行为愉悦凡庸大众时，会心有不安。类似地，一位当代诗人如果生前即已成为主流，往往说明其诗歌趣味已堕落到了普罗大众的平均水平，难以脱俗了。

---

[1] O great and wise, to be ill at ease when your deeds please the mob!

1.8 总结：选题好比找对象

李：我想用下面的比喻做个总结：选题犹如找对象，课题就是对象。首先要觉得对方可爱，有相当的兴趣。扬长避短不妨理解为彼此合得来，而课题的重要性好比对象的重要性、能力，包括影响力、人缘等。比重要性更要紧的是兴趣和扬长避短，就像是否可爱、合得来比能力有多大更要紧一样。三者都不易判定，都需要时日。时髦的课题犹如"摩登女郎"或靓丽的"校花"，并不适于大多数人，虽然她们极度招摇，且有"护花使者"和头脑不清、情趣不高的大批追随者。跟找对象一样，对课题的一见倾心并不多见，在过程中要尽量了解对方。"行衢道者不至，事两君者不容。目不能两视而明，耳不能两听而聪。"在深入接触阶段，一定要专一，这样才会日久生情。三心二意，见异思迁，喜新厌旧，将自食恶果。另一方面，也不该"先结婚，后恋爱"。课题是否有理论意义可勉强比拟为是否志同道合、富有共同语言，而实用价值好比实际生活能力。要兼顾这两方面，但各人可以有所侧重。注意，比喻都是蹩脚的（列宁语），但并不因此丧失其价值。

科研选题概要

科研好比打仗：战略正是选题，方法实乃战术，功底即为斗力。

一味迁就约束，失乐难成要事；步步优化计较，最佳势必远离。

乐趣高于重要，过程重于结局。扬长不求全面，朦胧跟随兴趣。

培养爱趣有法：喜巧有赖娴熟，心态平习惯成，兴趣成功相助。

突破多致泛滥，清醒探究弊端。切忌削足适履，跟风岂能领先。

选题要则有三：首重趋喜避厌，尤宜择重舍轻，务须扬长避短。

深究才有所得，浅尝哪来问题？多就要题创方，少拥妙术寻题。

全力钻研一题，风疾稳坐钓鱼。多枝同出一干，大小课题并举。

望星空踏实地，理论实用兼顾：不可纸上谈兵，却要丰富果库。

第 2 章
研究方略

2.1 科研四要素

李：我在前面（1.1 节）说过，选题是战略，研究策略是战术。研究策略的重要性毋庸赘言，我只想引用培根在《新工具》中的名言[1]：行于正道的跛足者，快于偏离正道的捷足者。

科研四要素：问题、描述、求解、评估

让我开门见山。我认为，**工程和应用科学研究有四大要素：问题、描述、求解、评估**。第一是提出问题、确定问题、弄清问题。第二是对它的理论描述，多半是数学描述。第三才是大受重视的求解。第四是评估描述和解的好坏。工程与应用科学大多是针对问题的，这类研究都遵循这四要素。不针对问题的研究，如发现现象、解释现象，另当别论。又如数学，不大有评估这一要素。绝大多数研究者只盯着第三要素，忽视其他要素，对第一二要素重视不够。依我之见，上述顺序，恰好是四要素重要程度的顺序。而且，问题是源头，描述是上游，求解充其量是中游，评估是下游。越往上游，越重要。历来强调"分析问题、解决问题"，其实提出问题、弄清问题最重要，描述问题次之。问题导引、左右研究工作，所以选题是战略，研究策略只是战术。著名物理学家、量子力学的一个主创人海森伯（Werner Heisenberg，又译为海森堡）一再强调：首先是问题的提出，其次才是问题的解答。爱因斯坦也认为提出问题远比解决问题重要。胡适谆谆教导大学毕业生说："脑子里没有问题之日，就是你的知识生活寿终正寝之时。"要学会提出问题，包括发现、梳理和提炼问题。问题提错了，正确答案就无从谈起。所以海森伯说：提出正确的问题往往等于解决了问题的大半。

往往只有高人才能提出好问题，青年学子难以达到这一步。所以我不想太强调这一点，可是懂得这一点很重要。如果问题不是你提出的，那么首先你要搞清它的本质何在、有何背景、怎样描述。有两类大成就：一是开创性工作，它提出问题，给出问题的极好描述。这依赖于应用和工程科学头脑、洞察力更甚于理论功底；二是集大

---

[1] Francis Bacon. *Novum Organum*: The lame in the path outstrip the swift who wander from it.

成工作，它是问题的完全彻底解决，有赖于理论功底。与之对应的有两类杰出的研究者：开创先驱和集大成者。

教：您的这个四要素之说，似乎不能包含以实验为主的科研，而以实验为主的科研可能是科研的正宗。

李：四要素主要是针对工程与应用科学研究，特别是围绕问题的研究。如果实验研究是针对一个问题的，那还是逃不出这四要素，这时，求解就是设计并完成实验。著名科学家西蒙甚至认为：科学发现是问题求解的一个特例。他与人合著的 *Scientific Discovery: Computational Explorations of the Creative Processes*（可译为《科学发现：创造过程的计算探索》）一书，就是以此展开的。不过我觉得，这个提法夸大了问题求解的作用。

教：您讲的四个阶段，第一个是问题，它的背景意义，第二个是问题的描述，这两点从软件工程来讲是需求分析。对应于解法部分的是编码和详细设计的过程，评估这方面相当于测试，包括单元测试、机能测试。

李：越实际之人，越重视评估。越理论之人，越轻视评估，他们往往用验证取代评估。解法只有对错而没有好坏时，评估就变成了验证。

学：工程中好像往往是遇见问题，而不是提出问题。我觉得只有在理论上才会提出问题、选择问题。

李：现实中有各种各样的问题，但我们说的是作为研究对象的问题。把一个或一类实际问题梳理提炼成一个研究对象，就是提出一个问题。要提出一个好的研究问题，应该抽取多个实际问题的共性。举例来说，如何对不同领域的方法和结果进行统一的评估就是我提出的一个重要问题，它可以说是理论问题，也可以说是实际问题。

教：您是怎么想到说科研有这四个要素的呢？

李：这是一个相当长的过程，其中有些演变。比如我过去说科研有三要素：问题、求解、评估。直到十多年前才决定把"问题"分解成"问题"和"描述"。

学：那到底怎么才能更好地提出问题呢？

李：提出问题跟选题密切相关。我们上面所说的"选题"是广义的，包括提出一个课题和选中一个课题。所以，如何提出问题与如何选题相似，前面谈了不少。比如，质疑"所以然"，特别关注不协调、不通或令人迷惑之处，设想某些条件不成立时会怎样，等等。最后这条在数学界特别常用，就是放宽条件，差不多已泛滥成灾。有道是：智者提出正确的问题，而不是给出正确的答案。"烟鬼牧师做祷告"的笑话（见框），寓意正在于此。

烟鬼牧师做祷告

有两个牧师是烟鬼，在祈祷时也烟瘾难熬，都想得到主教的许可。一个像大多数人惯常一样，问：我可以在祈祷时抽烟吗？答复是不可以。另一个问：我可以在抽烟时祈祷吗？答复是可以。可见答案往往取决于问题的提法。

莫急于求解：先搞清问题，再考察描述

要解决一个难题，有两个先决条件：一是渴望并竭力解决它，二是清楚它到底是什么，正如英谚所说：理解糟糕就答得糟糕。（Who understands ill, answers ill.）面对一个问题，要搞清两点：第一，问题本身到底是什么？不谈它的描述，而是它本身是什么，背景是什么，要达到什么目的，诸如此类。要问：问题是否真的存在？是否值得研究？是什么种类？有哪些性质？力争掌握问题的方方面面。英国作家切斯特顿风趣地说[1]：他们并非不知其解，而是不知问题之所在。第二，问题是怎么被描述的，比如用数学或其他理论方式。简言之，先搞清问题，再考察其描述。对此我已养成习惯，自然而然想搞清问题到底是什么，经常看到很多问题描述不太好。在我的团队每周例行的研讨会上，往往开始的三四页幻灯片就要花个把小时，深入讨论问题究竟是什么以及描述是否妥当。有一次，我与 IMM 算法的研创者 Henk Blom 听一个故障检测的分组会，会后我们颇有同感：这些报告往往还没把问题弄清、描述清，就急于谈解法了。问题理解不到位，就难以有效求解，这是很浅显的道理。所以，

急于求解是科研硬伤。

---

[1] G. K. Chesterton, *The Scandal of Father Brown*: It isn't that they can't see the solution. It is that they can't see the problem.

令人难以置信的是，不仅科研新手几乎无一例外地一再做这种蠢事——匆忙求解认识朦胧的问题，就连多数研究人员也都有这个硬伤。首先要搞清楚问题，否则后面就成了无本之木，毫无指望。不清楚就无法主动，后面的事就像搁在沙滩上的楼房（如下图所示），基础不牢，难以做好，也难以肯定什么方法好、什么方法不好，及其利弊等，甚至可能认鸡作凤。一个所谓好方法对于你这个问题未必好。所以我想特别强调这一点。

沙滩上的楼房

学：找到问题后把问题搞清楚，我觉得这点很重要。我们的这种能力较差，而且没有尝试把问题搞清楚。

李：往往都是跟着别人的描述，不想清楚到底是个什么问题。这很像在考场上见到一道考题，匆匆一瞥，还没搞清已知条件与待求之间的关系，就急于求解了。对智力的研究表明，聪明人倾向于花更多的时间进行宏观把握，在行动之前弄清所要做的事，即**谋而后动**。（Think on the end before you begin.）错误的决策往往是因为把问题搞错了。

教：什么是把问题搞明白？怎么把问题搞明白？

李：要搞清问题，首先要着眼于宏观把握，把问题作为一个不可分割的浑然整体来考察，考察它的特性，与相关问题的联系和异同。然后确定它的主要部分，部分与整体之间以及各部分之间的联系，最后"由面及点"，逐渐细化。一开始，问题呈云雾状，朦朦胧胧。搞清之后，它的内部结构和边缘就很清晰，已知部分和未知部分以及各种条件和数据也很明确，与其他问题的联系和异同也很清楚。

教：或许多少年后回过头觉得当初的想法一团糟，根本就没搞明白。

李：当初是不是很努力呢？如果是，就不必遗憾了。好多人懵懵懂懂，人家怎么做他就怎么做，光看别人的方法。要好好思考这到底是个什么问题。尽力了，没办法，那是水平问题。如果后来理解了，说明进步了。多这样琢磨，水平就提高了，能力就加强了。

问题与描述区别何在？

学：一个东西往往需要我们把它描述成一个问题，比如描述成状态估计，但是问题本身是什么？

李：问题强调的是背景、意义、意图、用途等。描述指的是用科学语言对问题的表述，在不少领域往往是数学语言。理解问题，就是了解提出这个问题的背景，它针对哪类实际问题和需求，要做什么，达到什么目标，取得什么效果，有什么条件，已知什么，未知什么，目的和已知之间的关系怎样，等等。简单地说，数学家所说的"问题"往往已经是我们所说的问题描述了，应用和工程人员所说的"问题"，才是这儿所说的问题。它是先于理论描述的。比如想要知道、推断、近似一个未知量，是一个研究问题。把它考虑成最小二乘估计问题，就是用估计理论对它的一个描述。再如，在一个快速机动的平台上跟踪某些远距离目标，要求在一个惯性坐标系中表示其结果，这是问题本身。把它考虑成一个明确无误的优化问题，就是描述。实际需求是问题本身，用理论框架把问题表述出来，则是描述。前几天在英国开会，我的一个博士毕业生说，他们正在考虑一个传感器网络的估计问题，非常困难，因为系统矩阵未知并且随时可变，问我怎么办。我首先问：目的是什么？意图何在？结果要派什么用场、怎么被用？知道这些后，就给了一个描述，撇开中间的一堆困难，给出了求解思路。

学：给定一个问题，应该怎么描述呢？

李：三言两语难以讲清。关于数学家是怎么描述问题的，美国著名哲学家、数学家和科学家皮尔士的短文《数学之教育逻辑》说得清晰深刻，值得一读。他说[1]：[一位工程师或物理学家]求教于数学家并告诉他问题是什么。数学家对之毫无保留地接受，并不认为他得证实前者所说的是事实，也毫不关心其正确性。然而，他几乎总会发现一个、经常是两个不便。第一个不便是：虽然问题初看起来并不复杂，仔细分析后发现，它如此复杂，以至于数学家根本不能精确地说结论会是什么。与此同时，所述情况往往不足以回答所提出的问题。因此，数学家首要且常常最难之事是，构建另一个相当不真实的简化问题（或可辅之以叠加），这个或好或坏的替代问题与原问题足够相像并且是力所能解的。这个替代问题还因其高度抽象而有别于原问题，所有与前提和结论之联接无关的都被抹去。对问题的抽象轮廓化有多个用意，主要在于披露重要关系的真相。……因此，数学家完成两项悬殊任务：首先抹去所有与得出结论无关的东西，进而构建一个纯假设，不论它是否与事实相符；然后由这一假设推出必然结论。与数学家不同，我们要关心所考虑的问题是否与事实（大体）相符、是否正确而有意义。数学家给出的替代问题，我们这儿称为描述。

教：实际问题往往很难，我们做研究时往往把它简化。

---

[1] Charles S. Peirce, *Logic of Mathematics in Relation to Education*: [An engineer or a physicist] calls upon a mathematician and states the question. Now the mathematician does not conceive it to be part of his duty to verify the facts stated. He accepts them absolutely without question. He does not in the least care whether they are correct or not. He finds, however, in almost every case that the statement has one inconvenience, and in many cases that it has a second. The first inconvenience is that, though the statement may not at first sound very complicated, yet, when it is accurately analyzed, it is found to imply so intricate a condition of things that it far surpassed the power of the mathematician to say with exactitude what its consequence would be. At the same time, it frequently happens that the facts, as stated, are insufficient to answer the question that is put. Accordingly, the first business of the mathematician, often a most difficult task, is to frame another, simpler but quite fictitious problem (supplemented, perhaps, by some supposition), which will be within his powers, while at the same time it is sufficiently like the problem set before him to answer, well or ill, as a substitute for it. This substituted problem differs also from that which was set before the mathematician in another respect; namely, that it is highly abstract. All features that have no bearing upon the relations of the premises to the conclusion are effaced and obliterated. The skeletonization or diagrammatization of the problem serves more purposes than one, but its principal purpose is to strip the significant relations of all disguise. ... Thus, the mathematician does two very different things: first, he frames a pure hypothesis stripped of all features which do not concern the drawing of consequences from it, and this he does without inquiring whether it agrees with the actual facts or not; and, secondly, he proceeds to draw necessary consequences from that hypothesis.

李：这可以从两方面考虑。如果把一个实际问题完备地描述成一个理论问题，在各方面都解决它，这个理论问题往往太复杂、不可解。不少研究者强调他们的问题很难，是 NP-难或 NP-完备的。其实，这不稀奇。大多数实际问题的完备描述都应该是 NP-难或 NP-完备的。面对一个实际问题，只有简化，抓住主要方面。另外，实际问题也有实际对策：撇开其他方面，仅仅解决某个方面的问题。

2.2 突围脱困之法

学：在搞清楚一个问题的同时，不就已经知道这个问题的描述么？

李：未必。问题的描述跟问题本身不是一回事，彼此不一定吻合，经常有些距离，甚至有条鸿沟。先搞清问题，再看描述，看清其间差异何在、差距多大。对此大多数人都不思考，就直接按描述行事。在别人的描述下做研究，这是通病。搞清问题后，就不必如此了。不少时候求解困难、结果不好，根源在于描述不佳。如果另起炉灶，这种困难可能不攻自破。要琢磨问题到底来自何方，搭新炉灶。这种成就往往更大。

学：怎么才能很好地描述一个问题呢？

李：描述意味着把含糊的原始问题用科学语言尽可能明确无歧义地刻画清楚。**合理描述问题如同翻译，必须精通两种语言：一是对问题的理解到位，二是掌握好描述工具**。这两大支柱，缺一不可。深刻理解问题的本质，有赖于工程和应用头脑；熟练掌握、精通相应的工具，属于理论功底。未能深刻理解问题的本质，就难以很好地界定、描述问题；不能很好地描述，意味着问题理解不到位或对描述工具的掌握欠佳。数学家虽然数学好，也往往无法给出这种描述，因为缺前一条。理论功底不好的工程师和应用人员也无能为力。所以需要两方面都强的人，这种"两栖动物"不多。研究的突破往往有赖于对问题的重新描述。在本质上，这是著名科学哲学家库恩（Thomas Kuhn）在其名著《科学革命的结构》中提出的科学革命的"范式转变"（paradigm shift）的体现。据研究，创造性思维的一大特色就是善于质疑假设、重新定义问题，而不仅仅是接受问题的现有呈现方式和现有假设。这意味着跳出框框，换一个角度提出、思考、解决问题。创造力强的人质疑人人共有的假设，比如爱因斯坦在这方面就特别出类拔萃。

学：创造力还包括哪些内容？

李：思想解放，富于幻想，兴趣强烈，好奇心重，敢于冒险，不畏权威，不怕讥笑。此外还有知难而上，坚韧顽强，充分自信，刨根问底，高度敏感，不急功近利，等等。如有兴趣，不妨读些有关的著述，比如《创造力手册》或《智慧、智力和创造力》。不过，这方面的研究还不够深入，我没见过特别好的书。研究表明，对任务感兴趣的内在动力是创造力的本质特征。不喜爱，就难以完成创造性工作。

卡尔曼另起炉灶搞滤波

维纳滤波是 20 世纪 40 年代提出的，是一人突破。那时，随机过程还是新生事物，应用不多，维纳研究随机过程和滤波，是开创先驱。维纳滤波适用于平稳过程，不少人力图把它推广到非平稳过程，包括模糊理论之父扎德等大家。这些推广做了十几年，出了不少结果，但效果不太好，并且越来越复杂，难懂而又冗长，后来都被卡尔曼滤波淘汰了，今天鲜为人知。（1.5 节说过，"突破-泛滥"是一种常见模式，这又是一例，这也是后面 2.5 节要说的"高度复杂的必错无疑"的一个例子。）卡尔曼另起炉灶，用状态空间这个新框架、新描述，几乎是轻而易举地完成了一大突破。卡尔曼在近年的一篇文章中提到一个极端的例子：维纳的一位学生用维纳滤波来解决一个问题，写了 400 多页；他用卡尔曼滤波，几行就解决了。

打破常规

学：能不能举例说明一下重新描述的重要性？

李：好的，让我说说"卡尔曼另起炉灶搞滤波"的故事（见上框）。注意，对非平稳过程维纳滤波的这些研究虽有一定的警示作用，被人连锅端扔了，确实可惜。

我的观点是：**繁复的描述和庞杂的结果暗示着突破的机会，而另起炉灶是突出重围的法门**。这可简称为"换炉律"。如果在现有框架下结果都很复杂，困难重重，治丝益棼，就该问：是不是框架描述有毛病、不合适？该不该重起炉灶？描述繁复、结果庞杂暗示着现有框架的危机，所以要另起炉灶。另起炉灶成功是大成就，比找出一个新方法档次高。炉灶可大可小，不大的问题也可以另起炉灶。

教：卡尔曼近年还写文章？在哪里发表的？

李：是 2003 年在 *Journal of Guidance, Control, and Dynamics* 期刊上发表的。这是我所知道的他近年来唯一的文章。

总之，当现有解法都不好、繁复时，或者现有描述有老大难问题，克服方法五花八门，见仁见智，就应考虑另起炉灶，换一个框架或描述。

举例来说，在 DS 证据理论中，为了克服 Dempster 组合公式的局限和弊端，各种组合公式如雨后春笋，但都没有坚实的理论基础，因而莫衷一是。我认为，这说明 DS 证据理论的现有框架有问题。因此，不该限于在现有框架内修改组合公式、打补丁，而应考虑提出能兼顾证据组合的证据理论新框架，该框架应能自然胜任合理的证据组合。

再如，目标跟踪中的量测转换法，要求算出量测误差的条件均值和方差，理论支持不足的方法层见叠出，但其框架缺乏判断优劣的根基。我们认识到这一点，就跳出这一框架，从根源出发，提出了比量测转换更好的方法。

学：这么说来，一旦确定了描述，也就指明了解题的方向。

李：对，描述是求解的基础。描述不同，解法也就不同。给出问题的好提法，就解决了一半。（A problem well stated is a problem half solved.）要花大力搞清问题本身，深究描述的好坏，或者给出自己的描述。大家都盯着解法。其实，前面的更根本，一旦有所突破，贡献更大。如果已有的解法都很复杂而不佳，就应尝试重新描述：跳出框框，寻根究底。

教：怎么另起炉灶呢？有没有比较一般可行的办法？

李：另起炉灶就是重新描述，就是用更好的新描述来取代旧描述，它常常基于一个新框架，也就是用新的基本假设取代旧的。比如，上面说的卡尔曼滤波，就是用状态空间表示来取代维纳滤波的功率谱表示。新的假设优于旧的，可能在于它更符合我们的目的、手段或工具。至于怎么更好地描述问题，正是我们现在的话题。我想起一道"该载何人"的试题（见下框），据说西方某大公司招聘员工时用过。

> **该载何人**
>
> 　　在一个雨夜，你这位未婚小伙子驾车驶过一个车站，见到三人在候车：一位是重病急症病人，急需上医院；一位是对你有救命之恩的医生，你很想报答；一位是你心仪的姑娘，她对你也有好感，你很想进一步交往，但苦无机会。末班车已去，而你的车只能搭载一人。你该载谁？

教：这就看你的道德水平了。我觉得该载病人。救人一命，胜造七级浮屠。

学：能不能开到附近，求其他人帮忙，或者和姑娘一块去拦截其他车？如果有其他人帮忙，我当然载姑娘喽。

李：为啥一定要你来载人？理想的答案是三全其美，关键是另辟蹊径，另起炉灶：让医生载病人去医院，你留下陪姑娘。如果你这么聪明而有创意，很可能会得到姑娘的芳心。

学：有什么好办法能提升描述问题的能力？

李：首先要重视它，其次要多实践。用进废退，多试则灵。数学"应用题"就是不错的练习，它要求先把一个实际问题描述成一个数学问题，再求解。正因为如此，应用题往往比一般习题难。此外，不妨练习求解一些各学科的谜题。如何描述问题往往是解谜题的关键。数学好未必善于描述问题，而物理学好似乎更善于描述问题。

学：描述到底是问题指向还是结果指向？

李：两者要兼顾，既要与问题吻合，又要便于求解。如果硬要分轻重，
　　与问题吻合多半比便于求解更要紧。一般来说，

　　　　描述应保证足够贴切，并尽可能简易、便于求解。

　　这可以简称为描述的"合魂简魄"。要求描述与问题吻合，这很容易
　　理解，但如果太复杂，无法求解，也没多大用处。

学：怎么度量描述与问题的吻合程度？

李：一般无法定量，只能定性。定量度量要求问题和描述有共同的量化
　　基础，这不现实。定性指的是描述和问题本身有尽可能一一对应的
　　性质。比如问题具有单调性、对称性、可加性、封闭性，那么描述
　　最好也有这些性质。如果问题是离散的，描述也应是离散的。描述应
　　保持或反映原问题的意图等，比如某个量越大越好。实际问题不太可
　　能很简单，描述和求解时要丢卒保帅，以大局为重，不惜牺牲小节。

学：世界到底是不是随机的？我们说它是随机的不过是对它缺乏信息，而
　　且跟一些描述吻合。如果一个问题不是随机的，为什么可以用随机
　　数学来描述？

李：实践检验真理。宇宙不仅比我们想象的奇特，而且比我们能够想象
　　的更奇特。[爱丁顿勋爵（Sir Arthur Eddington）语] 世界不是我们
　　以为的任何东西，我们把它当成某个东西，结果很好，那就权当如
　　此。一个问题是否用随机描述，主要不看问题到底是否随机，而取
　　决于足够精确的确定性描述及其解法是否太复杂。如果不复杂，一
　　般不该用随机描述；如果复杂，不妨用随机描述。简言之，描述的
　　好坏，虽然可以由它与问题的吻合程度来判断，但归根结底更取决
　　于实践结果的好坏。以离散优化问题为例，确定性描述可能要求从
　　亿兆个解中找出最好的。这个要求太苛刻，难于登天，而且得不偿
　　失。因为问题的描述都只是实际问题的某种近似，有必要钻牛角尖、
　　坚持得到这么难的最优解吗？这好比算一个乘积，其中给定的一项只
　　有两位精度，却要求另一项有十位精度。如果用随机描述，这种优化
　　问题往往被简化为要找到某种平均意义上的最优解，也就容易多了。

学：问题的完备描述是不是应该包括评估？评估部分能为求解指出方向。

李：评估部分确实能为求解指明方向，但描述主要是为求解提供基础。如

果追求完备，兼顾评估，描述很可能太复杂而不便求解，就像"一奴事二主"，无所适从。不少性能评估工作混淆了用于性能优化的理论指标（objective function, criterion）和用于评估的性能尺度或评价指标（performance measure or metric）。历史上，拉普拉斯首先提出极小化误差的绝对值，即最小一乘估计，但往往寸步难行。高斯技高一筹，极小化平方误差，硕果累累，比如得到了最小二乘估计。估计理论由此诞生，包括最小均方误差估计。正因为如此，正态分布（高斯分布）和拉普拉斯分布的区别在于指数上用的是平方差还是绝对差。从评估来说，绝对差比平方差更自然合理，我们的研究表明，它的大弊端也更少。但是从便于求解来说，平方差远胜于绝对差，因为好处理得多。所以作为描述，平方差也远优于绝对差。

教：您讲的这些对我触动很人。我们做研究的时间虽长，但层次不高，我觉得根本原因就在于第一和第二阶段没有做好。第一阶段就是把问题分细，没有找到切入点。第二阶段就是把问题描述成适合求解的形式做得不好。读完文献后，就急忙做修改了。这只能是跟踪性的研究——跟踪，人家又突破，又跟踪——老是跟在后头，没有多少创新。我觉得这是根本，背后是我们整个指导的滞后。更多是在成果出来以后才跟学生探讨，而在前期关于发现问题、分解问题、描述问题，花的时间不够。更多的是学生自由探索，出的东西水平自然就低。后期不论怎么修改，也不会成为很好的杂志文章，因为层次就决定了。不是写作问题，而是前期指导花的时间不够。

2.3　避难金律

李：关于第二要素——描述，我想强调一个黄金法则——

避难金律：回避比原问题更难的子问题。

一个问题的解决不应依赖于一个更难的待解问题。所以，在描述问题时，不应在中间引入更难的待解子问题。这个大家都能理解，也都认同，却常常疏忽遗忘。所以我说它是"人人相信而又善忘"的"避难（读第二声）金律"。

教：这一法则是您发现总结的吗？

李：我清楚地认识到这一法则，深受 Vladimir Vapnik 的启发。他是统计学习理论的大家、支撑向量机的开创者。他说[1]：在信息有限时，要直接求解，决不在中间步骤求解更一般的问题，信息可能足以直接求解，但不够求解更一般的中间问题。我深受启发，但是"一般"不很准确，"难"应该更本质。在1.2节说过，更一般的问题未必更难。何况，不少时候把解决一个更一般的问题作为中间步骤，是合理而行之有效的，这也是莱布尼茨所建议的。比如，我们经常把一个特殊的算术问题转化为一个更为一般的代数问题而求解。这与后面会提到的模式识别法大有相通之处。当特殊的问题涉及不少无关宏旨的枝节而问题的本质被掩盖时，更是如此。话说回来，在尽可能具体的层面上、在现实的环境中解决问题，往往比在抽象一般的框架中更有效可行。除此之外，我不知道还有谁这么明确地提出这一重要法则。

避难金律：避走更难之路

值得注意的是，

各行各业背道而驰之例屡见不鲜。

一个简单例子是：为了估计总和，先估计各项再做和，因为每项都有现成的方法来估计。然而，实际情况可能是：虽然总和是可估计

---

[1] Vladimir Vapnik, *Statistical Learning Theory*: If you possess a restricted amount of information for solving some problem, try to solve the problem directly and never solve a more general problem as an intermediate step. It is possible that the available information is sufficient for a direct solution but is insufficient for solving a more general intermediate problem.

的，信息却未必足以估计每一项，至少效果不佳。既然目的是估计总和，所以应避免逐项估计，因为那是更难的子问题。

再举一个重要例子：**不少统计判决（假设检验）的应用研究违背避难金律**。已有的研究旨在得到一个决策律（函数），即对数据空间的一个划分，这一劳永逸地解决了判决问题：不论给定什么数据，代入决策函数，立即就能得出相应的决策。然而，在实际应用中，往往只需要得到特定解（"特解"），即相对于给定数据的决策结果，并不奢求得到这种一劳永逸的"全解"，即不需要得到适用于所有可能情形的解的统一表述。实际应用大都只需要特解，因此，这些研究在中间过程中引进了一个更难的子问题——求全解，因而违背避难金律。

教：照您这么说，统计假设检验的研究都有这个问题，真够骇人听闻的。

李：不仅大多数统计假设检验如此，其实很多应用统计研究对此注意不够，比如包括大家熟悉的参数估计。为了更令人信服，让我说得更明确一点。考虑一个最简单的二元假设检验问题：$D = g(z)$，其中 $D \in \{0,1\}$ 是决策，$g(\bullet)$ 是决策律，$z \in \mathcal{Z} = (\mathcal{Z}_0 \cup \mathcal{Z}_1)$ 是数据，$\mathcal{Z}_j$ 是数据空间 $\mathcal{Z}$ 中对应于决策 $D = j$ 的区域。现有的统计判决研究旨在得到一劳永逸的全解——决策律 $g(\bullet)$（理论上等价于划分 $\mathcal{Z}_0$ 和 $\mathcal{Z}_1$ 的精确分界线），而实际应用往往只需要得到给定数据 z_i 所对应的特解（决策 D_i），即不先确定决策律 $g(\bullet)$ 而直接做决策 D_i。显然，"先得到 $g(\bullet)$，再确定 $D_i = g(z_i)$"的全解法只是确定 D_i 的众多方案之一；确定 D_i 一般比全解法容易不少，即很可能有其他不先得到 $g(\bullet)$ 而直接确定 D_i 的更简易的方法。

教：是吗？我就不知道任何这种方法。而且，我甚至不能肯定，直接确定 D_i 会比全解法更容易。

李：当整个 $g(\bullet)$ 可以很容易（比如解析）得到时，直接确定 D_i 也许未必比全解法更容易。然而，对于更为复杂的问题，比如错定（misspecified）的统计判决问题，即所有给定的假设都不真实的统计判决问题，直接确定 D_i 应该比全解法容易得多。这有多方面的原因：①直接确定 D_i 可利用数据本身来学习未知的真实假设，因而可以是"自适应"的，而全解法因其"求全"之需，只能取决于数据的统计特性，而不是数据本身，因而不是"自适应"的。②全解法等价于要求"全局"确定整个边界——即判定所有可能的 z 值属于哪一边，而直接确定 D_i 只需要"局部"判定 z_i 属于哪一边。换言之，特解是全解的一部分。所以，至少全解的计算量远大于特解。③有些问题有特解，而不存在统一的全解（因为这种解必须适用于所有可能情况）。上面所述同样适用于参数估计，原则上只要把决策 D 换成被估计量 a 的估计 $\hat{a}$ 即可。

学：我想，关键在于是不是有不通过得到全解而直接得到特解的方法。

李：先打个比方。要得到一个能界定每一位可能存在的姑娘是否漂亮的全解（问题 A）是不可能或极其困难的，而要判定一位具体的姑娘是否漂亮（问题 B），则容易得多。上述"漂亮"不妨换成"聪明、善良、勤劳"等。这就像假设检验中的一致最优效检验（Uniformaly Most Powerful Test，UMPT），它一般不存在。而针对一个参数值的最优效检验（Most Powerful Test, MPT）一般是存在的。现实问题往往是问题 B，而不是问题 A。现有的应用统计判决研究，大都把问题 B 当作问题 A 来求解（这是描述不妥），或者说，都通过求解更难的问题 A 来求解更容易的问题 B（这违背避难金律）。显然，在现实中，大家并不是通过求解问题 A 来求解问题 B。可见，存在直接求解问题 B 的可行办法，而且种类繁多，其中有些应该比全解法更可取，值得好好研究。

教：我有个疑惑：研究解法时并不知道数据的取值，所以要解决实际问题，对每个给定的数据，特解的求法都得可行，这样的求法不就隐含着构成了全解吗？

李：不妨把能求得众多特解的通用程序（procedure）称为"通解"。让我谈谈

特解、通解、全解的异同。

对一个具体问题，求特解远比求相应的通解容易得多。前者在工程和应用上常用，因为它不要求通用性，而后者是科研常用的，因为科研成果得有一定的通用性。除了"案例研究"（case study）等特殊情况以外。在科研中，特解的求法往往确实要通用，不能等拿到数据之后再寻求解法。尽管如此，通解和全解至少仍有两大不同：①通

解可能"通而不全"——它可能通用于大量不同情形，但未必适于所有可能情形。这种通解不是问题的完全彻底之解，可是工程和应用科学的研究不该一味"贪大求全"。②全解之所以"全"，往往必须是所有可能解的统一表示，而通解只给出了在一种情形或数据下求解的程序，不必是所有解的统一表示。正因为如此，有些问题能找到特解而难以求得通解，有些只有通解，没有全解。就像一般存在 MPT，但不存在 UMPT。它们的不同还体现在：理论上可以对全解求导数：$dD/dz = dg/dz$；而通解未必可以求导。我不否认，统计研究成果有些是通解而不是全解，但大多数是全解。而且，绝大多数研究者并未认清我所说的这些。一个非常典型的体现是：有些研究者在得到通解后，还不惜工本地重复使用它来得到"数值全解"，这实属多余。举一个具体例子，即二元假设检验的最大似然判决。给定一个数据 z_i，特解很容易得到：在两个假设中，选似然值大者。这个求特解的程序就是通解。全解则是：由似然比大于 1 所确定的决策映射 $g(\cdot)$（或对应的空间划分）。

话说回来，全解比通解优越得多：全解 $g(\cdot)$ 有统一的表示，一劳永逸地解决了问题，从而便于大量应用（即由 $D_i = g(z_i)$ 得到大量的 D_i），也大大便利于后续的理论研究。而给定一种情形或数据，通解都要从头开始，重复同样的程序，才能得到特解。所以，特解和通解更适用于只用一两次或少数几次时，而全解适用于要用很多次时和理论研究。注意，要用很多次和只要用少数几次是两种不同的实际问题。

总之，工程和应用人员只关心特解，数学家和统计学家特别注重全解，因而往往只能对付相对简单的问题。工程和应用科研人员不该只追求全解，对于大量复杂问题，可以满足于得到通解。

再举一个重要的例子。在用概率统计方法解决一个随机问题，比如分类问题时，一般要避免在中间过程中求出概率分布或密度函数。——密度估计往往比原问题更难，尽管它一旦解决，不少有关问题都迎刃而解，因为密度函数是对一个概率分布的统计问题的完全彻底描述。与概率分布函数类似，质量函数（又称基本概率赋值）是证据理论对不确定问题的完全彻底描述。面对一个实际问题，比如分类问题，在信息有限时，要得到相应的质量函数可能比解决原问题更难，所以也应避免。然而，**用证据理论来解决各种应用问题，现有的方法几乎无一例外在中间过程中都要得到质量函数，这违背"避难金律"**。也正因为如此，已有的基于证据组合的方法无法避免组合爆炸的计算复杂度。

教：似乎有道理，证据理论方法确实都要求先得到质量函数。关键是，怎么才能不求出质量函数而又解决问题呢？

李：总的来说，不妨借鉴概率统计方法是如何回避求解概率分布的。关键在于得到描述问题的概率分布的参数模型。证据理论现在的处境，好比概率分布理论建立之前的古典概率理论。面对一个应用问题，现在的证据理论方法好比限于用古典概率（不用概率分布函数）来解决它。所以，要发展证据理论中相应的"分布"理论和统计理论。一个重要组成部分是建立重要问题的证据理论典型的参数模型。这样才能在解决应用问题时，利用质量函数的参数模型得出最后结果，即设法把问题描述成参数问题，而不在中间过程中真的得到或算出质量函数，一般而言那是更难的泛函问题。与证据理论类似，面向应用的随机集理论也急需对实际问题建立随机集模型，并发展相应的分布理论和统计理论。

再举一个你们更熟悉的例子，就是

粒子滤波用于目标跟踪。

这很热，文章铺天盖地。我认为这很值得商榷。粒子滤波（particle filtering）在本质上擅长于对付动态密度估计，而目标跟踪一般只需要估计目标的个数和状态向量，而不是其密度，因为那是奢求：大多数情况下数据量不足以有效地估计密度。所以要现实一点，只估计向量。密度估计比向量估计难得多，所以，粒子滤波对大多数目标跟踪问题未必好，它违背上述法则，杀鸡用了牛刀。这把牛刀被用来砍杀各种其他动物，甚至包括飞鸟。

学：一旦知道状态的概率密度，不就完全掌握了状态向量的所有信息？那状态估计的所有问题不都解决了吗？这样不是解决得更彻底吗？

李：让我用归谬法来反驳。照你说的，更进一步，我们最好先建立一个适用于所有问题的万能理论，从而所有问题都迎刃而解。其错误在于，它没考虑这样一个理论能否建立以及是否容易建立。你相当于

说：“为什么不能引进一个更难、更一般的子问题？一旦解决它，原
　　问题也就迎刃而解了。”这如果成立，“避难金律”也就无效了。

学：粒子滤波对数学的要求不高，缺点是计算量太大，好处是操作简单。
　　所以在目标跟踪中有很多应用。

李：关键在于，感兴趣的不是那个更难的问题，想要解决的是这个更简
　　易的问题。而且，数据不足以精确地估计密度。这好比弱不禁风、
　　手无缚鸡之力的人却偏要用牛刀杀鸡。在这儿，状态向量估计是
　　“鸡”，数据不足是弱不禁风，粒子滤波是牛刀。

学：但它是一个一般的办法，并且也不难用。

李：这相当于说：“这把牛刀用起来不难。”这并不说明对付动态密度估
　　计之“牛”的这把刀，很适合于屠宰状态向量估计这只“鸡”。它的
　　长处是动态密度估计，没用它的长处，就是没用牛刀杀牛。这是用
　　错了工具。

教：粒子滤波是一种数值方法，而向量估计问题也可以用数值方法解决。
　　比如说，点估计中的条件均值其实就是一个积分，它可以用粒子滤
　　波这种数值方法来计算，只是运算量大而已。

李：密度估计在理论上相当于计算一个无穷维向量。粒子滤波用有限个
　　点的值来近似密度，相当于计算一个极其高维的向量。如果用一万
　　个一维粒子，就是一万维。为简单起见，可以用一维状态的例子来
　　说明。这时条件均值是个一维积分，即标量和。要估计一个和，不
　　必估计它的每一项，而用粒子滤波估计状态，就相当于先估计每一
　　项，再用它的和来估计这个标量和，不仅运算量大，性能也未必好。
　　给定十个数据点，可以估计这个标量和，但能不能很好地估计那个
　　一万维向量？

教：为什么数据少就不能估计密度？我们在做粒子滤波时都知道，不管
　　数据多少，都能实现。所以我觉得即使数据少，粒子滤波照样可行。

李：那是因为粒子滤波是贝叶斯滤波，它假设我们有完全的先验知识或
　　预报密度，数据的作用只是改动预报密度，使之成为后验密度。当
　　数据少时，后验密度主要依赖于预报密度。推至极端，即便没有任
　　何数据，粒子滤波仍旧“可行”——后验密度等于预报密度。事实

上，我们并没有完全的先验知识，预报密度往往不好，所以数据量不够时，后验密度也不好。给定十个数据点，如果那一万维向量的先验估计不好，后验估计也就不好，它们之和的估计一般也就不好。在相同情况下，对和的先验直接估计完全可能已经不错，给定十个数据点，其后验直接估计更是不错。

学：但是粒子滤波器操作起来简单啊。

李：那为什么不令估计始终等于 0，这样操作起来不更简单吗？可见，操作简单与否是另一回事，关键在于密度估计明显比向量估计难。即便粒子滤波比现有状态向量估计方法好而简单，也只能说明向量估计还没做好，还应努力直接做，不经过密度估计。也就是研制有效的鸡刀，而不是始终依赖牛刀或改进牛刀以适应之，尽管可以暂且这么用，特别是想偷懒时。就像杀鸡没有鸡刀，权且用牛刀一样。让我东施效颦，学庄子讲一个自编的寓言"万用关刀"（见下框）。是啊，粒子滤波对付动态密度估计不错，知道密度后，所有统计问题都迎刃而解。所以，粒子滤波不就是这么一把青龙偃月刀吗？它被到处乱用，不正是 1.5 节所说的"突破-泛滥"常见模式的又一个例证吗？它也印证了"滥用有赖于通用和易用"的论断。

万用关刀

关公的青龙偃月刀，堪称冷兵器之王。关公死后，机缘巧合，梁山泊好汉李逵得到此刀。他想，此刀如此威名赫赫，定能对付任何需要用刀的情形。于是，他就用来劈柴、切肉、杀鸡、割纸、抽刀断水，不一而足。其他好汉笑话他，并建议他用来剪指甲。他回答说："弟兄们有所不知，假使这些柴、肉、鸡、纸、水、指甲都是铜做的大家伙，不就显出我的智慧和本事么？"

教：真是啊。为什么那么多人都没想到这么简单的道理呢？您是怎么想到的呢？

李：不是没想到，是根本没去想。我是 2003 年夏天从澳洲回美国时在飞机上想到的。当时我考虑目标跟踪中的粒子滤波，想到了"避难金律"，马上意识到这么做不妥。从此我就敬而远之了。几年前有人找我，给钱让我做这方面的研究，我也谢绝了。很遗憾，我有此认识时，只跟我的团队的师生说了。如果我当时大声疾呼，也许误入歧途之人会少些。不过，这几年我在讲学时，常常指明这一点。

无独有偶，数据关联被普遍认为是杂波下目标跟踪的必由之路。事实上，数据关联往往比杂波下目标跟踪本身（不做数据关联）更难。确实，数据关联是目标跟踪的老大难问题，一旦解决，剩下的就是状态估计问题。然而，我逐渐认识到，**数据关联问题比目标跟踪问题本身还难**。目标跟踪就是目标状态的动态估计，它是一个连续型的优化问题。数据关联是指找出数据与来源之间的对应关系，是离散问题。离散优化比连续优化一般都难不少。而且数据本身告诉你什么？它绝不直接披露自身的来源，但可能直接显示目标状态的信息。所以要想解决数据关联问题很难，比杂波下目标跟踪本身更难。目标跟踪的目的和应用，一般不需要知道这种关联，主要是想知道目标的状态及个数，对数据从哪来并无直接兴趣，因而描述时不该把关联问题作为待解问题放进去。所以我说，这是目标跟踪领域 20 世纪 60 年代以来的一大误区。很可惜，好多人误入歧途，浪费了精力。

教：这个说法不是危言耸听，就是石破天惊。除了先关联数据之外还能怎么做？

李：比如可以考虑目标集合和量测集合这两个集合之间而不是元素之间的对应关系，在集合的层面上求解，这就撇开了关联问题。再如，可以把目标跟踪问题描述成不完全信息下的问题，数据关联就是丢失的信息，用 EM 算法求解。几年前我在《10000 个科学难题·信息科学》中撰文阐明此事。我从 2005 年前后开始就在公开场合指明这一点，你从未听说过？

教：为什么违背"避难金律"的错误会那么常见呢？

李：首先，**在中间过程中引入更难的子问题往往显得很"自然"，**

它往往源于"套用已有解法"。

这是一种自然倾向和习惯，是科研的通病。大家知道某问题有解，往往就希望把当前的问题转化成那个问题，好比棋手想把棋局导向有利的已知残局。一不小心，忽视这个法则，引入的问题就可能比原问题更难。比如想解决一个问题，按照某个描述，知道怎么解其中的三步，只有一步不知道。好多人就会想当然地去攻克这一步，而不想想这一步可能比原问题还难。一旦解决数据关联问题，要跟踪一个目标，套用现有的滤波方法即可。其实，即便更难的中间问题可解，这样所得原问题的解也往往不好，因为中间求解更难的子问题，无论如何是额外的束缚。没有这个束缚的解至少可能更好，也往往更好。其次，更难的子问题往往是更一般的问题。所以，一旦解决，所得之解可能比不违背"避难金律"之解更普适。这是这类解法之所以吸引人的原因。

教：但是问题的难易很难判断啊。怎么知道中间的子问题是不是更难呢？

李：我这是在倡导一个法则。判断问题的难易程度确实不一定轻而易举，得慎重。面对一个具体问题，具体对待，很可能是有数的。比如，对于粒子滤波用于目标跟踪，或者数据关联问题之于目标跟踪，我觉得问题的相对难易程度并不太难判定。不可否认，任一法则都有应用困难，也都有例外。但没有充分理由认定是例外时，不该认为是例外。要有意识地想想，引进的子问题是不是更难？要是判断错误，那是水平、判断力的问题。如果认定这个子问题更难，那就不该这么描述。遗憾的是，绝大多数人根本不加判断就匆匆求解。有时我的学生提出某个东西，我点破说又违反这个法则了，他马上认同。如果不清楚这个法则，就会迷茫而争论不休；一旦清楚，一说就明白。对于这个法则，人人都有所领悟。一旦明确提出，没人怀疑，但实践起来未必容易。不信，你可以观察，保证有不少人、在不少地方违背这个法则。这也是不应跟风的原因之一：有时热门、新潮的做法是错的，根本不该跟。用粒子滤波做目标跟踪就是一例。意识到数据关联大都比目标跟踪更难以后，我就没做过数据关联问题的研究。

"避难金律"还有一个更高级的"白金律"：不求解更难子问题，但若需要，考虑其影响。让我以目标跟踪的对称量测方程法（Symmetric Measurement Equations，SME）为例，加以说明。这一方法靠对称变换把原量测都变为对称的"等价"量测，这些量测因此毫不依赖于数据关联的结果，SME 以此回避了数据关联问题。然而，这种回避丝毫不考虑不同关联的似然程度：比如对"数据关联极其容易而可靠"和"数据关联结果极不可靠"等各种情形"一视同仁"。因此，它对应于各种关联下的"平均"情形，这种"共解"大有弊端（后面在 2.7 节会深入讨论），因为它没有考虑不同关联的影响，即子问题之解的影响。"白金律"的微妙之处是：不直接求解更难子问题，但考虑其影响。

总之，违背"**避难金律**"可能是灾难之源，因而"**避难(读第二声)金律**"其实可成为"**避难(读第四声)金律**"。

2.4　孤胆独攻

李：上面谈了问题与描述，下面开始讲求解。搞清问题之后，你们认为，最好什么时候开始攻坚——努力解决问题？

教：在充分检索文献之后。这样才能对已有方法和结果了如指掌，取长补短，融合各种方法的优势，另辟蹊径。

李：问题理解不到位，就不能很好地解决。所以，首先对问题的理解必须到位。一旦理解到位，我就试图解决，不等了解已有方法之后。也就是说，

在了解已有方法之前，独自解决问题。

想要攻克一个问题，我就认真地想，这到底是个什么问题，搞清楚了，就发起攻击，不管别人是怎么做的。为了弄清问题，得调研看文献。清楚之后，就不看了，独自设法解决。如有需要，不妨给出自己独特的描述。等到想出个解，觉得还不错，再去搜去找，看看有没有撞车。撞车的经历绝无仅有，即使撞车，多少也会有所不同。这才能"六经注我"，而不是"我注六经"。在了解已有方法之前解决问题，很不容易，但有很多好处，比如有助于产生全新的思路，免受现有思想方法的束缚，增强解决问题的能力，便于后来弄清已有结果的利弊，等等。说得更高点，我认为这是

衡量原创度的重要尺码，成为原创者的努力目标。

能这么干，说明原创力强；否则原创性不高，老在别人的工作上转来转去。所以，这是一块试金石，可以测出研究者的"含金量"——原创力。可以说：孤胆方是英雄，独创才有真才。

教：我们的老师都教我们要先做文献检索，我们也是这么教学生的。照

您这么说，我们都错了。不要学生看文献，恐怕行不通吧。您这么说，恐怕有负面效应。

李：不要误解我的意思，我的老师也是这么教我的。有好些年，我也是这么做研究的。后来，慢慢觉得越来越不需要这么做，越来越应该不去管别人是怎么做的。我不断总结、琢磨，逐渐体会、认识到它的重要性。所以我说它是度量原创度的一个重要尺码。越不靠借鉴他人就能自己做的，越是真正的原创研究。不必看别人，才是真正的原创研究者。能够这么做，相当不易，需要很强的实力。所以，我并不建议科研新手用这个"独创法"。对于有一定研究经验和实力的人，我强烈地忠告他们朝这个方向努力。用进废退，不断努力，就会增强这方面的能力，成为真正的原创研究者。杨振宁也说，如果决定研究一个课题，我就一定从头做起，不先看别人的文章，做了一段时间后再看，否则可能错过一些最重要的问题。学生当然要看文献，但不要太多，更不必求全。我刚开始做科研时，也唯恐文献看得不全。对此，大数学家雅克比谐谑地说[1]：如果你父亲坚持：不认识世上所有的女孩，就不结婚，那么他就不会结婚，也就没你了。

学：我们刚上博一的时候，学院开一个座谈会。有两个学术委员会的老教授说，论文是要看的，但不能看太多，看一些经典的就行了，不然会影响思考，看太多会被现有的方法套住。

李：看得太多，思想容易被束缚，应在了解已有方法之前解决问题。我认清这一点后，就故意不看了。比如我的一个研究，后来知道有人做过，但我故意不看那些论文，这跟蔡廷所说的如出一辙（见下框）。信息论的创立者香农说[2]：我宁肯花两三天时间自己发现一个定理，也不愿花两三小时在图书馆里搜寻这个定理。古今中外罕有其匹的大哲学家、科学家笛卡儿也说[3]：我年轻时，一听说某个富有创意的发明，就试着不了解原作，独自重新发明它。

---

[1] Jacob Jacobi: Your father would never have married, and you wouldn't be here now, if he had insisted on knowing all the girls in the world before marrying *one*. 引自 E. T. Bell, Men of Mathematics。

[2] I would rather spend two or three days discovering a theorem than two or three hours searching for it in a library.

[3] As a young man, when I heard about ingenious inventions, I tried to invent them by myself, even without reading the author.

蔡廷坚持孤胆独创

蔡廷说[1]：迄今我都不想太认真地审阅哥德尔和图灵的工作——我想形成自己的观点。蔡廷是算法信息理论（algorithmic information theory）即算法复杂性理论的主要创建者，他的工作与哥德尔（Kurt Gödel）和图灵（Alan Turing）那部分的工作密切相关。他说这话时已经做这个工作几十年了。他不愿细看他们的论述，生怕被他们的思想俘虏束缚。哥德尔和图灵都是思想深邃的大师。他们想的，要是看了，很可能就会觉得他们考虑得已经很深刻周到了，创意就难产生。一直到做了很多，形成初步体系之后才去看。这当然更难，但更有原创性。

教：不思考而一味阅读，就被洗脑了，洗完脑就没法创新了。

李：法国著名生理学家贝尔纳说[2]：正是我们所知的，而不是不知的，构成对学习的极大障碍。有人总结说：无知乃研究之母。（Ignorance is the mother of research.）新手的科研能力不强，所以应该看本课题经典的、重要的文献，关键是要理解本质精髓，漏了一些次要的没关系。随着能力的提高，应该越来越少看本课题的文献，以免思维定势；多看其他课题和领域的，以便借鉴。

2.5 弃繁就简

大道至简，科学之魄

李：我想谈谈简易性。这是一种信念、一种审美观，我们要培养它。科学上的好不好，首要是吻合，其次是简易。我对科学的诠释是：**科学其实不可能像发现一个物品一样地发现真理；它实际上是在发明与观察、现象、数据等相吻合、相一致的最简刻画、表述、模型、理论、说明，等等**。英国著名哲学家怀特海说得精辟[3]：科学旨在寻求

---

[1] Gregory Chaitin, *The Unknowable*: Up to now I never wanted to examine Godel's and Turing's work too closely—I wanted to develop my own viewpoint.

[2] It is that which we do know which is the great hindrance to our learning, not that which we do not know.

[3] Alfred North Whitehead, *The Concept of Nature*: The aim of science is to seek the simplest explanations of complex facts.

复杂事实的最简解释。说白了，科学的任务就是创造与证据吻合的最简产品。这是我的科学观，说到底就是吻合不吻合、简易不简易。我认为，归根结底，科学源于科学方法，

科学方法要旨有二：一要吻合，二求简易。

形象地说，要求吻合是科学之魂，追求简易是科学之魄，**这就是科学的"合魂简魄"**。按汉字的本义，魂比魄更高、更本质，魂能脱离形体存在，魄不能。与此相通，中医也有三魂七魄之说。作为科学之魄的简易性常常被表述为奥卡姆剃刀（Ockham's razor）：如无必要，勿增实体。这其实是一种思维的经济或简约原则。人们用这把"简者优先"的剃刀，在科学内外，到处"剃头"，以求经济和高效。由此可得如下简化公式：最优 = 最简。

教：吻合和简易这两个有没有折中？

李：当然可以有折中。二者有区别，主要在于：吻合谈的是效果好不好，而简易涉及的主要是适用性。一般来说，越简易的东西越实用，也越可能广泛适用。简易还有简约、概括的意思。科学成果必须是简括的。

学：那是因为简单，它才广泛适用，还是广泛适用的东西必然简单？

李：问得好，有深度，这是典型的西方思维方式。当然，我们都被西方思维方式洗脑了，对因果都要一探究竟。哪个是因，哪个是果，有时它们扯在一块，就像鸡和蛋，孰先孰后？孰因孰果？无法说清也不必说清。也可以说，它们互为因果。西方思维认定万事万物必有其线式因果关系。我认为，对线式因果关系的执著是科学取得巨大成功的深层原因，因果关系不能太复杂，否则就失去了合理性和存在价值。由此可见简易性的关键作用。

学：低阶多项式是高阶多项式的特例，低阶多项式更简单，但一个高阶多项式不比一个低阶多项式适用面更广吗？为什么反而说越简单的东西越可能广泛适用？

李：只有参数未定时，低阶多项式才是高阶多项式的特例。这只说明高阶多项式的集合比低阶多项式的集合大。然而科学要求确定、显明。参数都给定时，一个特定的低阶多项式当然比一个特定的高阶多项式适用面更广，也更简单好用。否则，为什么函数内插多用直线或低阶多项式，而不用高价多项式？难道 10 阶多项式比一阶（即线性）

常用？科学规律需要概括；没有概括，就不可能普适；好的、有价值的概括必须是简易的。只有这样才实用。复杂的不易理解，也难以解释清楚。越简易，就越便于理解和掌握，也就越能发挥效用。所以拉普拉斯说[1]：最简单的关系最有普遍性,这正是归纳法的依据。举例来说，对于充分统计量，我们特别看重"完备充分统计量"（complete sufficient statistics），非完备充分统计量往往含有不少与该参数无关的信息。同理，一个系统的状态向量含有系统状态的全部信息，其中维数最小的最受欢迎。给定一个系统的转移函数，我们也最喜欢不可约简（维数最小）的状态空间表示。

普适基于共性，毁于个性。共性就是规律。越复杂的东西越特殊，也就越难普适；

越简易，就越一般、越具有共性、越普适。

以人工神经网络为例，越简单，就越难以与数据拟合得好，但泛化功能越强。这里的拟合与泛化正好对应于科学的吻合与普适。类似的例子很多。比如，在模型选择领域，AIC、BIC、MDL 等准则的提出，就是为了更好地同时考虑拟合与泛化功能。在统计学习理论中，结构最小风险原理以及 VC 维的提出，也是为此目的。在科学之外，也是如此。比如西方古谚云：简朴乃真理之印记。（Simplicity is the seal of truth.）

高度复杂的必错无疑

学：简单的东西好，但是复杂的也不见得就不好、就错啊。

李：不论世界及其规律是否真的简单，科学应该且只能掌握简易的规律。所以当代著名科学哲学家波普尔说得深刻[2]：科学可说是系统性过度化简的艺术。关于简易性对于科学的重要性，我有一个强化版本：在科学上，高度复杂的必错无疑，十分丑陋的研究结果必错无疑。这虽显夸张，却是至理。在实践中和理论上，

复杂则难被认可，易被取代。

可以说科学上"正确"的定义就包含简易。如果允许任意打补丁，就

---

[1] The most simple relations are the most common, and this is the foundation upon which induction rests.

[2] Science may be described as the art of systematic over-simplification.

总能用现有理论解释任何一个实验结果。什么样的解释很牵强？就是很复杂、不自然的。在谈另起炉灶（见 2.2 节）时我们说，描述繁复、结果庞杂意味着框架有危机。为什么？因为违反简易性原理。蔡元培告诫学生说："做学问不要钻牛角尖，真理经常浅显易懂，听起来很平凡；而那些听起来很玄妙的，其中所含有的真理可能就很少了。"所以，得到复杂的研究结果后不该将就，"革命尚未成功，同志仍需努力"，要继续努力得到满足吻合要求的简易成果。这有两方面：①简易的东西往往被忽视，②做出一个简易吻合的，就会长期屹立不倒，贡献就大。如果成果很复杂，虽能满足吻合的要求，但不久就会被一个更简易的取代，所以就错了。牛顿力学在微观上和宇观上与证据不吻合，因而分别让位于量子力学和相对论。但在宏观上，它与证据相当吻合而又简易，所以还在独领风骚，并不被认为是错的。科学上的对错，就是这么回事。另一方面，如果一个成果必须日趋复杂（比如靠打补丁），才能与越来越精确的观测结果吻合，那么它必错无疑。我说的复杂性也包括计算复杂性。一个计算量巨大的解法，对于实践来说也必错无疑，因为它必定会被更有效的解法取代。

学：简易是做科研做到一定境界才追求的，我们学生和一般学者很难做到。科研新手喜欢故弄玄虚。心虚嘛，复杂的看起来会好一些。年轻人写简单的，会被认为没有深度，专家院士可能只要一页纸。

李：是啊，以形式的复杂来掩盖实质内容的单薄空洞。另一方面，复杂玄奥的东西对低水平者更有迷惑力，其实这是金玉其表、败絮其中。实际上，天才即化繁为简之才。[1]

坚持简易性对于科研有巨大的指导意义。

最终结果一定要简易，这种结果往往更好却常被忽视。美国文豪爱默生夸张地说[2]：没有比伟大更简单的。的确，要简单就是要伟大。要坚持"简易优先"原则，先试简易的。比如，要尝试用简洁的方式重新描述问题。不妨先解决一些简单的子问题，这有助于加深理

---

[1] C. W. Ceram: Genius is the ability to reduce the complicated to the simple.

[2] R. W. Emerson, "Literary Ethics," *Nature, Addresses, and Lectures*: Nothing is more simple than greatness; indeed, to be simple is to be greatness.

解，增强自信，并产生中间结果。估计融合领域在我进入之前的二十年有过不少工作，我进入后，发现其实有很简单的办法，从而为建立统一线性理论做出了有益的贡献。前人可能没试过这么简单的方法。二十多年前，我有个同学说：这个方法太简单，别人肯定试过。导师马上说：千万别存这种念头。这千真万确，我至今记忆犹新。虽说"道边之李常苦"，但也未必如此，——其实大多数人并未意识到简易的重要性。

简易并非肤浅，实乃深刻。它非常重要，值得一试，一旦成功，贡献也大。搞出一个复杂的，扬扬得意：瞧，我的功底多深厚。也许功底是很深厚，但不久后，你的结果就会被更好更简易的取代。开普勒发现其三大定律的故事（见下框），很能说明这一点。爱因斯坦也说[1]：当我评判一个理论时，我会问：假如我是上帝，我会不会这样安排世界？他们二人的信念何其相似！注意爱因斯坦的自信或"狂妄"：他假设他的见识和评判力与上帝不相上下或至少是相差无几！爱因斯坦认为[2]，智能有五个层面：聪明、明智、卓越、天才、简朴。这与中国传统的"大智若愚，大道至简"，以及英语名言"至理至简"（The greatest truths are the simplest），不谋而合。2008 年诺贝尔经济学奖得主克鲁格曼也说他的研究工作四法则是[3]：倾听异见，质疑问题，不怕犯傻，再三简化。第一条强调要冲破正统的成见，第二条与我们前面所说的注重问题殊途同归，第四条就是简易。水平越高，越看重简易性。

开普勒坚信简单性

由于深受毕达哥拉斯和柏拉图以来普遍认为天体运行都是完美的圆周这一论断的局限，哥白尼的日心说要用几十个圆周运动才能解释行星观测结果。开普勒突破了这一根深蒂固的错误观念，用一个椭圆运动就取代了好几个圆周运动，大大简化了模型，具体表现为他的

---

[1] When I am judging a theory, I ask myself whether, if I were God, I would have arranged the world in such a way. 引自 Harry Woolf, ed., *Some Strangeness in the Proportion*。

[2] The levels of intelligence are "smart, intelligent, brilliant, genius, simple."

[3] Paul Krugman: Listen to the Gentiles; question the question; dare to be silly; and simplify, simplify.

第一和第二定律。尽管如此，作为虔诚的天主教徒，他仍觉得这两个定律复杂而不够漂亮，天体运行轨迹竟然不是美妙的圆，而是有缺陷的椭圆：圆只有一个圆心，椭圆却有两个焦点。太阳位处其中之一，而不在圆心。他用圆和复合圆试了多年去吻合观测数据，终因太复杂而忍痛割爱。又经过多年努力，终于得到第三定律，非常简单。这时他才得意地说：这样的数学定律才是上帝意志的体现，只有上帝的杰作才会如此简洁美妙。他为发现上帝的秘密而狂喜自豪，以致临终前自撰墓志铭[1]：惯于测算天机，今又丈量地缘。灵魄升天去也，肉身留此安眠。

教：我感觉我们还没有到往简单做那个层面。很多时候我们是在往难里做。从本质上说，数学应该是把一个东西描述得更简洁，结果有时候反而会越做越复杂。

李：是啊，那是走火入魔，误入歧途。蒙田的《随笔集·困难增强欲望》说[2]：正如美德一样，即便在两个相似之举中，我们也认为面对更大难度更大风险的那个更美、更令人珍爱。鲁迅更是挖苦人们"贵难贱易"的传统（见下框）。的确，因难见巧，来之不易的格外珍贵。尽管如此，简易还是远比不易重要。

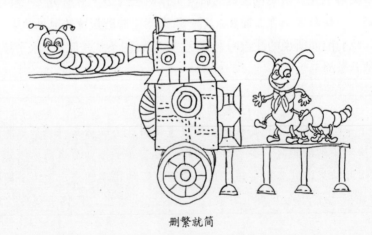

删繁就简

---

[1] I used to measure the heavens, now I measure the shadows of Earth. Although my mind was heaven-bound, the shadow of my body lies here.

[2] Just as in virtue, even out of two similar actions, we hold the one to be more beautiful and more highly prized in which there are more difficulties and hazards to be faced.

鲁迅挖苦贵难贱易

鲁迅在《二心集·作文秘诀》中挖苦"贵难贱易"说：作文有两个秘诀，一要朦胧，二要难懂。朦胧才能遮丑。既然"知耻近乎勇"，遮丑也就近乎好。至于难懂，"我们是向来很有崇拜'难'的脾气的，每餐吃三碗饭，谁也不以为奇，有人每餐要吃十八碗，就郑重其事的写在笔记本上；用手穿针没人看，用脚穿针就可以搭帐篷卖钱，……同是一事，费了苦功而达到的，也比并不费力而达到的可贵。……三步一拜才到庙里的庙，和坐轿子一径抬到的庙，即使同是这庙，在到达者的心里的可贵程度是大有高下的。作文之贵乎难懂，就是要使读者三步一拜，这才能够达到一点目的的妙法。"

师傅领进门，修行在个人。没人到过北极星，但它指明了方向。你们现在也许还没领悟到坚持"求简律"的重要性，但我确实一再碰到这种情形，就是抱着这样的信念，最终得出简易的结果。举个例子。我给学生一个思路去做一个信息融合问题。第一次给我的最终结果写了满满大半页，我说非得简化不可，否则根本没用。几个星期后再拿来的最终结果，还是写了满满两三行，我还是觉得没用、不对。又过了一段时间，我想出另一条路，推导出的最后结果是很简单的一个短式，意义明确。这种结果才有意义。不少人确实在往复杂里做，拼接一大堆本质上不相容的技术，还自鸣得意：看，我用了这么多新潮货！其实，这种对特殊情况的过拟合欠佳，泛化功能不会好。

学：您把做研究分为问题、描述、解法和评估（见 2.1 节）。我认为把四个部分都做得简单很困难，比如说表现形式非常复杂，但是背后的东西比较简单。有时候看一篇文章，看到一半看着很复杂，就不想看了。

李：我说的简易主要是指结果的简易，这个结果可以是学说、理论、模型、表述等等。对于一个问题，主要是指描述和解。

学：描述的简易与解的简易往往是冲突的，这两者之间怎么处理？

李：它们并不一定冲突，应该追求两者都简易。单方面的不太理想，要往两个都简易的方向努力，否则难以经受考验。举例来说，证据理论、模糊逻辑等与概率统计有过激烈的争论。不少统计学家认为前者价值甚微：它们能对付的问题，概率统计都能对付。其实，即使这是千真万确的，也没驳倒它们，因为它们的框架、处理或应用可能更为简易，而简易就是价值，甚至可能价值连城。比如，阿拉伯数字的引进，给数的运算带来了极大的便利，是数学史上的巨大丰碑。我认为，证据理论、模糊逻辑等，以及计算机学科中的不少新框架，不可否认比概率统计等传统框架具有更便捷、更强大的描述功能，不过它们后续处理的功能欠佳，所以价值大打折扣。概率统计不易建立与问题契合的妥善模型，而一旦建成，后续处理大有章法。比如，极为简易的贝叶斯公式，作为贝叶斯方法的基石，在概率公理体系中无懈可击；而证据理论中的证据组合公式五花八门，都不尽如意，人们各执一词，争论不休。即：它们的描述框架简易，但后续处理无章可循。这些框架把困难后推了，尽管不失为一种框架。质言之，突破概率公理，就是免去相应的约束，使建模更方便，但这些概率公理体系的替代物过于宽泛而缺乏约束，因而后续处理混乱不堪。一个好框架应能提供一种"恰到好处"的约束，既不难为建模，又给后续处理提供足够的章法。

当然，万一实在要有取舍，解的简易比描述的简易更重要，可以把描述当做求解的中间步骤。不过，解往往是基于描述的。

教：有用的东西其实都很简单，比如 $F = ma$。简易与数学功底有关，简易的东西有美感。简单与否还与个人品味、水平有关。自己觉得麻烦肯定麻烦，自己觉得简单不一定简单。

教：真理半张纸，闲话万卷书，写书多是废话。

李：美感比简易内涵更丰富，它还包括统一、和谐等其他内容。确实应该"要言不烦"。但没有那些"废话"，不易看懂，更难体会深刻。而且各人的理解不同，不一定对人人都是废话。总之，做研究要牢记郑板桥的名句："删繁就简三秋树，领异标新二月花。"——身处深秋之时，草木凋零，不删繁就简则无法存活过冬；时逢早春二月，百花争放，非领异标新则不能脱颖而出。领异标新是另辟蹊径创新，而不是立异、为了不同而不同。

2.6 以特制胜

条件化方法

李：再讨论一个原理，大家多多少少都知道：一个问题难以求得普适解时，唯一的出路是"以特制胜"——充分考虑利用特殊性，也就是特殊化。明确提出来，大有指导意义。

学：听起来有点玄，怎么以特制胜呢？

李：不玄。百思不得其通解时，只能牺牲"通"而求助于"特"。这有多种表现形式。一个具体办法是加条件，使之更具体，即只考虑某类情况，或在某个条件下解决问题。实质上就是加假设，但形式上未必是假设。做一个假设，相当于把问题切了一块，变小了，假设越强，问题变得越小。这种方法可称为条件化（conditioning）方法，简称"条件法"。我曾经想做演讲专门谈条件法的强大功能。参数法与非参数法、模型法与非模型法、贝叶斯学派与非贝叶斯学派的根本区别，都在于所假设的条件不同。条件法是概率论中对付非独立随机问题最强大有用的工具。统计界关于贝叶斯学派的长期争论，根源也在此。现实问题错综复杂，先验信息五花八门，要想统一解决所有各种先验信息情况下的统计问题，是不可能的。归根结底，频率学派和贝叶斯学派都采用条件法，但假设的条件不同，建立了各自的理论。频率学派不承认先验信息，而贝叶斯学派则假设已知完备的先验信息。它们分处于两个极端。早先，两派互相指责对方的局限、不合理之处。其实，由上述可见，它们各有利弊，都以偏概全。法国大启蒙思想家伏尔泰说[1]：无法反驳真理，长期争论不休意味着"双方都错了"。在统计界，贝叶斯学派的势力不断增强，但仍处于下风。我的不少熟人同事是铁杆的贝叶斯信徒，因为动态系统的滤波往往需要递推，而贝叶斯框架很适合于递推滤波。我是个"机会主义者"，我看情况视机会而定：如果先验信息丰富，我倾向于贝叶斯方法；如果先验信息贫乏，我则倾向于用非贝叶斯方法；如果有清晰的部分先验信息，我则倾向于另起炉灶。与此类似，参数统计与非参数统计的区别也在于此。它们都用条件法，但条件各异：

---

[1] Voltaire, *Philosophical Dictionary*: One cannot argue against it [truth]. A long dispute means that *both parties are wrong*.

前者假设问题被一个参数模型有效描述，后者假设没有或得不到这么一个模型。注意，它们也分处两极。我认为，如果先验信息丰富得足以建立一个不错的参数模型，采用参数法更好，否则非参数法也许更适宜。

教：为什么它们都是针对极端情况的呢？

李：极端情况最明确，往往也就最容易对付，因而理论上往往是对极端情况首先突破的。正因为如此，各种有关稳健和鲁棒的学科分支，比如稳健统计、鲁棒控制等，往往基于"极小极大"（minmax），——优化在最恶劣情况下的效果。介于两极之间的情况复杂，覆盖面广，森罗万象，难以在理论上统一解决。出路一般仍是特殊化，找到对其中某一类情况的明确而又统一的描述，进而求解。

各学科的众多方法往往属于两大类：基于模型的和不基于模型的。前者通过模型来确定条件法中的条件，后者针对没有模型信息的情况，而不是已有信息不足以确定模型。所以，这又是两个极端。

学：什么方法是不基于模型的？能不能举例说明一下？

李：科学旨在对数据大范围大面积的压缩，这是思维的经济性原理所要求的。模型是背景知识高度浓缩的一种简化形式。在传统科学中，模型法处于主导地位。近半个世纪以来，非模型法茁壮成长，日渐强大。参数统计是基于模型的，而非参数统计是不基于模型的典型方法。信号分析的傅里叶变换法是不基于模型的，非线性问题的人工神经网络法也是不基于模型的。此外还有支撑向量机、核函数法等。这类方法的共性是，它们的基础是广泛适用的东西，本质上不依赖于关于对象的相关背景知识和先验信息。计算机学科，特别是人工智能、机器学习中的方法大都不基于模型。这类方法不需要对象的背景知识和先验信息，所以它们的应用广泛且容易——无需背景知识，因而易于走红乃至泛滥。局限是，它们靠大量数据取胜，数据量不够则效果不佳。现代工业化社会强调效率和自动化，导致数据爆炸，这是此类以量取胜的非模型法大有用武之地的时代背景。尽管如此，我认为还是不该偷懒，最好设法把它们与背景知识和先验信息有机地结合起来。

作为我的研究专长之一的多模型法，是介于基于模型和不基于模型的两极之间的。它假设问题可以有多个模型，其种类可以大不相同。我们事先不知道哪个最好，所以都用上，只是这些模型的权重（比如概率）不同，取决于与数据的吻合程度。可见，多模型法比传统的单模型法适用面更广，它以多取胜，因而运算量大，但不要求大量数据。

学：用多个模型似乎还是不如用最好的一个模型，因为不好的模型多少也分到一点权重。

李：这似是而非。首先，事先不知道哪个模型最好，所以用最好的那一个模型是海市蜃楼，可望而不可即。其次，任何一个相对简单的模型都不一定始终是最好的。换言之，最好的模型未必一成不变，它可能随着场景、情形和时间的变化而变化。不用多个模型，就难以适应变化。再说，多模型所组成的团队，成员相辅相成，取长补短，可谓"模型融合"。三个臭皮匠，赛过诸葛亮，其综合结果比个人英雄主义的产物更好。更进一步，还可以如下证明多模型法比单模型法好。首先，单模型法中的模型是在得到数据之前确定的，这明显不如在得到数据之后再确定用哪个模型，即后验确定比先验确定更好。其次，得到数据之后为什么一定要只用一个模型呢？"用一个模型"是"用一个或多个模型"的特例，因而在后一集合中优化的结果至少不比"用一个模型"差。所以，多模型法比单模型法好。其实，可以直接推理：单模型是多模型的特例，优化多模型的集合至少不比单模型差。

多模型法已有三代。第一代以其输出结果是汇总、综合各成员的输出而胜于单模型法，尤其因为汇总、综合是事后做的，而不像单模型法得事先选定模型。所以，要取得好结果，单模型法要有先见之明，即在尚未有数据之前选用"最好"的模型，而多模型法只要有"后见之明"即可。第二代强调团队内部的配合，从而胜过不讲内部配合的第一代。我提出的第三代注重团队的组成，它可以聘用新成员、解聘不再称职的老成员，因而胜过团队成员固定的前两代。我已经有了第四代的初步想法，不过，要良好实现，任重道远。

教：我们所知道的多模型法都是用于动态滤波的，比如目标跟踪和故障检测，没想到您把它上升到这么高的层次上。它在其他领域也用上了吗？

李：是的，多模型法也已在控制、建模等领域一显身手。我们正在开创多模型决策方法。其实，多模型法的适用面很广，它可以说是科学方法上的一种多假设法。有人认为[1]：人类心智演化史上有三大方法：①支配理论法（method of ruling theory）寻找支持理论的事实证据，②单假设法寻找事实并借助于这一假设谋求对事实的解释及其联系，③多假设法与单假设法相似，但不只依赖于一个假设。后一方法都是前一方法的重大进步。

学：为什么强调明确而统一的描述？没有这样一个描述，就不能求解吗？

李：解是基于描述的。没有明确的描述，就不易得到行之有效的解。缺乏统一描述，则难以得到统一解。大多数实际问题属于中间情况，如果没有明确统一的描述，那么往往只能勉为其难，就事论事地解决，谈不上统一解决。

学：对我来说，上面这些例子似乎太高深、太笼统了，您能不能举个条件法更具体的例子？

李：好的。用于动态滤波、特别是机动目标跟踪的交互式多模型（IMM）算法，就是条件法的成功范例之一。与 GPB1 算法中的汇总、融合的本质 $E[x_k|z^{k-1}]$ 相比，它的优越性完全植根于一个明智的条件化步骤：$E[x_k|z^{k-1}, m_k]$，其中额外的条件是 k 时刻假设为真的模型 m_k。这个额外的条件，加得很明智。这是 IMM 算法全部优势的根源所在。另外，我提出过一个"混态条件平均性能预测器"，对于评价混态估计算法的性能特别有效。它就是利用条件化这一强大方法，将性能分析的解析法与计算机结合起来，使得一类复杂算法的性能预测成为可能。

学：您这个"性能预测器"到底是什么呢？

李：对于一个复杂算法，性能分析太难，因为无法推导出来，计算机仿真的结果又太随机、太依赖于场景的方方面面。想来想去，我意识

---

[1] T. C. Chamberlin, *The Method of Multiple Working Hypotheses*, in D. D. Runes, ed., *Treasury of World Science*.

到：要对付的是一种递推算法，每一步都能具体推导出来，可是无法对付步与步之间的复杂变化。结果就用条件法，把这类变化抽象为混态系统[1]的模式序列，推出在这个序列条件下的性能。这个序列是从问题中提取出的一个数学抽象，可以说是对场景动态本质的一种简洁描述，给定它，就能算出每步之量，进而算出算法的平均性能。用这个方法对付两个重要算法、进一步升华后，我到处找，看有没有人做出类似的。结论是，这是个新方法。

此前，性能估算方法主要有三类：一是性能分析，它解析地得到性能与某些关键参数之间的关系，相当于建立一个性能模型。输入这些关键参数之值，就能输出性能之值。二是计算机仿真，用蒙特卡罗法，大家都很清楚。三是上界或者下界，这种界只能半定量地确定性能。我的这种方法，不属于其中任何一类，我把它叫做"性能预测器"，它本身就是一个算法，用于计算某些算法的平均性能。叫它"器"，是因为它没有完全的解析形式，输入场景模式序列，它算出算法的平均性能，就像卡尔曼滤波器是个算法，但每步都是数学公式。我这个结果也是计算机和数学的结合，每步内的公式都是在给定的模式序列上理论推导出的，但要算出结果，离不开计算机。另外，与随机仿真不同，给定模式序列后它的结果是确定的。后来，我专门写了一章谈它，说它不同于其他方法，自成新的一类。它更复杂些，但发展都是这样，先做解析的，情况复杂后才忍痛割爱。比如，特殊函数之前的函数都是封闭的。问题复杂后这就无法回避，就要人机结合。正如符号计算软件 Mathematica 的创始人 Stephen Wolfram 在 *A New Kind of Science*（《一种新科学》）一书所说的那样，一个子程序也可以是一个很好的数学模型。它动摇了微分方程作为数学模型唯我独尊的地位。

教：看来这个方法确实很有创意。

李：2.4 节说要在了解已有方法之前解决问题，这个研究是我的切身例子之一。

---

[1] Hybrid systems 之名源于其状态既有普通连续取值的分量，又有离散值或逻辑分量，所以译为"混态系统"比"混合系统"或"混杂系统"更准确清晰。

蚂蚁分食面包

分而治之

另一个特殊化办法是分而治之，就是切块、分割、各个击破（divide and conquer）的"分治法"。这个方法基于上述特殊化原理，是典型的计算机科学方法，就是"如果-那么"（if...then...）。其中"如果……"就是分割，"那么……"就是击破，可以解决大量复杂问题。一个问题复杂往往是因为含有多种不同内容，一旦切小就单纯多了、好对付多了。**分而治之是科学之血，在科学中无处不在，它是西方思维有别于中国传统思维的一大典型特色。**科学科学，分科之学，离"分"不成——日本人用汉字"科学"来翻译 science，原本就有"分科之学"之义。中国传统当然也有分而治之的思想，但地位没有这么崇高。世界极其复杂，盘根错节。如果不分而治之，就像面对一个大刺猬，不知如何下手。所以，面对一个庞杂的难题，分而治之常大显神通。正因如此，笛卡儿把它标举成有效思维的四大原理之一。

学：笛卡儿的其他几个原理是什么？

李：他的四大原理是：①清晰原理：除非清楚得不容置疑，不要认定任何东西是理所当然的，②分解原理：分而治之，③循序渐进原理：由浅入深，先易后难，自简至繁，④全面严谨原理：思维要尽可能全面、滴水不漏。这些原理是他在 *Discours de la Méthode*（可译为《方法谈》）中提出的，他认为严守它们就能解决所有思维难题。不少学者认为这四条确实是思维的良好起点，是理性主义的精髓。

学：您读过笛卡儿这本书的原著吗？

李：原著是用法文写的，我读过两种英译本。这本书很薄，其实他的书都不厚，不像后来康德、黑格尔等人的著作。

分而治之的主要难点在于怎么分。莱布尼茨一针见血地指出[1]：不讲分解技巧，笛卡儿法则就不大有用。……无经验者对问题分解不当，反而会增加困难。分解策略之一是按容易求解的方式来分，之二是在弱耦合处下手，切断联系。广义地说，分而治之也包括条件法，也就是将一复杂问题分解出一部分加以求解，而不管其他部分。这时不妨从最易得手处入手。举例来说，我研究多模型法中的模型集设计问题，得到两种一般方法，在研究第三种方法时遇到了困难。百思不得其解，无奈，我将其特殊化，做了一个比较合理但并非始终成立的假设而解决问题。

学：对于一个复杂问题，分而治之是个好办法，根源何在？

李：首先，复杂意味着极其不单一，因而难对付。分割旨在尽量使每一块内部变得相对单一，这样也就好对付得多。其次，分割前的原问题较大，所以搜索求解比较困难。分割后各子问题都较小，其解也较容易。如果各子问题的解是相互独立的，那么问题的总解就可直接由各子问题之解得到。这样的问题是"可分解的"。所以要在不耦合或弱耦合处分割。在后一种情况下求解，除了利用各子问题的解之外，还得适当考虑耦合，比如可能要求各子问题之解的交互。

分解-融合法

分而治之大有好处。比如，解决了子问题有助于培养信心和兴趣；虽然特殊化了，至少还是解决了部分问题。不过，分得越细，意义越小。歌德有诗云[2]：分而治之，要言妙道。合而统之，益发佳妙。分而治之虽能解决很复杂的问题，但解不够优雅，这是明显不足。如果分块后每块都能解决，最好再设法把它们综合起来，我把这种方法叫做分解-融合（decompose and fuse）或"分进合击"，简称为"分合法"。它分合相辅，以分求合，寓合于分：首先化整为零，各个击破，

---

[1] The rule of Descartes is of little use as long as the art of dividing…remains unexplained. …By dividing his problem into unsuitable parts, the unexperienced problem-solver may increase his difficulty.

[2] Divide and rule, a sound motto. Unite and lead a better one. 这是他的 Sprüche in Reimen 中德文诗句的英译。

然后相互呼应，统筹解决。计算机学科的通病是对怎样把这些分块融合起来重视不足、考虑不够。

教：您能不能多说说分解-融合法？怎么把分块再融合起来？

李：怎么"合击"确实是关键。融合时着眼于协调各部分，找到和谐的一体。最简单的例子是全概率公式：$P\{A\} = P\{A|B_1\}P\{B_1\} + P\{A|B_2\}P\{B_2\} + \cdots + P\{A|B_n\}P\{B_n\}$，其中将空间分割成 $B_1, B_2, \cdots, B_n$ 是分解，求 $P\{A|B_1\}, P\{A|B_2\}, \cdots, P\{A|B_n\}$ 是各个击破，而以概率 $P\{B_1\}, P\{B_2\}, \cdots, P\{B_n\}$ 为权重的加权和就是融合。这一公式提供了用分解-融合法求概率 $P\{A\}$ 的一种方法，是概率论的一个基本定律和工具。我在做研究时，差不多天天都要用到它。分合法的常用形式之一是这种先分解、再叠加。基于最小均方误差的多模型法的基础也是这种分解-融合法。

我第一次明确提出分合法，是近二十年前：我研究具有雷达电子对抗的目标跟踪，首先设法区分电子对抗量测与其他量测，各个击破，然后将它们融合。其实，在其他领域前人早已明确提出这种方法，只是我当时孤陋寡闻而已。后来我看到波利亚在《怎样解题》(*How to Solve It?*) 一书中花了一定篇幅讨论分解-重组法 (decomposing and recombining)。再后来，我意识到分合法其实是分析与综合的一种有机结合，而分析和综合可谓是老生常谈。

做个总结，以特制胜有多方面，我们说了三个主要的：条件化、分而治之、分解-融合。

2.7　对症创方

殊胜于共

学：早先（见 1.5 节）您说过，做科研要"少拿方法找问题，多就问题创方法"，这是为什么呢？

李："就问题创方法"是针对面临的问题，充分利用其特殊性，得到解法，我把它称为"殊解"。"拿方法找问题"一般都是寻找问题去套用一个方法或结果，往往没有充分考虑问题的特殊性。这样做的结果可称为"共解"。殊胜于共："殊解"往往比"共解"好不少。这可称为"殊优律"。更一般地说，**问题求解主要有两大类：一是套用某种方法或结果来解决，二是针对这一问题求殊解。前者易于增加产量，后者质量更高。**这两条路的利弊，可以用中药来类比：前者相当于用现成的中成药治病，后者相当于对症下药、开特殊的中药处方。用中成药固然便捷，但疗效未必有保障。开处方效果往往更好，但对医术要求更高，且煎制不便。研究人员好比中医师，不可偏废，既要对现有的中成药了如指掌，又要善于对症开方：望闻问切，弄清病根（问题）所在，针对病人和病情，对症下药。应该清楚中成药（通用方法）的适用范围、药力强弱、副作用，等等。要对症开好处方，就得在对各种中草药了如指掌的基础上，创造性地适量组合，同时还要利用已有的中成药，甚至研创和使用新药。与此类似，大多数科研人员都只习惯于套用通用方法或结果。1.5 节所说的"决堤"常见模式，就植根于这种习惯和风气。大多数人做研究都偷懒走捷径，套用通用法子。这一般不如针对特殊问题想出的法子。《绘图双百喻·错病》（见下框），挖苦这类套用。其实，"量体裁衣"之解比"一视同仁"之解好，对症药比万灵药、普适药疗效好。更理想的是，不仅对人对症下药，还对症创方。

错 病

有位医生，以囊中丹治好一腹痛患者，此后凡遇求医者，皆以此丹应之。人们责其医道无术，他却说：谁叫你不患腹痛？此等神医，何处无之，何业无之！

教：通解既然也是解，为什么不如殊解呢？如果很容易就能得到通解，为什么要费心耗神去得到殊解呢？

李：我说的"共解"不同于"通解"，它是这么一种解，它只顾一类问题的共性，而不充分考虑所面临问题的特殊性。它不等同于数学上的"通解"，但有一定的相似性。数学上的"通解"更像前面（见 2.3 节）所说的"全解"。比如，想求取某个量（或信息）未知时的解，一种通常做法是强制性**要求**得到的解不依赖于这个量。面对一个问题，如果这个量已知（或其影响可知），那么套用独立于这个量的"共解"就不如充分利用这个量所得的"殊解"好。道理很简单：共解是独立于这个量的，所以没有用到它的信息。如果"通解"所考虑各量已完全（间接地）体现了这个量的所有影响，那么通解并未丧失信息。

学：我听得稀里糊涂、云里雾里似的，您能不能解释一下？

李：好的。考虑和一个问题之解 Y 有关的某个量或某种信息 X，以及它们之间的几种可能情况：①X 的取值已知，因而 X 对 Y 的影响可完全把握；②X 的取值未知，但 X 对 Y 的影响可通过已知量 Z 来（完全或部分）把握；③X 的取值未知，X 对 Y 的影响无法靠其他变量来把握。对这三种情形的通解分别有如下形式：①$Y = f(Z, X, U)$，②$Y = f(Z(X), U)$，③$Y = f(Z, U)$，其中 $f( )$ 表示依赖关系，U 代表对 Y 有影响的所有其他量。在此，$Y = f(Z, U)$ 不依赖于 X，因而是不依赖于 X 的一种鲁棒解。这种不依赖于 X 的"普适解""一般解"，就是我说的"共解"。我想说的是，属于①或②的情形有区别于情形③的特殊性（即 X 已知，或存在受 X 影响的已知量 Z），而此时简单套用"共解"$Y = f(Z, U)$ 是常见错误，尤其是在属于②的情形下的常见错误。一句话，考虑一个"共解"时，一定要弄清所面临的问题是否有这一"共解"所忽视或强行排除在外的特殊信息。如果有比较重要的这种信息，那么就不该简单套用这一"共解"，而应针对具体情形，充分利用这种信息，得到"殊解"。当然，更理想的是得到形如 $Y = f(Z, X, U)$（针对情形①）或 $Y = f(Z(X), U)$（针对情形②）的有针对性的通解或全解。注意，针对不同类情况的通解一般是不同的。

学：这虽然明确一点，不过我还是不太明白，您能不能举一个例子进一步解释一下？

李：举一个最优估计的例子。大家知道，在有些应用中被估计量的先验均值是未知的，而一个估计不能依赖于任何一个未知量，所以相应的最优估计自然也不能直接依赖于先验均值，而且这样的估计有通用性。假设我们有这么一个最优估计，而且面临一个最优估计问题，已知先验均值为 4。换言之，最优估计不依赖于先验均值，而我们已知先验均值为 4，我们是否该用这个最优估计？它是最优的吗？

学：应该可以用。估计器也应该是最优的。

教：但是，这个估计器没有用到已知的先验均值，它还是最优的吗？先验均值是无用信息吗？

学：我想应该还是，因为估计器是最优的，它与先验均值无关，这说明先验均值是无用信息。

李：不对，它一般只是在不直接依赖于先验均值的估计中是最优的，因为不直接依赖于先验均值是一种强制性要求，一般并非普遍成立。除非不需强行要求，结果仍不直接依赖于先验均值，那它用于已知先验均值时，还是最优的。比如线性最小均方误差估计并未强制要求是无偏的，但结果是无偏的，所以它既是所有线性估计中最优的，也是所有线性无偏估计中最优的。

学：您在课堂上不是讲过，先验信息有时是无用的吗？

李：是啊，但这只是"有时"成立，是有条件的。除非我们知道问题满足这种条件，否则上述先验均值未知时的最优估计对于先验均值已知的情形一般不是最优的。举这个例子旨在说明，在求解一个问题时，它的所有特殊信息都得考虑，一旦这种信息被忽视或强行排除在外，"最优解"都不是真正的最优解，除非这种信息对求解根本不起作用。

鲁棒解常常不太实用

前面提到"极小极大法"（minmax）或"极大极小法"（maxmin），它优化在最恶劣情形下的性能效果，被大量应用于各种有关稳健和鲁棒（robust）的学科分支，比如稳健统计、鲁棒控制等。我对它的现实实用性很有保留意见。对实际应用而言，它的主要卖点是：在所考虑范围内的任何情形下，它的解在优化指标上的性能都有某种"起码"水平，而这一水平高于任何其他解的起码水平，即它有最高的起码水平。然而这一方法有重大缺陷：如果考虑的问题范围不小，特别是各种情形下性能差异较大，它的解往往过于保守，常见性能、典型性能或平均性能不佳。换言之，为了提高起码水平，它可能大幅度牺牲平均或常见性能，因而对很多问题不太适用。而且在现实中，如果对起码性能有要求，那么很可能有具体的数值要求，而不是笼统地要求（未知的）起码性能最好。何况，这一"稳健/鲁棒"

解也未必能满足要求——尽管它的起码水平是最优的，但仍可能低于要求的起码水平。对这类问题，我认为更合理的框架是，在起码性能满足约束的条件下优化某种（比如平均或常见）性能，所以更应该是约束优化问题，而不是"极小极大"鲁棒问题。

教："极小极大法"相当常见，照您这么说，它很有问题，那又为什么比较常见呢？

李：在所考虑的范围内，假设对发生各种情况的可能性毫无所知，"极小极大法"在理论上很吸引人，较易得到理论优雅之解，且与博弈论大有相通之处，因而在理论界较受欢迎。比如，优化理论和不等式技巧在此大有用武之地。它有不少理论上的应用，但就我所知，与实际需求比较吻合的真正应用并不多。换言之，在它的实际应用中，往往都是先把实际需求扭曲成"极小极大"式的描述，然后套用这一方法。说到底，"极小极大法"把科研对象视为博弈对手。事实上，绝大多数科研对象并非我们的敌手，而是大自然等中性对象，并不会处心积虑地跟我们过不去。把它们视为博弈对手，是"以小人之心度君子之腹"，自讨苦吃。我对鲁棒框架的这些批判，从事鲁棒工作的学者恐怕会不高兴，但我还是要为年轻学子和真正的实际应用考虑。

我还想说说与此密切相关的另一个问题，即

鲁棒性远不如讷性实用。

对于大多数实际问题，鲁棒性的要求太高，因而可能有害。现在流行的鲁棒理念的精神实质是：一个解 Y 对某个量（或情形）X 具有鲁棒性，是指不论 X 如何，Y 的效果不差（在没有具体明确要求时，就是 Y 不会趋于无穷）。我对此很有保留意见：这太极端、太保守、太绝对。在绝大多数实践中，其实只要 X 对 Y 的影响很小、即 Y 对 X 很不敏感（insensitive）即可，而不要求 Y 对 X 具有上述"鲁棒性"。

教：您能不能举例解释一下？

李：正有此意。考虑 1000 个正量 $e_1, e_2, \cdots, e_{1000}$ 的几何均值 $e = (e_1 \, e_2 \, \cdots \, e_{1000})^{1/1000}$ 对于其中任意一个量 e_i 的敏感度。按目前流行的鲁棒性定义，e 对 e_i 在正数全空间上不是鲁棒的，因为当 $e_i \to \infty$ 时，$e \to \infty$。然而，要使 e 翻倍，e_i 必须是原先数值的 2^{1000} 倍！这个数字比所谓"宇

宙"中的基本粒子数目还大得多。可见 e 对 e_i 极不敏感,但是按流行的鲁棒性定义,它却不是鲁棒的! 换言之,它只是木讷迟钝而已,没多少反应,而不是死人死物,根本不受影响。所以我说 e 对 e_i 具有"讷性"(insensitivity),但不具有通常所谓鲁棒性(robustness)。

教:看来鲁棒性不如您所说的讷性更合理,那为什么鲁棒性比讷性更常用、结果更丰富?

李:这应该是因为鲁棒性比讷性在理论上更容易把握:鲁棒性是一种定性性质,有无鲁棒性的边界是明确清晰的,对于这样一个明晰的定性概念,容易做大量理论工作,所以硕果累累。讷性是一种相对比较含糊的概念,需要靠数量的大小来把握,边界不很分明,有一个逐渐过渡的灰色带,并且因事而异,其真正合理的把握有赖于具体情况,因而不容易做定性分析、得出理论结果。确实,我没见过其他人提这个概念,也没见过任何相应的结果。

学:我觉得,鲁棒性比李老师说的讷性更彻底,它对于有些问题是不是也更有用?

李:对十分特殊的问题也许如此,但是在绝大多数情形中,讷性应该比鲁棒性更实用——要保证绝对、保守、极端的鲁棒性,往往要付出沉重的代价,比如反应的迟钝、性能的劣化、精度的降低,等等。

优化理论的局限性

教:上面说的约束优化和极大-极小鲁棒问题,都是优化问题的特例。我觉得,优化理论对我们工科的科研特别重要。

李:在当前的工科科研中,优化理论的确重要。不过我觉得,与鲁棒理论相似,优化理论在应用上的局限性其实也很大,研究人员对此认识严重不足,想把每一个问题都纳入优化理论的框架来解决,而且认为这样的解十分理想。其实,不少这些应用是滥用。

学:有不少老师说,工程问题归根结底都是最优化问题。这好像也挺有道理的。

李:不对,这与事实不符。尽管优化理论在理论界和工科的科研上非常流行,在现实实践中却另当别论,因为它大有局限。一般来说,只有标量实数才有完全自然的完整排序,只有(一元或多元)标量函数才能被优化，其他的东西（比如正定矩阵）虽可有极值，但都不自然，都多少带有人为的成分或片面性。真正的现实问题大都不会简单得可以被优化一个标量函数所完全刻画。要解决一个实际问题，都有多方面的考量，都要兼顾各种需求，一般都不能直接用优化理论的结果。——基于单目标（或多目标）优化理论的问题描述都非得忽略各种"不太重要"的因素而只注重"关键"因素，都非得把需求量化成标量优化指标。这样描述的"优化问题"与原本的实际问题难免差异甚大，相应的理论和方法因而往往过于片面偏狭，可能过于简化了复杂的实际情况。在实用上，一般都要综合考虑各种其他因素，改造之后才能用。我想，有实际经验之人都会同意这一点。只有彻头彻尾的书呆子才会对实践中未用理论上的"最优解"而耿耿于怀。在实践中，兼顾多方面考虑的"兼顾解"远比"一根筋"的所谓"最优解"好。

学：您能不能举一个例子解释一下？

李：好的。以学生毕业后的就业问题为例。这要考虑很多因素，包括职业类型、收入高低、就业地点、喜欢程度、扬长避短的程度、与领导和同事的关系，等等。对此，谁是靠优化一个标量指标来决定的？再如，一个公司是否要开发一个新产品，是开发这个产品还是那个产品，这些是靠优化一个标量指标来决定的吗？绝大多数的实际问题都像这两个例子一样，都有众多因素要考虑、要平衡，而不是简单地优化某个指标。一般来说，只有"去现实化"后的理论问题才可能是一个优化问题。

近几十年来，在工程和应用学科中，优化理论有大量应用。理论是时代的产物，优化理论和应用的盛行，离不开现代资本主义的背景。比如，作为优化理论的一大特例，贝叶斯统计理论可以说是资本主义的产物，其本质是最小化贝叶斯风险——一种平均代价，即最大化金钱，这可是资本主义的核心。此外，最优化理论，特别是单目标最优化理论还可能诱导人们目光狭隘，因为一般只有单个标量（一元或多元）函数才能被优化。这种理论的盛行，会诱导人们凡事都去确定一个单一优化指标，形成一种本质上的偏激。现代普遍把复杂问题约化得简单单一，优化理论之所以能有这样蓬勃的发展和广泛的应用与此有内在深层联系。多目标优化理论好一些，它要求同时兼顾多个目标，但其本质还是尽量优化各个指标。比如，如果方法 A 在每一指标上都优于方法 B，则认为方法 A 更好，即存在这种单调性。

对症创方

上面谈了一些现有理论框架的局限性，强调了要对症下药。现在谈谈如何更进一步，对症创方，一次性解决同类问题，即"特创法"。在 1.6 节和 1.7 节谈选题时所说的"理论性地解决有实际背景的问题"，其精神实质就是如此。先举一个浅易的例子：编程。大家知道，面对一个具体问题，解决方案的算法编程不该仅仅局限于用这个问题的具体数值，而应更通用些。

学：您的意思是，把代表具体情况的具体数字都用通用变量来表示？

李：对，不仅如此，还要尽量模块化，多用子程序，把各种具体任务"抽象化"。为什么要这样？这有什么好处？

教：这样不仅便于查错，而且容易理解，还更通用。

李：是啊，这种把一个程序写得尽量模块化的做法，就有点儿像"对症创方"的精神实质。

学：那您能不能说说怎么"对症创方"呢？

李：我想主要有两条途径：①殊解升华法②直接创方法。"殊解升华法"的第一步是"对症下药治好病"，求出殊解，即首先成功地解决所面对的具体问题。然后，把殊解所用到的各种数量当作变量来处理，把特殊情形升华，考虑相应的更一般的情况。这不仅包括问题本身层面，也包括子问题层面。"直接创方法"的精神实质是，直接考虑所面对的特殊情形对应的更一般情况，这与早先说过的"理论性地解决有实际背景的问题"一脉相通。所谓"理论性地解决"，就是要求"解"比较普适，以便用于相似问题。"殊解升华法"相对更容易一些，也更适于科研新手。随着科研经验的积累和丰富，不妨逐渐尝试多用"直接创方法"。

常言道：授人以鱼不如授人以渔，即"殊解"不如"通法"。最理想的是"通法"，而不是"通式"或"共解"。理想的"通法"既是一种通用的方法（适用于不同的具体问题），又有灵活性，以便使用者能充分考虑和利用一个具体问题的特殊性，比如特殊的信息结构。它往往提供一个清晰的框架或一种明确可行的步骤。比如上面所说的，"更理想的是得到形如 $Y = f(Z, X, U)$（针对情形①）或 $Y = f(Z(X),U)$（针对情形②）的有针对性的通解或全解"。

教：您能不能举一个您自己的例子来说明呢？

李：好的。我多年前研究估计器的信度（credibility）评估问题，得到一个"弗信指数"（non-credibility index），用以度量弗信度——非诚信度。后来经过总结拔高，我发现它的一个拓广，非常适合于在一个给定样本下度量两个只知前二阶矩的概率分布之间的距离，这一"二阶矩间特距"既有不少深刻的优良特性，又比不依赖于背景分布的前二阶矩之间的各种"距离"更有针对性，因此有广泛的应用前景。这是完全原创的——我不知道任何这类距离。注意，后一问题与估计器的信度评估在表面上风马牛不相及。

2.8 综括普化

李：与"以特制胜"相反的方法是综括普化，即"普化法"，就是推而广之，扩而大之，找出共性，统一已知结果。这可以说是典型的数学方法，是数学家擅长的，因为

$$\text{普适} \approx \text{一般} \approx \text{抽象}$$

普化的效益是普适，代价往往是抽象，还可能牺牲吻合精度。正因如此，美国数学家贝尔说[1]：数学随其成长而日益抽象，因而也许变得日益实际。……尽管不时备受非难，数学的抽象是她的主要荣光和实用的无上保障。数学家不怕抽象，甚至喜爱抽象，而对特殊化不感兴趣，厌恶 if...then...，他们热衷于大一统，越优秀的数学家往往越向往大一统。开个玩笑，

　数学家是大一统集权主义者，计算机科学家是分裂主义者。

我觉得，这两种方法的异同，很能体现两种科学精神的对立统一：**数学的大一统精神反映了科学对共性本质的不懈追求，而计算机学**

---

[1] E. T. Bell, *Men of Mathematics*: The longer mathematics lives the more abstract—and therefore, possibly also the more practical—it becomes. ... Abstractness, sometimes hurled as a reproach at mathematics, is its chief glory and its surest title to practical usefulness.

科的分而治之传统体现了科学条分缕析的方法论。正如一代国学大师王国维所说："西洋人……长于抽象而精于分类,对世界一切有形、无形之事物,无往不用综括(Generalization)及分析(Specialization)之二法。"(《论新学语之输入》)条分缕析的方法论出于探源寻因之故,它植根于科学的还原论传统和对因果性的坚信。分析还是现代科学之"体"——实验方法的基石。实验要求分解、游离并操控各影响因素,离不开分析。

数学家常嘲笑分而治之:那是什么结果,根本不好。计算机科学家反唇相讥:你们解决不了的问题,我们解决了,大量实际问题、复杂问题都是这样解决的。就连数学上著名的四色定理的证明(见下图),也靠分而治之:人把类分好,计算机把每类中的情形都考虑穷尽无遗,完成后就证好了。数学家认为这不好,有些甚至不承认这种证明。我们要取其长处相结合,所以各个击破后还要融合。

四色定理证明后的首日封"四色够了"

推而广之还是分而治之?

学:那么到底是推广泛化好呢,还是分而治之好呢?

李:它们各有利弊,适用场合不同。分而治之是对付复杂问题的法宝,推而广之是扩大战果的利器,统一解是一揽子解决的不二法门。能够推而广之,就该推而广之;能够统一解决,就该统一解决。统一解意味着解的简约。但是世界错综复杂,问题环环相扣,大多数问题是无法统一解决的,这就要分而治之。分而治之的主要毛病在于,难以充分考虑不同分块之间的联系。所以,分割、切块应在弱耦合处下手,这样才能既大大简化问题,又保证解的效果。一个问题往往是先分而解之,后得到统一解,而这统一彻底的解就是集大成式的贡献。总之,对一个复杂问题,可先分而解之,再努力寻求大一统之解；如果解都很复杂，就应考虑另起炉灶。

学：那么，怎么推广泛化呢？

李：有一些通用方法。一是求大同、存小异。推广、泛化、普适的基础是共性。一旦发现不同对象的共性，就能推广泛化。要找出共性，就得考虑全局，把握整体，遥望而非近审，大尺度地看问题，即求大同。还要存小异，有意将小异"混为一谈"或置之不顾，只见林不看树，避免枝节，不钻牛角尖。在深入钻研时，人们往往心思专一，精神集中，像拿了放大镜一样，只见细节，不顾全局。抓不住共性，就无法推广泛化，求大同就是找共性、抓本质，

归宗返祖，求本溯源。

当然，这需要功力。"独悟自根本，不从他处起。"（王安石《拟寒山拾得》）对于寻根究底，数学家训练有素，习惯于思考问题的本质是什么。其他人要差一些，常常改流不改源，治标不治本。科技文献充斥着这种在末梢细流上就事论事的"改进"。比如近来随机集 PHD 滤波器的工作，多半即属此类。这时最好刨根问底，回溯到描述之前的问题本身，另辟蹊径。这说来简单，但极其重要，我再三受益：我的不少研究成果就是这样得到的。譬如，雷达目标跟踪中的量测模型转换法，需要对量测噪声的均值和方差条件化。但如何条件化，五花八门，公说公有理，婆说婆有理，都没有理论根据。我认识到这是它的固有本质缺陷，在卡尔曼滤波这个层面是无法克服的，就更深一层，与学生一道，用它的基础——线性最小均方误差估计解决这个问题。再如，各种最优线性估计融合，我之所以能将之统一，关键就在于意识到估计融合其实不过是一个特殊数据框架下的估计问题。

教：很多文章都是对各自问题的解法，可是它们的问题有很多共通性。我们缺乏一种能力把这些方法建模得更一般一些。所以很多结果都是针对具体的，很细小。

李：另一种密切相关的方法是剥茧抽丝。用笛卡儿的话说就是[1]：剥去多余概念，把问题化为最简形式。这是笛卡儿的《思维指南》的法则

---

[1] Rene Descartes, *Rules for the Direction of the Mind*: Strip the question of superfluous notions and reduce it to its simplest form.

之一。胡适也强调这种层层剥皮、由表及里的方法。清代汉学家也有"治经如剥笋"之说。到底剥离到什么程度才好,是这种简化法的主要困难。面向实际的人容易被表层的复杂所蒙蔽,难以切入深层本质。不懂实际的理论家难免顾此失彼,过于简化,忽视某些重要方面。

教:《思维指南》?笛卡儿的这本书好像很有意思。

李: 书名是我翻译的,不过应该有中译本。这本书未完成:他计划写 36 条法则,但只完成了 21 条,其中只有 18 条给了解释。

还有一种方法可以称为案例研究,特别是探讨考察特例和反例,以便深化对共性的认识,确定进一步研究的方向。分析特例,旨在探求共性;考查反例,以便调整对共性的猜想。它们都可说是上述"以特取胜"策略的特例。我近来研究如何度量一个给定问题的非线性程度,得到的度量,就是如此。这里,归纳推理和创造性假设是关键,以后有机会再谈。每个特例都可视作是对共性的一个观察和探索,希望由此得到启发。分析特例就是做出观察,数量大不如种类多。特例要便于考察,最好典型而新奇。典型就成了范例,新奇才会启发新视角、诱导新思考。波利亚的《怎样解题》对此有大量讨论。极端情况是很有用的特例,可以说是最简单的一类特例。它们像宝石,多研究肯定有收获,又像试金石,最能检验对共性的假设。比如,脑研究十分依赖于各种极端情况(罕见反常的脑损伤病例),因为不能无端改变正常人的任何脑组织以研究脑功能。特例都是辅助问题,攻克之后,就可作为滩头阵地,向纵深发展,取得通解。考虑多种特例之后,就可以用上面所说的分解-融合法。还有,如果问题有某种缺之不可的特性或条件,而你的特例没有它,或者解法没充分利用它,那这个特例就不够典型,其解法十之八九难以泛化。与此类似,聪明的学生都知道,考题中的已知条件都该用上,如果没用上,解法十之八九有问题。不过,我有时出题,为了更接近于实际情况,故意加些多余条件,让这样投机的聪明学生吃些苦头。判断一个条件是否有用,这种本事是水平的体现。至于反例,"例外证明了规则"(The exception proves the rule)这句西方古谚辩证地道出了反例的作用:它是对规律的挑战和检验,会加深我们对规律的理解。

2.9 反行众道

李：不少难题是"顺之者亡，逆之者昌"，所以要**逆向思维**：正向思维受阻时，则应逆向思维；原问题难解时，不妨求解逆问题；考虑可能性行不通时，就该考虑不可能性；直接求解难以奏效时，就可尝试间接求解，即：正难则反，顺繁则逆，直穷则曲。很多时候要反过来想想，比如求证要"两边夹"：两边往中间推；假设命题不对——反证法。还有，不妨假设问题已经解决，会发生什么情况，由此得到启发。面对一个涉及无穷的问题，考虑其逆命题——一个有限问题——往往更有效。让我举一个"罗巴切夫斯基研创非欧几何"的例子（见下框）。

谜题的求解往往有赖于逆向思维。解谜题不能顺着解，从一开始就要倒着解，如果顺着容易解，就不是谜题了。我就是这么教我的孩子解谜题的。一个难题不就是一个谜吗？如果很多人解不了，就应有意识地反其道而解之。这种理性认识对科研很有好处。所以，面对一个难题，

智者始于终点，蠢人终于始点。

（A wise man begins in the end, a fool ends in the beginning.）这个策略在终点明确时特别有效。比如走迷宫，从出口开始倒退往往比从入口开始前进容易得多，因为迷宫的设计大多假设人们是从入口开始的，所以正向前进时必有很多死路。

罗氏种豆得瓜，创立非欧几何

　　大大小小的数学家试图证明欧氏几何的平行公理，历时两千多年无功而返。罗巴切夫斯基另辟蹊径，用反证法，假设这一公理不成立，试图由此推出矛盾。然而，事与愿违，他无法得到矛盾，几乎也要铩羽而归。这时反证法的妙处凸显而出：既然不矛盾，说明这一公理未必成立。因此，可以有平行公理不成立的几何。结果他种豆得瓜，因祸得福，在乌有中开辟了一个崭新的世界——罗氏非欧几何。

有人向大数学家雅可比取科研之经，他答了句名言：*得总是逆道而行*。（You must always invert.）这是经验之谈。他和阿贝尔（Niels

Abel）建立的椭圆函数对椭圆积分的超越就是一个佳例（见下框）。据说哥白尼革命也有赖于逆向思维：哥白尼首先按地心说来解释天体（星星）的运行，即观察者不动而天体运动，但很困难。于是他逆向思维，假设天体不动而观察者动。确实，考虑反问题大都很值得。

椭圆函数与椭圆积分

大数学家勒让德研究椭圆积分，毕四十年之功于一役，写成一本专著，但结果非常繁复。（注意，高度复杂的必错无疑，见 2.5 节。）他还自认为贡献堪与布里格斯（Henry Briggs）的对数表媲美。阿贝尔和雅可比初生牛犊不怕虎，另辟蹊径，逆着走，取得了椭圆函数的重大突破和丰硕成果。勒让德的椭圆积分像马推车，笨拙得很，而阿贝尔和雅可比将问题兜了个底朝天，他们的椭圆函数像马拉车，方便多了。

教：大部分人都有思维定势，您是说要打破传统，逆着做。

李：对。非传统种类颇多，打破思维定势还有多种方式。比如转换思维角度，从尽量多的视角看问题。每一角度都是一个新天地，这样更能看清关系和利弊，豁然开朗。要有一种理性的认识，另辟蹊径，反其道而行之。举个例子。我研究在任意有色噪声下的最优线性滤波，一般都是由批处理滤波推出递推滤波。这很自然，但十分繁难，因此卡了很长时间。有一天突然醒悟，此路不通，为什么不直接在所有递推滤波中求出最优的？问题因此迎刃而解，还得到了一些重要的副产品，比如可递推性概念以及最优批处理滤波与最优递推滤波等价的充要条件，等等。

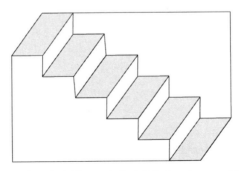

能另辟蹊径走这个阶梯吗？台阶面是朝上、朝下，还是朝左？

教：逆向思维，我感觉就是要与别人不同，从另外一个方向去看、去解决问题。

李：逆向思维是另辟蹊径中常用的一种。1.5 节说过的博弈论中十分有效的"少数派策略"，也可以说是这么一种反行众道。"逆行法"在科研中特别重要，它的作用比在日常生活中大得多。

学：这是为什么？

李：我觉得，这主要是因为

科研问题大都是逆问题：执果探因。

这也正是科研中反向推理往往比正向推理更有效的原因。执果探因比由因推果难得多，一般都有无穷多解，而且解不连续依赖于变量，是所谓"不适定"（ill-posed）问题，是当之无愧的难题、谜题。所以，逆向思维在此大有作为。其实，科研更像盲辨识、盲反卷或盲均衡（blind identification, deconvolution, or equalization）：由"果"（输出）来确定"因果关系"（即"系统"或"模型"）和"因"（输入），所以难免要做假设。现代科学实验，就靠人为主动地掌控、游离各种因素来完成此事，它比被动地只看"果"的（古代）观测方法更强大。

求解科学问题与破案可有一比，都是一个反向难题：破案是由犯罪结果探究犯罪动机、行为等。所以，逆向思维也是侦探破案的看家本领。在柯南·道尔《血字的研究》中，神探福尔摩斯说[1]：在解决这类问题时，至关重要的是会反向推理。这个本领很有用，也很容易掌握，但人们对此缺乏训练。

大家习惯于正向思维，从起点走向目标，而不是反向从目标走回来。**正向思维往往更易理解，反向思维多半更有成效**。不少科研成果是反向得到，正向叙述，因而误导人们以为正向思维比它实际上更强大常用。注意，研究者发现问题、解决问题的路径方法，多半不同于他们表述这些发现和解法的路径方法。

学：面对一个具体问题，到底怎么逆向思维，还是不太清楚。

---

[1] Conan Doyle, *A Study in Scarlet*: In solving a problem of this sort, the grand thing is to be able to reason backward. That is a very useful accomplishment, and a very easy one, but people do not practice it much.

李：具体问题要具体处理，我们只能谈这种方法的思想，提醒大家在遇到难题时不要忘了这一套，不可能给一个一劳永逸可操作的通用实现办法。关于这一思想，上面已经说了不少，再讲一个"张齐贤巧断财产纠纷"的故事（见下框）。张齐贤的智慧就是一种逆向思维：在假设某些结果成立的前提下，设法解决问题。在这个例子中，就是假设他们对所分财产的抱怨都是对的。

张齐贤巧断财产纠纷

北宋时期有两个国舅分财产，都认为自己分得少，对方分得多，闹得满城风雨，令宋真宗头疼，只得让名相张齐贤处理。张齐贤让他们把意见写下来并画押，随后将他们所分的财产对换，这样他们就哑口无言了，因为都得到了自认为多的那一份了。张齐贤就这样出奇制胜，明智地了断了"清官难断"的"家务事"。

2.10 改形换状

李：另一种十分常用的方法是问题转化，又称化归，我称为"变形法"。其本质是：将问题转化成容易、往往是标准、简单、特殊或者熟悉的形式。电路分析中屡试不爽的等效电路法就是一例。波利亚建议：想方设法，不断尝试变换问题，直至可解或找到有用的东西。变换问题的形式，还会深化理解。

教：这个我们多少都知道一些，不过很零星，毫无系统性可言。

李：常见的有化新为旧、化难为易、化变为定、化动为静、化繁为简、化异为同、化隐为显、化大为小，等等，总之，化"神奇"为"腐朽"。要寻找未知与已知之间的联结点，遇新思陈，变生为熟，以简驭繁。比如，棋手都要牢记不少残局，把棋局往有利于己方的残局上靠。这些残局就是问题的熟悉形式。不少平面几何问题很难求解，解析几何将之转换为代数问题，用代数方法求解。这是数学史的一大丰碑，是笛卡儿首创的，同时也由其好友"业余数学之王"费尔马（Pierre de Fermat）独立得到。这是一个化难为易的例子。笛卡儿后来提出一个"万能方法"，归根结底就是化归：把所有问题都转化为数学问题，把所有数学问题都转化为代数问题，把所有代数问题都转化为方程求根问题。虽然这并非万能，但在他那个时代是极其深刻的思想了。

常把新的问题转化为旧的、熟悉的，把动态转化为静态，以静驭动，把变量转化为常量。微积分是变量的数学，其根本是极限问题，我认为至今尚未彻底解决。这是一个长期困扰数学界的难题，是"数学的第二次危机"的核心。伯克利主教所说的臭名昭著的"逝去量的幽灵"（ghosts of departed quantities），就是讽刺无穷小这个概念的。直到魏尔斯特拉斯提出 ε-δ 语言，把极限概念算术化、严谨化，才度过了危机。回忆一下当年学的时候，这套语言容易理解么？

教：不容易，特别是其中"充分小"的概念。

李：极限是一种动态过程。要给出其静态描述，寓动于静，用有限情形的"趋势"来定义无穷过程的终极，所以要借用涵盖广泛却不够明确的"充分小"表述，因而不好理解。既想简洁，又要普适，还求严谨，所以只好牺牲直观和浅易。

教：其实，不用这套语言，我们也可以理解极限的概念。

李：但是，严谨旨在避免理解因人而异。数学追求大家的理解都一致，不能你理解为 A，他理解为 B。但是，想用静态表述严谨地定义动态过程，不可能完美。很难理解，就是缺陷。在标准分析中，无穷小是极限为零的变量。在非标准分析中，无穷小是一个开邻域，非零而小于任何确定的有限正实数——它在非标准实数域中表现为非零，而在实数域中表现为零。无穷小和极限是含义极为复杂的概念，人们的认识还很有限，虽然 ε-δ 语言为极限提供了一种形式化的表述。一旦掌握后，非标准分析的表述要直观得多、好得多。

教：对于我们来说，这些精确定义的唯一用处是做证明题的时候套上去。

李：不要小看这套语言。能否真正领会和掌握这套语言，是成为数学家的一大障碍。绝大多数人终身无法真正逾越这一障碍。美国数学家哈尔莫斯（Paul Halmos）说，他记得清清楚楚，有一天下午他在一个教室的黑板前与人正在交谈，突然领会了这套语言。那个下午，他成了一名数学家，此前他不理解极限，觉得微积分不好学。说穿了，数学是一种追求简洁而无歧义的语言。伽利略说，上帝正是用这一语言写出自然之书的。

言归正传。化归的一大方法是所谓转换-反演法。它先把问题转化成另一种形式，求解后再转化回原形式。这里，应首先尝试各种变换，如坐标变换、积分变换、约简变换、等效变换、拓扑变换，等等。转换往往还要反演，做变换时还要考虑逆变换。解方程常用的变量替代法就是一种化归方法。信号处理中的傅里叶变换法是另一例，它从时域到频域，在频域中处理，然后再回到时域。注意，转换不必等效或可逆。如果转换后的形式更强、更一般，而且求解成功，则问题得到彻底解决，但应注意有可能违背 2.3 节的"避难金律"。如果转换后的更弱，则问题得到部分解决。这与 2.6 节说的"以特制胜"相通，这时最好设法补偿。还有，在数学上不等效的转换，就实际应用而言仍可能等价。我在研究中就多次遇到这种情况。转化还包括把问题内部不熟悉的部分变成熟悉的。另外，也可认为重新描述问题是一种问题转化，关键是：对实际应用而言，新旧描述等价或新的更好。

学：转化的关键在哪里？

李：关键在于把问题转化为熟悉、容易的形式。比如，傅里叶变换把时域中的卷积变成频域中的乘积，大为简易。一个常用方法是回归本源，由此出发，考察各种表现形式，选最有利于求解的形式。这也可以说是一种另起炉灶。溯源求本，在 2.8 节已谈了不少。著名科学家西蒙认为，模式识别是解决问题最有力、或许也是最重要的机制。能在新问题中认出已知模式，就是一种模式识别。一旦识别，就能转化。从不同的角度来看一个问题，来表述它，也是一种问题转化。还要特别注意不变性。任何规律都是关于某种不变性的，否则就不成为规律。万变不离其宗，不变性就是"宗"，就是本质。要找准抓住这个"宗"。各种守恒定律就是例子，它们指出不变量。比如，能量守恒定律说，能量就是这个不变之宗。

2.11　迷雾中的灯塔

道逢岔路迷茫处，何去何从？满天星斗眼花夜，救星安在？

李：下面讨论另一个话题。先提一个问题：在求解一个难题时，即使已弄清问题，还会有岔路口，有多条路、多个方向可选，怎么办？是这种办法好，还是那种办法好？这在做研究时经常碰到。更一般地说，不限于学术，可以是其他事，有多个选择而迷茫时，怎么办？如何定夺？我们经常面临各种选择，比如毕业生有时会有多个就业机会，哪个最合适？

教：一般都是选择自己熟悉的。这对你更自然一点，你更喜欢一点。

教：有选择是件幸福的事，很多情况下你没得选择。但是选择太多也是件痛苦的事。我觉得这得凭感觉了。

学：这有点评估的思想在里头。判断各方面的得失也是个评估过程，一般只能定性地分析，很难定量。

牢记目标——目标是迷雾中的灯塔

李：关于这类选择，关键在于到底想干什么，目的是什么，迷茫时就该找灯塔。只可惜有的人连目标也不清楚。缺乏目标，难免迷失方向。说到底，我的建议是：牢记目标——目标是迷雾中的灯塔。关键在于：问题的解决要达到什么目的，派什么用场？这可以称为"破迷术"。英国著名哲学家霍布斯在其名著《利维坦》中说得好[1]：在所有行动中，要经常把想要的作为追求途中全部思想的指南。目标在哪儿，就往哪儿走。目标明确，就可以指引方向，帮你穿过迷雾。这与 2.1 节所说的"首先搞清问题到底是什么"相通：搞清问题包括搞清目的。然后，目标启示手段。（The end suggests the means.）比如一个假设、方法好不好，要看对目标好不好。另一方面，不少问题没有对各种用途都效果良好的通解。但如果求解目的明确，解的用途清晰，一般都能得到优良解。与此相反，不少问题有多种解法，利弊很难一般地公平评价。但给定一个特定的目的和用途，评估和定夺就不难。

举例来说，时不时有人问我，最小二乘估计和最小均方误差估计，哪个更好。我说这要看情况。前者优化拟合误差，后者优化平均估计误差。关键是：拟合误差在数据（或量测）空间中度量，估计误差在参数（或状态）空间中度量。所以，如果估计结果的应用是在

---

[1] Thomas Hobbes, *Leviathan*: In all your actions, look often upon what you would have, as the thing that directs all your thoughts in the way to attain it.

目标是迷雾中的灯塔

数据空间中，比如预测后续量测值，那么最小二乘指标更好；如果是在参数空间中，那么最小均方误差指标较好；如果是在其他空间中，那么最小均方误差指标往往更好，因为估计误差往往比拟合误差更本质更直接。再如，最小均方误差估计极小化估计值与真值之间的均方误差，而最大后验概率估计极大化估计值命中真值的概率。它们的优劣视应用而定。对于多数应用，估计值离真值越远越差，所以前者较好。但对诸如导弹拦截等应用，并非如此，一旦脱靶，离得远近毫无区别，关键是命中率——中与不中，所以后者更合适。我把这些观点写进一个讲义，IMM 算法的研创者 Henk Blom 看了之后，特地给我发电子邮件，表示赞赏。目标是指南，这个道理人人都懂，但经常因迷茫而失措，根源就在于不会用它。

总之，目标是迷雾中的灯塔，是救星，是指南，是启示。凡迷茫时，需要抉择时，要牢记目标何在。这个"守的律"不限于做研究，比如面对就业机会，想去企业、研究所，还是高校？关键是你到底想干什么。不必很明确，只要有强烈愿望，这就是目标。做一件事，最后要实现什么，这就是灯塔。不见得很清楚路怎么走，但知道往哪去。我比较自然地注重目标、大局和本质，而不大会陷于枝节。比如，我的家人遇到难以抉择之事、颇为踌躇之时，我多半能从大局目标出发，剖析清楚。当然，如果不被环境左右，跟着感觉走往往不错。美国总统艾森豪威尔将军说得更明确[1]：要成功，不论是人生、战争或任何东西，都要确定一个目标，使所有考虑都围绕着这一目标。

学：您说的是单目标的情况，如果有多个目标，就会牵涉到多目标分配的问题。

教：这类目标不能多，只能有一个，多个目标等于没有目标，因为到达不了目的地。

李：精彩！是啊，如果有多个终极目的，即有多个最终方向，无论如何是达不到的。这就是英谚所说的：兼追二兔，不得一兔。（He who chases two hares catches neither.）选择意味着放弃：选择或坚持一个东西，意味着放弃其他。

舍得放弃，善于放弃

舍得舍得，不"舍"焉"得"？善于放弃是一种不受重视却至关重要的智慧。记得有人说过：仅次于善于抓住机遇的，是知道何时该放弃一项利益。常人总是急功近利，放不下眼前的蝇头小利，其实，"愚蠢的坚持是心胸狭小者的心魔"（美国文豪爱默生之语）。美国大哲学家、心理学家詹姆斯说得精辟[2]：智慧之术即明了何者可忽略之术。瞄准一个最终目标，意味着放弃其他最终目标。当前的状况很复杂，很多人深陷其中，这就是"迷雾"，使人糊涂。当前可能有多个目标，但最终只该有一个最本质的，当前的目标都为它服务，它就是"灯塔"。以就业机会为例，分析各方面的众多利弊，这边收入高点，那边环境好点，诸如此类想不清楚，这就是"迷雾"。关键是到底想做什么，到底哪个方面比较强，爱好或抱负是什么。这虽然不能解决所有问题，却是一种指引，帮你走出迷宫，避免急功近利。再如，听报告时要始终强记报告的标题主旨。它像灯塔，对后面听报告很有好处。比如有利于对问题做出自己的判断，不被牵着鼻子转。

教：我有一个硕士同班同学说，做实验、编程不能发挥他的优势，他的长处在于写高水平理论性文章。研一的时候就这么给自己定位，后

---

[1] Dwight D. Eisenhower: We succeed only as we identify in life, or in war, or in anything else, a single overriding objective, and make all other considerations bend to that one objective.

[2] William James: The art of being wise is the art of knowing what to overlook.

来果真做得很不错，去了香港工作。

李：一旦误入歧途，牢记目标还能帮你迷途知返。更进一步，最好牢记研究课题的目标，以免偏航、兜圈子。人们往往陷于枝节而偏航、兜圈子，长期深陷于克服各种技术困难，而忘了最终目的是什么。最好养成习惯，每隔一段时间就宏观审视，看科研的大方向是否正确，以免在枝节上徘徊，无论这些枝节多么"美妙"。这好比从杭州去昆仑山，大方向应该是西北，不该流连于洞庭的春水绿波或者湘西的奇峰异岭。

2.12 技穷时的上策

久攻不下，有何妙策？

学：有时想一个问题，老想不出解决办法，怎么办？

李：一方面，要有韧劲，不轻易放弃。一碰钉子就退缩，必定一事无成。另一方面，殚精竭虑，仍久攻不下，怎么办？如果没碰到过这种情况，那肯定没做过原创研究，都是小打小闹，水平太低了，价值太小了。

教：一个问题长期考虑还没有结果，毛病可能出在两个方面：一是切入点或思路是错误的，这个问题可能根本就无解。二是没掌握需要的工具。这样可能需要调整一下工作，比如跟别人合作，再分析分析，或重新审视一下这个问题，把它描述成一个对你有利的问题。

教：我觉得应该再加约束条件，使这个问题可解。在这个问题可解的基础上积累一些经验，再进一步细化它。如果不掌握那个数学工具，那就毫无办法。

李：有道理，这属于 2.6 节说的条件法。之所以卡壳，除不够努力外一般有三种可能：理解有误，信息欠缺，方法不会。如果确实需要某种工具，只有先学会，否则是死路一条，我们不说这种情况。

考虑一个具体问题太久是不利的，这容易导致顽固性错误以及思维陷入窠臼，产生思维定势，出不来。这正如大文豪苏东坡的《题西林壁》所言："横看成岭侧成峰，远近高低各不同。不识庐山真面目，只缘身在此山中。"诺贝尔生物学奖得主尼科勒说得更绝[1]：面对一

---

[1] Charles Nicolle: The longer you are in the presence of a difficulty, the less likely you are to solve it.

个困难越久，克服的可能性越小。所以久攻不下时，要设法跳出来，办法有二：

一是寻求外援，二是暂时搁置。

寻求外援主要指与其他人交流，包括向行家请教、与同行讨论、跟外行闲聊。向行家请教、与同行讨论，好处大家都知道。我想多说说"跟外行闲聊"。

高招之一：跟外行聊

当局者迷，旁观者清。有时，外行的一句话就会"点醒梦中人"。从这个角度来说，跟外行聊比跟内行聊好。2.8节说过，解决问题的一大法则是求本溯源。跟外行聊，会迫使你回到最原始的根本和源头。最理想的是跟行外高手聊。这种人既没有陷入你的行当的思维定势，水平又高，更能一针见血，指出问题所在。他们的看法往往很有启发性，甚至可能指出，你们的研究课题和方向，不过是背离科研大趋势的"小涡流"而已。跟外行聊很有好处，要从最基本、最本质的地方入手，用浅易的话讲出本质、讲清楚，这样便于溯流穷源、跳出思维定势，有时就自我启发了。《爱丽丝梦游仙境》的作者、英国数学家逻辑学家路易斯·卡罗尔在其所著《符号逻辑》一书的"引言"中幽默地说[1]：如果可能，找一位良友，同读此书并谈论困难。**谈论乃是抹平困难的一个绝佳法子。我发现，遇到任何全然迷惑之事时（不论是逻辑或其他难题），最棒的就是大声说出来，即便是孤身一人时也如此。自我解释可以多么清晰啊！还有，人的自我容忍度是如此之强，而决不会被自己的愚蠢所惹恼！** 时不时听到国内学生抱怨说："我一个人在做这方面的课题，孤独无助，觉得很难受。"其实，碰到一个难题久攻不下，可以找同学聊聊，因为他不懂，所以要从根本处讲起。最好是个好问的外行。如果他的水平可以，问的也就比较根本。如果他不太行，老听不懂，反而逼你从最基本之处，

---

[1] Lewis Carroll, *Symbolic Logic*: If possible, find some genial friend, who will read the book along with you, and will talk over the difficulties with you. *Talking* is a wonderful smoother-over of difficulties. When *I* come upon anything—in Logic or in any other hard subject—that entirely puzzles me, I find it a capital plan to talk it over, *aloud*, even when I am all alone. One can explain things so *clearly* to one's self! And then, you know, one is so *patient* with one's self: one *never* gets irritated at one's own stupidity!

用最简易浅显的方式，从多个角度讲，这就很有启发性。你在讲的时候可能突有所悟，意识到自己没从这个角度想过试过，或者原先"想当然"的东西未必正确，这就可能"踏破铁鞋无觅处，得来全不费工夫"。

教：是的，我们也有类似的经历。做一个问题，老用一个套路不行。所以要时常跟一些外行去交流，这会有促进。

李：我想起一个问题。用六根相同长度的筷子，能不能拼出四个等边三角形？

学：……这应该是不可能的。但是，您既然这么问，这个答案大概是错的。

李：你们都不知道这个趣题？四个三角形共有 12 条边，只有六根筷子，所以，每根筷子应该是两个三角形的共同之边。能否做到这一点？如果能，怎么做呢？还有一个趣题：

哪个字与"头"字读音相同而字义相反？

最后的杀手锏：暂时搁置

教：如果跟外行聊，问题还是没解决，怎么办呢？

李：摆脱困境的"脱困术"还有最后一招：暂时搁置。1.6 节说过，要集中精力深入研究一个专题，不打一枪换一个地方，但不该长期考虑一个具体的问题。一个专题往往由一些问题组成。总的来说，要锲而不舍，持之以恒，但要有变化。

教：坚持和固执只有一线之差，坚持过了头就变成偏执狂，偏执过了头就变成神经病。

李：坚持源于意志坚强，固执来自坚拒改变。[1] 坚持对于成功确实十分重要，正如英国文豪约翰逊博士所说[2]：伟大之作成于锲而不舍，而非强力。但是，久攻一个问题而无进展时，应暂时搁置，转而考虑其他问题，但不要放弃。决不轻易放弃——每次放弃都是对自信的打击。放它一阵子，让它冷却一下，最好放到你记不清原来的思路时。而且，搁置期还可能让新想法自然酝酿。做研究要专一，但不该过

---

[1] Tenacity comes from a strong will and stubbornness from a strong won't.

[2] Samuel Johnson: Great works are performed not by strength but by perseverance.

度、甘于"守节""从一而终"、只考虑一个问题。全力攻击一个问题，但百思不得其解，那就该换一个问题。过一阵子后，再回来想这个问题。一直在里面不好，有时需要跳出来。当然，不能老跳出来。如果"几思"而非"百思"不得其解，就搁置，那就糟了。还没绞尽脑汁，就说这个太难，换一个。换了几个都下不来，自信心严重受损，觉得自己不是做学问的料。这种人不少，其实他们根本就没有深入过。研究结果表明，创造力包括将棘手问题暂时搁置的能力。竭尽全力，仍然无计可施，有可能是陷入思维定势了。脑中应存有多个问题，逐一考虑，多藏善取，以多取胜。这还有一个好处：有时会种瓜得豆、种豆得瓜。对此，我颇有体会。举例来说，我曾经深入思考联合决策与估计问题，得到一个想法。很快就发现它行不通，但随即想到，它适合于统计判决问题。结果歪打正着，提出了一种统计判决综合性能评估的一般方法。

教：对于一个问题，想了很久想不出来，我很少会认为这个问题没法解决，总是怀疑自己是不是缺哪方面的知识，或者了解的东西不够多，还是认为可能有解。

李：只有提高水平，别无他法。水平足够高之后，经过深思，对一个问题是否可解的判断，会有相当大的把握。

学：到底怎么用六根筷子拼出四个三角形来？我还是想不出。

李：因为你陷入思维定势了：一说到三角形，你就老想在平面上实现它。一旦跳出这个思维定势，在三维空间里而不是平面上考虑这个问题，就不难想到答案：它是一个正四面体，每面都是一个等边三角形（见下图）。哪个字与"头"字音同而义反？就是英语的 toe（脚趾）字，我并没说这个字必须是汉字啊，你们又想当然了，这是一种思维定势。

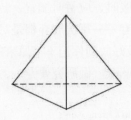

正四面体：六条边构成四个全等等边三角形

恍然大悟

2.13　时间驾驭术

世界上什么最长也最短？什么最快也最慢？什么能不断分割也能绵延无限？什么最易被人忽略也最让人追悔？什么能吞噬微渺也能造就非凡？

——法国大启蒙思想家伏尔泰

李：一个人的生命不外乎时间：商人的时间就是金钱，医生的时间就是生命，军人的时间就是胜利，作家的时间就是作品，学者的时间就是学问。科研治学不投入大量时间精力，就不可能做出成就。既然如此，如何有效利用时间就至关重要。见缝插针对于学习很有效、很重要，但对于做研究、特别是思考问题不好。应集中大段时间、全神贯注地思考一个问题，而不是零敲碎打。能持续思考一个问题 30 分钟，不想别的，就不错了，中间往往开小差。如果一个问题不太难，一旦比较长时间地想它，往往就能解决。当然要做铺垫工作，可是真正关键的就那么几十分钟。这是我多年的切身体会。

全神贯注，苦思冥想

学：我们知道，想要有所成就，非得用功不可。李老师到底有多用功？

李：一般来说，我每天只工作半天。

学：真的吗？恐怕是李老师的工作定义太狭窄了吧？是不是李老师不把工作中有趣的部分当工作，因为它像玩似的？

李：不是，我所说的相当严谨：一天24小时，半天不就是12小时吗？所以，所谓"全时工作"（full-time work）指每天工作8小时，其实连"半时"（half-time）都不到。我小时候，幼儿园有所谓"全托"和"半托"，"半托"天天回家，"全托"只有星期天才回家，这样的"全"和"半"才比较货真价实。

学：为什么学习可以见缝插针而做研究不行？

李：原创性越高，越需要深入思考。要想学有所成，非得潜心沉思。富于原创之人，不可能不善于聚精会神长时间思考。研究表明，创造力的重要内容之一，是长时间集中注意力和努力的能力。每次刚开始思考时，总是只能先重温、回忆、逐渐加温、慢慢深入，即"渐入佳境"。所以，德国著名哲学家叔本华（Arthur Schopenhauer）在《关于思考》中说："思考像在风中煽火一般，必须始终不断地煽动，才能维持火焰不熄，思考时，必须对思考对象发生'兴趣'，不断地刺激它，并且要持之久远不可懈怠。"对于思考来说，时间的效用绝不满足可加性。对此，我提出以下公式，以加深印象：

思考时间效益不等式：1+1+1+1+1+1+1＜2+2+2＜5

对于一个问题，每周思考七天，每天思考一小时，效果还不如每周思考三天，每天思考二小时，而这又不如每周思考一次五小时。这是时间学上的所谓"持续效应"。而对于学习来说，并非如此。所以，

深度思考需用大块时间，零碎时间宜于学习和打杂。

学：这到底有多重要呢？

李：十分重要，这是取得重要原创成果的不二法门。德国大哲学家尼采在《快乐的科学》（*The Gay Science*）中问："难道一样事物仅仅被接触、浏览、走马观花就注定不能被认识和了解么？难道一定要先坐下来，像孵化蛋一样地去孵化它么？"要深刻理解，我认为确实不能。要长时间聚精会神，认真刻苦地深思，就像武侠小说中武林高手的闭关。要排除干扰，苦思冥想，在外面会被干扰，所以要闭关。

做高水平原创研究也要"闭关"。比如，怀尔斯之所以能证出费尔马大定理，最后靠的是闭关冲刺（见下框）。

怀尔斯闭关证出大定理

证出费尔马大定理的数学家怀尔斯（Andrew Wiles），小学时就被这一定理吸引，高中时得出结论，靠中学数学不足以解决。他没有怀疑自己中学数学不够好。（自信非常有助于成功，当然，自信不足的人未必不会成功。）当教授一段时间后，出现了几个新理论。他觉得有希望证出费尔马大定理了，就专心致志，在阁楼里闭关冲刺了七年。国内现在的环境能容忍这种人吗？

大学者做研究，也离不开苦思冥想（见下框），何况你我。我也有很多切身体会。有一次我连续三个晚上通宵达旦，高强度考虑一个信息融合问题。第一天主要在厘清各种关系。第二天努力攻克它，没成功。第三天，我想，如果再不成，就得暂时搁置，因为很多其他事给耽搁了，背水一战，结果攻克了。

大师的苦思冥想

苦思冥想，心无旁骛，牛顿是前鲜古人，后罕来者。有人问他是如何解决问题的，他说这很简单，就是把问题放在面前，不间断地思考，直到想出解决办法。牛顿的心不在焉举世闻名，因为他常常全神贯注思考问题，这有很多有趣的故事。

高斯也把他的成功归结为持之以恒地思考问题。他甚至说，"其他人如果像我一样沉思数学问题，也会做出同样的发现的。"

著名哲学家、逻辑学家金岳霖在抗战时期沉思问题，连空袭警报和房屋前后震耳欲聋的炸弹爆炸声都浑然不觉，过后仍茫然不知所以。

教：我认为闭关需要高度的自信和过硬的学问。只有不需要交流了，才能闭关。

李：是的，所以只有高手才闭关。我并不提倡青年学子闭关，我建议多花时间深入思考问题。

教：国内杂事多，经常被打断，有时候就回不来了。干完杂事再回来，问题深入不下去，长期出不了结果。

李：每次只花一点时间，对于深思绝对不成。其实，国外科研人员的杂事也不少。我熟悉一位优秀学者，打电话给他没接。我后来问他是怎么回事儿，他说是为了避免干扰而经常把电话线给拔了。这种人才做得好。国内这种人寥寥无几吧？通电话是时间的大蛀虫，手机对静心做研究干扰最大，所以我在美国不带手机。让人有事发电子邮件，这样我自己决定什么时候处理。可以在脑子想休息的时候做杂事，不由自主去干杂事是最讨厌的。

教：这一点我深有感触。在加拿大访问的时候，给我们安排的办公室没有电话，一天到晚都没人找你。一周检查一两次，确实有效果。

教：我觉得应该是两个体制：工程开发项目，需要不断沟通、不断施压。学术研究，需要一大堆时间思考，定期沟通。

学：您说要深思熟虑，但是都应该想些什么呢？

李：该想的东西很多，每个有经验的研究者都能给出一大堆，前面说的各种策略都需要时间思考。比如要"内外夹击"：既要搞清课题本身，考察其诸多因素，争取"中心开花"，又要调用外部力量，搜索、学习可用于这一课题的相关知识，进行"外部打击"。"中心开花"包括：这一课题属于什么类型？各部分之间的关系如何？解决的关键点、难点何在？为何困难？"外部打击"包括：哪些是已知的？何种知识、什么方法对这个课题大概有用？谁对这个课题可能最清楚、最有办法？哪些其他问题像这个问题？相像主要包括：目的、出发点或已知条件相同相似或相关。争取从尽量多个角度考虑问题，尝试对问题做尽量多的不同诠释。内外部联系包括：这一课题与已知内容的关系如何，与哪些其他课题相关，等等。思考时最好"两边夹"：从目的地和出发点这两端向对方靠拢。

学：还是想不出来，怎么办？

李：想不出来有多种原因，比如说努力不够或功力欠佳。也许尚未尽力，没有一而再、再而三地几小时不间断地想过。即使没想出来，把各个子问题、各种关系想清楚了，只是卡在一两个关节上，也相当不错。有时没去想它，解法不招自来。或者是受启发了，或者是潜移默化，水到渠成，这缺不得前面的铺垫。爱尔兰大文豪萧伯纳说[1]：每年思考二三次以上的人很少。我靠每周思考一二次而享誉国际。这虽显夸张，却含至理，大家确实沉思得太少。扪心自问，在过去的这一个月里，你是否曾经长时间沉思过哪怕一次？如果没有，你还有资格怪周围环境或者自身条件不好吗？而且，未经训练或没有认清这一点，很少有人会持续几十分钟不间断地沉思一个问题而不开小差。为什么很多人想不清楚呢，其实他们每次只想了十分钟就走神了。

学：怎么才能长时间思考一个问题而不开小差呢？

李：**长时深思的能力是可以训练提高的，一旦发现走神，就应马上拉回。多练则成，这样再三练习，不间断深思的能力就会增强。一个人的科研原创力与他的沉思能力是成正比的。**著名科学家西蒙甚至认为，能持续不断全神贯注地思考一个问题，是创造性思维的三大特征之一。

灵感的基础是苦干，离开"九分汗下"，不会有"一分神来"。我认为要把

重要问题常悬脑中，

以便时刻准备着灵感的到来。**大多数科研突破都依赖于领悟出事物之间前所未知的某种相似或联系。**为此，先得把很多东西搞清。这么想过以后，好久不会忘，容易受启发。甚至根本不是科技上的东西，看古书或故事都可能受到启发。其中的关系很难说，一种联想似的东西就来了。著名学者俞平伯的《唐宋词选释》为人称道。他的学生吴小如向他取经，他回答说："至少你必须把所要注的那个作品熟读。然后你只要遇到有关材料，立即会想到那篇作品，从而可以随时随地加以搜辑，自然就得心应手了。"（吴小如《书廊信步》）对此，我也深有体会。他的学问，跟我们的研究相差十万八千里，但方法是相通的。化学家、两次诺贝尔奖得主鲍林说[2]：我无时无处

---

[1] George Bernard Shaw: Few people think more than two or three times a year. I have made an international reputation for myself by thinking once or twice a week.

[2] Linus Pauling: I think about a problem all the time wherever I am: in bed, going for a walk, traveling…If I wasn't getting anywhere I'd still think about it from time to time, especially at night waiting to sleep.

不在想问题：在床上、散步、旅行……即使毫无进展，我仍然时不时去想想，特别是夜里入睡前。

只有经过潜意识的孵化，新想法才会破壳而出

重要难题的解决常靠启发得到。问题不在脑中，就会错过发现这种相似或联系的机会，也就是灵感。朱光潜说："灵感就是在潜意识中酝酿成的情思猛然涌现于意识。……灵感是潜意识中的工作在意识中的收获。"他还说灵感有三大特征：突如其来，不由自主，突如其去。(《"读书破万卷，下笔如有神"——天才与灵感》)没有事先的大量铺垫，就不会有"不由自主"的灵感——质的飞跃。庞加莱更进一步，强调潜意识的作用。他认为高强度工作后，即使不去想这个问题，潜意识还在思考它：思想的基本元素就像伊壁鸠鲁的观念原子，思维静止时，这些带钩的原子静止不动地挂在墙上，大脑的高强度工作大幅度地激发推动着这些五花八门的原子，工作过后，它们还在那儿荡来荡去，产生各种组合，一旦有好组合，就跳到意识层面上。门捷列夫思考元素的规律，据说三天没合眼，困极而睡，结果在梦一般的状态中发现了元素周期表。人人都有如下经历：有时绞尽脑汁，还是记不起某人的姓名，但过不了多久，它却自动跳出来了。我高强度地思考一个问题后，想要放下，常常是欲罢不能，它又不自觉地回来了。我想，这大概说明潜意识还在想它。没有类似经历的人，大概思考的强度不够。有时好想法确实是突然自己冒出来的，更多的时候是受到启发。

日有所思，夜有所梦。弗洛伊德也认为，梦是清醒时的精神活动在睡眠中的继续。所以不妨睡前想，睡时让大脑自己组合吧。水平越高、直觉越强、美感越佳，它就会筛选得越好，跳出来的东西越可能对。不过，我有些担心，这样有目的地引导梦境，是否会影响梦境的丰富性，因而有损创造力？前一段时间好莱坞有部电影 *Inception*（《盗梦空间》），就是说有意设计和操控梦境，以达目的。有心理学家说，这与催眠一样是完全合理可行的，是心理治疗的常用方法。这与我所知道的对梦境的研究结果有所冲突。有兴趣者，不妨看看有关著述，比如《夜间思维》（*The Mind at Night*）一书。我最近看到 *How to Get Control of Your Time and Your Life*（可译为《如何掌控时间和生活》）一书，它也说要训练自己，利用潜意识在睡眠中帮自己解决难题。

学：《如何掌控时间和生活》？这本书似乎蛮有价值的，要争取弄来看看。

李：它主要说：要明确人生几大目标，制定中长期和短期规划，列出事务清单（to-do list），按"**要事优先**（first things first）"原则优化做事的顺序：**排先列后**（prioritize）——排列轻重缓急的优先序，然后依次逐一完成。我看过几本这类书，虽然有理，对不少人也许有益，但对我并不合适。主要原因是：作为学者，我需要大量时间阅读和思考，而罗列事务清单的策略比较适用于事务性工作。还有，那些策略使工作的强度大幅度增加，更不悠闲，更难享受工作和生活。

德国著名科学家亥姆霍兹（Hermann von Helmholtz）把解决问题分成三个阶段：饱和、孕育、顿悟。庞加莱认为分四个阶段：准备、酝酿、顿悟、验证（或整理）。数学家阿达玛的《数学领域中的发明心理学》[1] 一书对此有详尽的描述。英国心理学家、社会学家威沃勒斯（Graham Wallas）对此也有深入的探讨。我在读博士期间，面对一个难题，几个月毫无进展。有一天，导师给了一个想法，得意地说是在淋浴时想到的。大家会有感触：他这么用功，洗澡时还在想问题。其实，他肯定不是老想着这个问题，那个想法很可能是突然冒出来的，因为他想解决这个问题已有多年。

学：怎样才能使问题常悬脑中？

---

[1] *An Essay on the Psychology of Invention in the Mathematical Field.*

李：对一个重要的问题，每隔一段时间，譬如几个月，就应重新思索考虑。这样，难点、与其他问题的联系等就能了然于心、牢记于脑。深思熟虑过的问题不易忘记。最好等到忘了过去尝试过的求解思路再去想，以免走老路。

教：我对这一条有点自己的实践和体会。我在美国时喜欢穿那种有很多口袋的裤子，里面装着一些小纸片，一想到什么，马上记下来。问题总是在脑中打转，上厕所或买东西时，说不定忽然有个想法，马上把它记下来。

李：用小笔记本也许更好，便于携带和保存，随时记录学习、听讲、交谈时得到的想法。

关于时间安排，我还有一个独到之法："临期务杂"——把必要而不感兴趣的工作留到最后一刻做，我戏称之为

"李记用时法"。

"李记用时法"

不知申请专利是否能成功？你们知道有谁公开过这个方法吗？这才能迫使自己在比较苛刻的规定时间内高效地完成不感兴趣之事。注意，这样很高效，却是在高强度、高压力下得到的高效，于健康不利。英谚说：凡是值得做的，就值得做好。（Anything worth doing is worth doing well.）可见，不值得做的，就不值得做好。不少杂事是必需而不值得做的，更不值得费时费力做好。这种事，能够少做，就不多做。有个"八二法则"（80/20 rule）说，一件事 80% 的价值是

在做这件事最初 20%的时间内实现的［这是帕累托八二法则（Preto 80/20 rule）的特例］。我的行政事务大都是这样拖到最后做出来的，所以在学校好多人都看我忙得焦头烂额，差不多都是到了期限才赶出来，但是效率特别高。好多期限之前我忙得要命，这是一大原因。而且还有避免"**欠周版**"（beta-version）的好处——有时上级考虑欠周，急于完成的人就会多花时间帮助改进欠周版，像我这样放到最后也就省了时间。当然，人人做事风格不同，有些人，事没做完就老想着，其他事就做不好了。此外，对于必需而不值得之事，有些高效之法：①克期完成：预先设一个宁紧勿宽的时限，比如限定在两小时内完成，这会大大提高效率，特别是有些人像蛋白石，只有在压力下才会大放异彩。"把书估计一下，预定若干日读完，而且如果能按期读完，是好习惯。"（叶圣陶语）②力争一次性解决，而不是犹豫不决，多次光顾。截止前才做，就能同时满足这两点。

学：您是怎么想到这么安排时间的？是做出成就之后总结出来的？

李：这个"李记用时法"并非着意想出来的，一开始并非有意为之。我历来本能地趋喜避厌，喜欢之事一旦上手就不易收手，为此也付出了相当的代价。我乐于、忙于喜欢之事而不愿做、甚至逃避不喜欢之事，往往一拖再拖，有时甚至坐失良机。我过去一直以为这是一个不小的缺陷，是自我约束不够的表现。但近些年来，我逐渐意识到，这未必是坏事，少些约束更能保持自我的本真。我之所以学有小成，有赖于此。这其实就是西方古训[1]"*务自身之需，求自知之明*"。更重要的是，我虽然自认未展抱负，但心态仍不错，这个"缺陷"是主要原因之一，因为我并没有耽误做喜欢之事。这恐怕也是为什么我这么强调"跟着兴趣走"之故。对这个"缺陷"有清醒的认识之后，我就自觉地采用这种用时法了。所以，短处即长处，长处亦短处。

学：您这么做，怎么保证次次都能在截止期内赶出来呢？

李：代价是不重视质量，而且，偶尔也会超出截止期。但是，如果你经常乘车坐飞机而从未误车误机，那么你浪费了太多时间候车候机，个把次误车误机是高效的代价。我觉得这才是较好的平衡。正像不

---

[1] Do what thou hast to do, and know thyself. 这是源于柏拉图的西方古训。

该一味追求不冤枉无辜而使大量罪犯无法定罪，美国的司法状况就有这个味道。这有科学理论的支持：在二元假设检验中，不该把任何一类错误率定得太低。

经费紧张，以后大家轮流使用设备，请相应安排突破的进程。

请相应安排突破的进程

教：说到时间安排，美国一个心理学家说事情都有两个属性：重要性和紧急性。大部分人都在做既不重要也不紧急的事，稍微幸福点的在做很紧急但不重要的事，真正的牛人和天才在做不紧急但很重要的事。感觉我们每天都在做很紧急但不太重要的事，甚至是既不重要也不紧急的事。

李：是啊，应尽可能多做喜欢而重要的。《智慧书》说：蠢人最后才做的，智者马上就做。（The wise does at once what the fool does at last.）就我这个蠢人的科研经验来说，这似是而非。有些人遵循"用时专家"的建议，先做必须做的事，再争取挤出大块时间来做研究。这个策略行不通，结果往往挤不出大块时间，必须做的做了之后，就没时间了。我是倒过来，先用一大块时间做研究，先做最感兴趣最想做的、要高度集中注意力的，适当考虑重要性和期限等。直到不得不做之时，才去做必要而不感兴趣的，背水一战，所以效率特别高。道理其实很简单：做好小事的代价是做不了大事，做大事的代价是小事做得少而不太好；必须做的事未必是而且往往不是重要的或者感兴趣的。这与"趣事优先，要事权重"原则不谋而合。"能闲世人之所忙者，方能忙世人之所闲。"（张潮《幽梦影》）在学校，很多人觉得我总是很忙。是啊，我在学校做不得不做的事，在不得不做的时候做，高效地做完。在家做学问，就不那么忙，否则怎么可能喜欢？不静下心来是做不好学问的。我小孩就曾说我常"坐在那儿发呆"——想事儿。我在办公室没法干喜欢之事，在家尽量不干不喜欢之事，不管学校那一摊，争取连电子邮件都不查，以便心静。一般是先把想做的在家里做了，再去学校，把杂务尽快干完。这样变换工作内容有好处：一个是思考，一个是事务。注意，我所谈的是急迫性和兴趣，而不是重要性，因为我更看重兴趣而不是重要性。不肯放弃世人追逐的近利，怎么能由着兴趣做出成就？

"驭时术"还有其他内容，比如，不同的东西对脑子有不同的要求，所以我同意"用时专家"的如下观点：在脑子好使时干重要而复杂的高强度脑力活，不好使时做不太动脑的事务性工作、重复性劳动。

教：其实，时间安排的本质是提高效率。您能不能也说说怎么提高效率？

李：时间安排的本质并非只是提高效率，让我展开说说。首先我要强调，过分看重效率是我们这个时代的时代病，科技界更是病入膏肓。整天忙忙碌碌，也许做事的效率（efficiency）不错，但更关键的做对事的效能（effectiveness）却很低，遑论更重要的精神追求。而且，大家在考虑效率时，总是只想到做事的速率——尽快完成，这大有弊端。它难免导致急于求成，匆忙草率，效果不佳。更重要的是，由此产生的压力无疑还会破坏兴致、埋葬情趣。其实，更重要的是如上所述，按"趣事优先，要事权重"的原则来排先列后，依次完成。

更进一步，不仅要有所为，还要有意自觉地"有所不为"。①要避免不必要的言行，不想无法改变之事。我们的言行绝大部分都不必要，如果抛开它们，就会有更多闲暇、更少烦恼。因此，每遇一事都该自问：这有必要吗？不仅要抛开不必要的言行，还要抛开不必要的思想。这样，多余的言行才不会随之而来。[1] "无用之功、无谓之想、多余

---

[1] Marcus Aurelinus, *Meditations* (马可·奥勒留《沉思录》): For the greatest part of what we say and do being unnecessary, if a man takes this away, he will have more leisure and less uneasiness. Accordingly on every occasion a man should ask himself, is this one of the unnecessary things? Now a man should take away not only unnecessary acts, but also, unnecessary thoughts, for thus superfluous acts will not follow after.

之事、无谓之争"尤其包括"八卦文化":打听小道消息,传播流言蜚语,也就是不少人在饭桌上津津乐道的东西。所以有人说[1]:对不值得了解之事的无知,构成了知识的一部分。我的强化版本是:**对不值之事的无知,是真知的要素。**②有所不为才能真有所为。当前的时风令人躁动,令人难以安心静心,有所不为本身就是对之积极有效的反动。就像留白对于国画、静音对于音乐、无言对于诗歌、飞白对于书法一样。国画的意境很讲究留白,有时"一切尽在不言中"。再如,一位国学大师对当下的"新潮语"不会太熟悉。判断一个人,单看他的所作所为并不够,还要看什么是他所不为的。如果确能排先列后、有所不为,那么即使做事速率不高,还是能达到高效能的。当然,更理想的是在排先列后、有所不为、保证优质的前提下,提高做事速率。

我还抵制明显不合理的要求以节省时间。**教师杂务太重,穷于应付,各种各样急迫而实际上无关痛痒的杂事,报表、评估、检查、汇报铺天盖地、源源不断。**应该抵制这种"虐待",强烈要求改革,否则几乎可以说是活该、得其所值——你不反抗施加于你的罪恶,你其实就参与了施加于人的罪恶。列宁说得对:浪费别人的时间是谋财害命,浪费自己的时间则是慢性自杀。**一个人,特别是一个学者的学术生命是由他的自由时间构成的。**折腾学者,就是摧残其学术生命。"没有人不爱惜他的生命,但很少人珍视他的时间。"(梁实秋《时间即生命》)不过,有所作为之人,不可能不珍惜时间。我在中学毕业前,就清楚地意识到这一点,曾因事有感而写过一首借题感叹时间的自由诗。

附带说一句,时间的公平性还体现在另一方面:欢乐得意的时光如箭飞逝,痛苦无聊的日子似蜗牛爬行难熬。而且,快乐靠其强度之高,来补偿其持续时间之短。[2] 人生就是过程、就是经历。因此,一辈子欢乐的代价是实际生命短暂,屡遭磨难的报酬是人生阅历丰富,因而生命绵长。所以"快"的原意是称心如意:愉快、痛快、欢快、畅快、快乐、快意、快感、快事、快慰、凉快、爽快、先睹为

---

[1] One part of knowledge consists of ignorant of things that are not worth knowing 或者 Hugo Grotius, *Epigrams*: Not to know certain things is a great part of wisdom.

[2] 语出当代美国大诗人 Robert Frost: Happiness makes up in height/ what it lacks in length.

快、岂不快哉、亲痛仇快、大快人心，等等，举不胜举。反之，度日如年的"慢"日子必定不"快"活。

2.14　优质增产法

教：有没有增加研究产量的好办法？

李：增加研究产量的一个办法是"拿着方法找问题"——寻找自己的看家本领所能解决的问题，用"通用"方法解决你的问题。但应特别注意这样做的局限性，它常被滥用，以致走火入魔。套用共解，往往水平不高、质量不好、效果不佳。如果"通用"方法与你的问题很吻合，那真是天赐良机，要好好把握。无论如何，应该牢记，对研究来说，

质量远比产量重要。

水平越高，越重质量而轻产量，水平越低，越在乎产量而忽视质量。2.7 节说过，对症之药优于万灵药，有针对性的殊解优于套用共解。至少该这样：如果套用共解不符要求或过于复杂，就应寻求殊解。

教：我们青年教师的量化压力巨大，必须增加研究产量。

李：对于压力，谈选题时说了不少。我想再强调一下，不要被它压垮，要想法卸掉一些压力。压力往往涉及当前的利益，如果看得远些，压力就会小点。"多躁者，必无沉潜之识；多畏者，必无卓越之见；多欲者，必无慷慨之节；多言者，必无笃实之心。"（《小窗幽记》）"孙膑吃饼胜庞涓"（见下框）的故事也说明了这一点。国内目前量化指标盛行，因而急功近利，心浮气躁。这种情况难以持续，肯定会逐渐改善，这是要成为强国的大势所趋，而且不会费时太久。现在已有向更看重质量过渡的趋势。

孙膑吃饼胜庞涓

"纵横家鼻祖"鬼谷子培养出不少著名门徒：张仪、苏秦、孙膑、庞涓等。有一次为了试试孙膑和庞涓的智力，他拿出五个饼，规定每人一次最多拿两个，全部吃完后才能再拿。庞涓只顾眼前，赶紧拿了两个，而孙膑只拿了一个，吃完后才再拿了剩下的两个。可见孙膑更有远见。果然，他后来与庞涓在战场上数度交锋，都胜了，包括著名的围魏救赵和增兵减灶的成功战例。

教：那是未来没准的事，眼前我们怎么办呢？

李：不能只顾眼前。如果都不愿吃眼前小亏，结果会吃长远大亏；不愿吃明亏，结果会吃暗亏。要舍得吃眼前亏，才能不吃长远大亏。就像玩股票，暴跌时是进手的大好时机，就是不敢买；暴涨时明知不该进，还是不由自主要买。这是只顾眼前和随大流的后果，与 1.5 节说过的博弈论中十分有效的"少数派策略"大相径庭。我有位博士生同学，当年用硕士学位找到一份工作，得意至极，因为当时大陆学生在美找到工作的很少。我当时就说，他只顾眼前，高兴得太早，我们博士毕业后工作时，他会后悔莫及。果然，后来我们博士毕业纷纷找到不错的工作，而他虽然聪明但因为工作而心有旁骛，博士大考两次都未通过，饮恨告别博士学位。这是只顾眼前的后果。科研治学像登山，主要靠耐力，而不靠短期猛冲。当前量化指标铺天盖地，大家疲于奔命，根本不想几年后情况可能大为改变。会开车的人不仅留心面前的几部车，还要看前方远处，听交通状况报告。"风物长宜放眼量"（毛泽东诗句），

不计较眼前的得失是成功的前提。

成功之士无不给出这个忠告，为什么置之不理，甚至背道而驰？有个"孔子难熬寂寞发牢骚"的笑话（见下框）。是啊，连孔子有时都会感到寂寞。然而，说到底，谁对中国文化的贡献大影响大？要挨得住一时的寂寞和困苦。要想"一朵忽先变，百花皆后香"这样领风骚之先，就得有"欲传春信息，不怕雪埋藏"（陈亮《梅花》）的品行。据说弗洛伊德大器晚成，在 45 岁时才出版成名作代表作《梦的解析》，初版只印了 600 本，8 年才售完。

孔子难熬寂寞发牢骚

　　"关帝庙、财神庙的香火很旺盛，有很多人去烧香。孔子有点牢骚。有个聪明人问孔子，你有关公的大刀吗？孔子说没有。又问：你有财神爷的钱吗？孔子说，也没有。那人说，既没有关公的大刀，又没有财神爷的钱，那当然没人理你，你何必发牢骚？"（引自冯友兰《三松堂自序》）

教：那么，如何既顾眼前，又想未来，既能高产，又有质量？怎么才能多快好省地出成果呢？

李：多快好省……，你想要得到一个"科研大跃进"的灵丹妙药啊？你想要既顾眼前，又想未来，既能高产，又有质量。其实更该少顾当前，多想未来，宁肯牺牲高产，也要确保优质。至少这应是努力方向。不过，我勉为其难，提一个

兼顾眼前与未来、产量与质量的办法。

这个"优产法"就是 2.7 节讲过的"对症创方"。在那里也讲过：套用"共解"易于增加产量，但"殊解"往往质量更高。大多数人做研究都是偷懒走捷径，套用较通用的共解。这一般不如针对特定问题想出的办法。所以，我建议慎重选题，对症下药，求出殊解。困难在于，这费力耗时，效率有限。得到之后，如果不设法提高，不用于对付其他问题，似乎太浪费，代价太大。所以要乘胜追击，扩大战果，不仅"对症下药"，还要"对症创方"：认真琢磨弄清自创殊解的本质是什么，把它提升拓展推广得更高、更一般，扩大适用面，使之适用于相似问题，至少用上其精神实质。好比在开草药处方的基础上，研制开发中成药。这才能量质双收。正如波利亚所说[1]：找到一株蘑菇或做出一个发现后，要四周看看，——它们成群生长。总之，要分两步走：

第一步，针对问题，求出殊解；第二步，乘胜追击，扩大战果。

这是常用策略"针对问题创方法"的重要内容——**殊解升华法**。美国数学家寇恩（Paul Cohen）证明了连续统假设与 ZFC 公理集合体系是独立的。攻克这个重大难题，他是靠为此而发明的力迫法（method of forcing）完成的。这个方法后来解决了不少其他数学难题。针对 23 个希尔伯特（David Hilbert）难题，已经并且还将产生大量方法。

学：第一步到底怎么走还是不清楚。怎么选好课题、求出特解？

李：怎么求解，我们谈得够多了。怎么选题，第 1 章已谈过不少。

学：这些例子太高，能不能举一个您自己的例子？

李：好的。多年前我刚从电力、绝缘领域转到信息处理领域时，面对一个难题，做了半年才解决。随后考虑另一个难题，发觉可以用本质

---

[1] George Pólya, *How to Solve It*: Look around when you have got your first mushroom or made your first discovery; they grow in clusters.

上相同的方法解决。后来，我把这个方法提高升华，用它又解决了几个问题。

学：您说的这个成果到底是什么呢？

李：就是 2.6 节说过的 "性能预测器"。**另一种优质增产的好办法，是同时考虑几个密切相关、可能是貌离神合的问题**。这不仅高效，而且比只考虑一个问题更轻松容易。在 1.6 节谈选题的 "一干数枝" 策略时提到，我同时对非线性程度的度量和非正态程度的度量进行研究，就是一例。另一个例子是同时考虑分布式估计融合和动态滤波。波利亚所说的 "先求解一个相关问题" 的策略，也与此相通。不过，和 "对症创方" 一样，这一招也有赖于实力，科研新手要慎用。在 1.6 节说过，新手要 "深入沉潜，专注一心"。我想起一个故事，涉及大数学家冯·诺依曼和一个苍蝇飞程问题。两辆车 A 和 B 相距 20 千米，都以每小时 10 千米匀速相向而驶。一只苍蝇以每小时 15 千米匀速飞行，在零时刻它由 A 出发飞向 B，遇到 B 后立即调头飞向 A，遇到 A 后又立即调头飞向 B，如此往复，直至 A 和 B 相遇。问：苍蝇的飞行总距离是多少？

学：……

李：如果直接算苍蝇的飞行总距离，这是一个无穷级数问题，比较麻烦费时。冯·诺依曼就是以惊人的速度这么解出的。但如果考虑另一个密切相关的问题：出发多久后 A 和 B 相遇？原问题就迎刃而解。显然，一小时后 A 和 B 相遇，所以，苍蝇飞行的总距离是 15 千米。

2.15 类比、联想和横向思维

教：如果要用自己或自己熟悉的方法来解决其他问题，怎么寻找这些问题？

李：首先我要强调，要 "多就问题创方法，少拿方法找问题"。当然，这二者就像武学的内功和外力一样，虽有主次，但不宜偏废。用自己熟悉的方法来解决其他问题，关键是发现相似性，然后用类比。首先，理解的关键往往是弄清关系。如果能在不同对象中认出相似关系，理解就加深了。概念的引进和建立，往往也有赖于类比。A 和 B 相似，C 可以解决 A，就应尝试用 C 解决 B；D 是 A 的结果，就不妨猜测 B 也有类似于 D 的结果。比如，研究供人使用的药物的动物实验，就是基于人与动物的类比。(A, B) 与 (X, Y) 相似并且 A 和 B 有某种关系，就该猜想 X 和 Y 也有类似关系。应优先尝试简单而相似的，这会使我们注意它们的异同点。不仅要用自己熟悉的方法来解决相似的问题，还应借鉴和移植其他领域的结果。

各行各业、各个领域真正原创的思想很少。思想往往是相通的、可借鉴的，只是表现形式不同而已。**创新的关键往往是在貌似无关的两者之间发现了前所未知的重要联系或相似性，因而离不开类比。**所以开普勒说[1]：我珍惜类比胜于任何别的东西，它是我最可信赖的导师，它了解自然界的全部秘密，在几何学中它最不应被忽视。拉普拉斯也说[2]：即使在数学里，发现真理的主要工具也是归纳和类比。德布罗意提出量子力学中粒子的波动性，就是一个巧用类比的著名范例。静电学的库仑定律也是靠与牛顿万有引力类比而得到的。类比的关键往往是发现事物的相互关系在本质上的相似性，而不是事物本身的本质相似。相似性的发现往往由联想得到。类比还与比较密切相关。比较是提高知识水平不可或缺的工具，是引导思维的良方，研究问题离不开比较。

学：怎么才能有效地产生联想呢？

李：首先，深刻理解是前提。在思考时要杜绝外界干扰，还要放松思想，发散思维。既然创造主要基于发现前所未知的类似或联系，那么联想能力自然是创造力的重要组成部分。想法是联想的业绩。[3] 知识渊博、特别是种类丰富有助于产生有效联想。有创意的联想大概主要由发散思维得到。联想能力强是聪明的特征之一。比如，幽默之人都很聪明，而幽默的一个主要基础是巧妙而新奇的联想。有人读了钱锺书的作品后想拜见他，他推辞说[4]："假如你吃了个鸡蛋不错，

---

[1] I cherish more than anything else the Analogies, my most trustworthy masters. They know all the secrets of Nature, and they ought to be least neglected in Geometry.

[2] Even in the mathematical sciences, our principal instruments to discover the truth are induction and analogy.

[3] An idea is a feat of association. 语出当代美国大诗人弗罗斯特。

[4] 钱锺书的这个著名幽默与比他年长几岁的英国作家 Arthur Koestler 的以下名言不谋而合：To want to meet an author because you like his books is as ridiculous as wanting to meet the goose because you like pate de foie gras (鹅肝糊美味)。

何必认识那下蛋的母鸡呢？"

学：怎么区分套用解法和类比解法？这似乎有矛盾。

李：关键在于用得贴切与否。套用主要是指未作足够调整，就直接用，它可能是形同实异、貌合神离；类比恰恰相反，是实同形异、貌离神合。什么样的类比很贴切？本质上大同小异者。类比依赖于关系上的相似性，往往不是直接套用，而是发现异中之大同。这个大同可以是二者满足的共同规律，即 2.10 节说过的不变性。更具体地说，就是两者的本质要素和事物的联系中的某种对应关系。另一方面，在类比时，还得注意同中之异。异中求同就是归纳逻辑中穆勒五法中的"求同法"，而同中求异就是"求异法"。比如，估计融合和状态滤波分别是空间和时间问题，但我发现它们的本质是一致的，所以我对它们的研究是平行的，互相借鉴类比，从而事半功倍。

类比还有另外一大功能，就是启发我们从新的角度看问题。发现一个类比之后，我们会去思考类比物彼此之间在各方面的异同，进而促使我们从新的角度看问题。

纽厄尔和西蒙（A. Newell and H. A. Simon）在 *Human Problem Solving* 一书中，提出了一个"解决问题"的一般理论框架："解"就是把求解的"初始态"变到"目的态"的一系列"运算"，它满足"路径约束"；解决问题就是在"解空间"中"搜索"这种解。我觉得，这个框架不适用于有赖于"顿悟解"的复杂问题求解，而大多只适用于那些有"渐悟解"的比较简单、平淡、惯常的问题。[1]"渐悟解"靠逐渐改进而得，大多可以按一定程序得到，而"顿悟解"靠的是灵光一现的直觉、往往是意识到某种本质相似的类比。前面所说的"重起炉灶"大都属于"顿悟"。不过，非专家的"顿悟解"也许是专家的"渐悟解"。

学：这是为什么呢？

李：因为专家可以靠推理得到有些非专家的直觉。一个人的"渐悟"和"顿悟"，是基于他的知识基础和直觉的：常人的"顿"可以是专家的"渐"，专家的"顿"可以是大师的"渐"。

---

[1] 佛教禅宗有六祖惠能的"顿悟"和神秀的"渐悟"南北二宗，分别认为能突然开悟成佛和只能逐渐觉悟成佛。

与此相关，我发现，

科研大都用"贪婪算法"。

绝大多数科研人员习惯于纵向思维，采用"贪婪算法"：根据已知条件，选用最有可能解决问题的办法；行不通之后，则选用在余下的方法中最有可能成功的；在求解过程中凡遇多种可能性时，就选用最有希望的；如此不断尝试各种方法，直至求解成功。根据优化理论，这种"贪婪算法"虽然简单，但效果未必好，极易陷入一个局部坑洼而无法跳出——所得结果并非最优。唯其如此，一个科研问题的解往往可被不断改进。改进一般有两大类：①在同一个局部坑洼得到比原解更优之解，因为原解并非真的局部最优。这是较常见也是较小的贡献。②跳出原解所在的局部，找到更优的其他（往往仍是局部的）解。这是更大的贡献，它要求另辟蹊径，因而有赖于更大的创新。

学：怎么跳出原来的解这个局部呢？有什么好方法吗？

李：这就要求我们善于

横向思维。

它包括前面讨论的重起炉灶，反众道而行，发散思维，产生联想甚至幻想。英国作家德波诺在《横向思维》（Edward de Bono, *Lateral Thinking*）一书中还介绍了其他几种方法，包括：从尽量多的角度探讨问题，诘难各种假定，不急于裁定脑中涌现的想法，将问题形象化具体化，寻求外部偶然刺激，头脑风暴法，等等。上述纵向"贪婪"思维高效却可能陷入局部出不来，属于左脑纵向思维，右脑横向思维有望跳出局部坑洼但效率较低，二者不可偏废。

2.16　大胆猜测，小心推证

教：有什么好办法能发现不同事物之间的本质联系？

李：除了深刻理解之外，重要的是发散思维，特别是大胆猜测。有大成就者必勇于创造。牛顿说[1]：没有大胆猜测，就没有重大发现。越是

---

[1] No great discovery is ever made without a bold guess.

原创的重要的，越需要大胆猜测。高斯风趣地说[1]：我已经有了结果，但还不知道怎么得到它。庞加莱说：没有假设，科学家将寸步难行。他在《科学与假设》中首次系统地提出和阐述了约定论哲学：科学规律的本质不是经验，而是约定，而科学共同体所接受的假说就是约定。英国生物学家、"达尔文的斗犬"赫胥黎极富感情地说[2]：科学的大悲剧——美妙的假说被丑陋的事实屠宰。波利亚的名著 *Mathematics and Plausible Reasoning* 值得一读。它讨论的重点就是猜想，所以中译本名为《数学与猜想》。

教：假说和假设、猜想有什么区别？

李：简言之，假说就是经过系统论证、上升到学说的大假设；猜想未必经过论证，也不必有系统性。学说其实都是假说，科学史就是假说以新换旧的历史。假说重在泛化能力，否则科学成果不可能广泛适用。

创造性假设是原创性、想象力的集中体现。自从培根以来，普遍认为归纳推理对于科学至关重要。然而，当代著名科学哲学家波普尔和拉卡托斯（Imre Lakatos）等人都贬低归纳而推崇创造性假设。我认为归纳和假设都很重要，没有归纳的量变积累，就难有假设的质变飞跃。寻常进步往往靠归纳，而重大突破有赖于创造性假设。归纳被大量用于科学之外，以致创造性假设对于科学的作用更显突出：科学理论的创立离不开创造性假设。"幻想是诗人的翅膀，假设是科学的天梯。"（歌德语）科研在确定了问题之后的常见路径是：

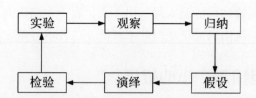

教：对于我们来说，这种层次可望而不可及。我们恐怕很少有人会有这种奢望。

---

[1] I have the result but I do not yet know how to get it.

[2] T. H. Huxley, *Biogenesis and Abiogenesis*: The great tragedies of Science—the slaying of a beautiful hypothesis by an ugly fact.

李：猜想可大可小，完全适用于你所考虑的问题这个层次。怎么猜想？要认真细致地观察，积极主动地归纳，深刻透彻地理解。人们有个误区：认为猜错了不好，甚至会误导，既然没把握，就不该瞎猜。其实，

猜想的作用不在命中正确答案，而在引导科研，

引导思考，引导实验、观察和采集数据，等等。对于科研来说，所谓[1]根本没有想法胜于有错误的想法，可是大错特错。不用太担心猜想有误。错误的猜想引发重大科学成果，屡见不鲜。一个猜想，就是一条联系各个证据的纽带。有猜想后，材料数据就变活了，特别是对高度依赖于观察的研究来说，科研就更加聚焦，就会时刻准备着接受有关信息，受到启发。值得深究的猜想对于澄清问题、提炼解法大有裨益。有个朦胧的猜想后，要把它明确化，以便演绎验证。面对反例，应该调整猜想，除非你的深层直觉使你坚信这个猜想。调整猜想最好是提出一个修正猜想，而不是就事论事地打补丁。

百思不解时，更该奇思异想，考虑新奇怪异的猜想。胡适一贯倡导的科学方法"大胆假设，小心求证"，蛮有道理，特别是对于发现规律的研究而言。这与波利亚的观点如出一辙[2]：如果想用两个词概括科学方法，我建议用"猜测"和"检验"。从观察、归纳到假设有赖于大胆猜测，而从假设到检验需要小心推证。可以先猜后证、边猜边证，调整修正猜想。用曲线拟合来类比，猜测好比选择拟合的曲线类型，而推证就是选定曲线后的拟合。大胆猜测是基于直觉的，没有直觉基础的猜测是瞎蒙。

教：但是，怎么知道某个猜测值得深究呢？怎么知道某个猜测可能是对的呢？

李：这很能反映一个人的科研天分，特别是直觉和思维的敏锐程度。**值得深究的猜测应该有其合理性，但不必正确。关键在于它新奇、有趣有意思有启发性，正像发人深省的想法比正确的想法更有价值**

---

[1] It is better to have no ideas at all than to have false ones.

[2] George Pólya, *Mathematical Discovery*: If you want a description of scientific method in three syllables, I propose: GUESS AND TEST.

一样。比如，我有一个猜想：一个学科离金钱越远，在美国收入越低，即便它难度很高。所以理科比工科低，而工科比商科低。根源或许在于把有关知识变为金钱要多费周折。我还猜想：越冷的地方，人越守时、越守规矩，办事越认真。也许因为否则可能后果严重，甚至会出人命——冻死人。所以瑞典人、荷兰人比意大利人、西班牙人更守时、更守规矩、办事也更认真。但中国东北人是否比西南人更守时、更守规矩、办事更认真？如此这般的猜想未必正确，但它们所披露的联系，值得探究。

教：有时好不容易得到一个好猜想，后来发现不太对头，却很难割舍。

李：的确如此，割爱就得忍痛。要想割爱成功，最好能找到更爱：放弃一个猜想最有效的办法是修改它或尽可能提出一个更好的猜想。此外，如果你有不少猜想，那要放弃一个不难，否则当然难。大家要注意：① "大胆假设" 容易得到结果，这是好处，但未经 "小心求证" 的结果十有八九是错的；② 人们往往有意无意地想要证实自己偏爱的假设，而且往往能够 "找到" 自己十分想要找到的东西。因为猜想有如下性质：一旦形成，就会吸收一切，成为养分，就会被你的每一所见所闻所读所解增强。[1] 所以在求证时要格外小心仔细公平。

2.17 评估

教：我有个困惑，涉及您说的第四要素——评价。哪个方法好，解的评估没有一个统一的标准或规则。有时自己搞出一个方法，心里没底，不能肯定它到底好不好。

李：评估主要看重要性、价值、新颖程度等。在 1.2 节说过，重要性取决于影响程度。所以，评价一个研究成果的重要性关键在于看它的影响会有多大。价值与重要性大同小异，但它更着眼于正面需求而非可正可负的影响，因而有 "需求是衡量价值的标尺"（Demand is the measure of value）之说，它也更重视结果所带来的益处。

---

[1] Laurence Sterne, *Tristram Shandy*: It is the nature of an hypothesis, when once a man has conceived it, that it assimilates every thing to itself as proper nourishment, and, from the first moment of your begetting it, it generally grows the stronger by every thing you see, hear, read, or understand.

对于你的问题，我想分两种情况说。一种情况是评估的目的明确，即被评估对象的用途明确。那么，正如 2.11 节强调的，目标是迷雾中的灯塔。评估应着眼于被评估对象对达到目标的作用有多大，对用途价值有多高。另一种情况是被评估对象适用面广，评估时其用途不明确，——评估并不针对某种特殊的用途，而是考虑众多可能的用途。这时，更能判断好坏的是定性的东西。**每一个定性结果都是无穷多定量结果的浓缩**。定性比定量更本质、更具说服力，也让人在道理上感觉更好。

这使我想起东西方的一大差别：近代西方强调与结果一致，而中国传统看重与心相合。在传统中国，情高于理："近情"比"合理"要紧。一个人心里认定的东西是大量以往信息、经验、知识、习惯、传统等的汇总和凝聚。借用递推状态估计的术语，看重与心相合类似于看重与状态预报吻合，而看重与结果一致好比看重与当前的数据一致。所以，东西方所用的滤波增益（即权重）不同，它们分别更看重以往的东西（预报）和当前的数据：东方厚古薄今，西方厚今薄古。

性能评估依赖于性能度量尺码。主要任务之一是研究这些尺码，评价它们的好坏。这主要靠定性评判，也涉及你说的这个问题，而且更头疼。我在做这方面研究时，也曾为此苦恼过。后来想通了：正因为大千世界五花八门、千奇百怪，生活才丰富而有意义。种类丰富是乐趣之源，即西谚所云[1]：花样繁多正是人生的调料，给人生各种风味。科学追求简易，所以科研人员总希望世界是简单的，能够被简单的科学规律完全刻画，从而便于发现这些规律。事与愿违，人类追求科学真理的重重困难，也反映了科学的种种局限性。其实，假如现实世界真的完全满足简单的科学规律，那才是宇宙的堕落，人类的悲哀。有一句话说得好[2]：既可因玫瑰带刺而抱怨，也可为荆棘丛中有玫瑰而欢欣。

---

[1] 语出 18 世纪英国诗人 William Cowper, *The Task*: Variety's the very spice of life, That gives it all its flavour。

[2] You can complain because roses have thorns, or you can rejoice because thorns have roses. 大概源自法国作家 Alphonse Karr: Some people are always complaining that roses have thorns; I am thankful that thorns have roses。

我有个学生做性能评估方面的研究，得出一个结论，非常片面。我点破说：这相当于选美只看身高，不计其他。对美的评估，是一佳例。大千世界五彩缤纷，美态万端。美有方方面面，难以量化度量，但不少仍可比较，仍会有大体一致的看法，这只能定性说明。再如，如何评价一个人的生命价值？这很难定量，但往往可以大致地定性地说。

教：要是真的进行生命价值比较，你自认为你的生命很有意义，别人觉得没有意义，那还是没意义。做科研也一样，大家普遍认为你这个东西不行，那么它就没有意义。

李：假如必须二选一，一种情况是我觉得很有意义，别人不以为然，另一种正好相反。如果说的是我的生命，我肯定选第一种，对于科研过程，我也选第一种。但对于科研成果，我选第二种。区别很清楚：科研成果的意义和价值取决于它的影响，而我的生命和科研过程，如果我不享受，那意义何在？它们还是我的吗？难道只为别人活着，为别人做科研？所以，一个人的生命价值，对他本人来说，更取决于趣味的高低，而不是成就的大小。朱光潜在《文学的趣味》中说：趣味索然是精神上的残废，犯这种毛病的人失去大部分生命的意味。趣味低劣是精神上的中毒，可以使整个精神受腐化。趣味窄狭是精神上的短视，"坐井观天，诬大菽小"。话说回来，你的想法是典型的中国传统观念，它把有无价值和意义完全放在与他人的关系中。西方比较强调独立个体，价值不太取决于和他人的关系。

学：一个人善于舞刀，另一个善于弄棒，如何评价他们谁的武艺更高强？我想只能让他们对打。

李：再说一遍，

评估时要牢记目的用途，抓住这个"纲"，才能纲举目张。

如果习武的目的是健身，那么对打明显不好，如果是为了争胜，那不错。对于科研成果的评估，确实也不妨采用对打的形式。比如，估计性能的评估在统计学上有所谓"皮氏接近度"(Pitman's closeness measure)，它就是基于统计两个估计器多次"匹尅"（PK）的胜败结果。我们的研究对此有所发展。

学：估计器一般都不是多个"匹敌"着用，为什么用"匹敌"的方法来评估呢？您不是刚说要牢记目的和用途吗？

李：好厉害的问题！幸亏我想过这个问题。是的，估计器一般都是单独使用，而不是匹敌着用。所以，最好让各个估计器都尽情独自表现。在各种资源，包括时间资源都十分丰富时，的确应该如此。然而，匹敌是一种速效法，它快捷草率（quick and dirty），在资源紧张时间不足时，十分有用。就像要在这种情况下选一个代表，不妨让名列前茅的候选者匹敌争胜。

学：评估方法和被评估对象是不是有可能脱节？它们之间的关系怎样？

李：评估方法和度量最好不依赖于被评估对象，包括描述和解法，而充分体现所需解决的原始问题的目的、用途等。评估作为科研的第四要素（见 2.1 节），对其地位的重视普遍不够。其实，它的重要性显而易见，因为它是指挥棒。

2.18　多学、勤练、摸索、回顾

李：上面谈了避难律、殊优律、求简律、换炉律、守的律、普化法、条件法、分治法、分合法、特创法、逆行法、变形法、优产法、独创法、破迷术、脱困术、驭时术，等等。除此之外，还有很多其他研究策略，有些是老生常谈，大家耳熟能详，不必再费舌；有些我的体会不深或有保留，比如问题表征（problem representation）、模式识别、旨法分析（means-end analysis）等。问题表征是指把问题用图表等形象化的方式表示出来，揭示内部关系，使之一目了然，以便求解。新的表征往往提供新的视角。西蒙认为，模式识别是解决问题最有力、或许最重要的机制。他还和纽厄尔提倡所谓"旨法分析"，即：比较当前状态与目标状态，找到减少并最终消除它们之间差别的途径。大家不妨看看他们的有关著述。研究表明，对于解决问题，新手更靠旨法分析，这更依赖于约束较强、能力较弱的短时工作记忆。而专家多靠先识别模式，把实际情况与脑中的抽象描述相连，再调用针对这一模式的解法。更一般地说，人们在面对熟悉情况时，更会调用长期记忆中的求解模式。这样，信息处理负担就从短时工作记忆转移到了功能更强大的长期记忆。

关于研究策略，我想最后说两点。一是不要盲目地使用策略，二是要积极实践，摸索最适合于自己的方法。国内有本谈治学方法的书说，它所披露的治学之道，能使读者"有规章可循，省摸索之苦"，这种夸张很离谱。我可不指望我说的这些能有这么大的作用。它们至多只能帮你摸索最适合于自己的方法，这种摸索无法代劳。我们谈了不少研究策略、原理和规则，广告之父奥格威说得好[1]：

规则是蠢人的教条，智者的向导。

我认为，与规则的关系把人分成几个层次：笨蛋对规则浑然不察；庸者生搬硬套规则；凡人吃一堑、长一智（No pains, no gains），逐渐学会使用规则；行家熟练掌握、灵活运用规则，顺理成章地按规则行事；天才创造性地运用规则，与之不谋而合地行事。不要生搬硬套规则，须入乎其中，又超乎其外。古人对此认识深刻，比如明朝著名文学家唐顺之说："法寓于无法之中"。（《董中峰文集序》）佛祖也说[2]：不论从哪里读到，不论是谁说的，即使是我说的，都不要相信，除非它与你的理智、你的常识相符。一个逻辑悖论是：该不该相信佛祖的这句话呢？人生充满了这样的悖论。

教：佛祖会如何消解这个悖论呢？

李：钱锺书说得好："矛盾是智慧的代价。"（《写在人生边上·论快乐》）只有简单事物才满足逻辑，复杂的都是矛盾的。不能对付矛盾，智慧有何用？凭什么要求佛祖遵守逻辑？佛的大彻大悟所达到的般若、所领悟的必定远远高于俗界的逻辑，如果连俗界的逻辑这种枷锁都没打破，还谈什么大彻大悟？

教：那么，凡人该怎么消解这个悖论呢？

李：人生充满悖论，仍然生生不息（Life goes on）："青山遮不住，毕竟东流去。"（辛弃疾《菩萨蛮》）这种悖论是线式逻辑思维产生的伪问题，不值得统一解决，更不必太执着。一方面，不妨容忍矛盾悖论；另一方面，面对具体的实际问题，只要不患逻辑强迫症，不以病为常，自然能消解。

---

[1] David Ogilvy: Rules are for the obedience of fools and the guidance of wise men.

[2] Believe nothing, no matter where you read it, or who said it, no matter if I have said it, unless it agrees with your own reason and your own common sense.

> **苏轼《日喻》节录**
>
> 生而眇(盲)者不识日，问之有目者。或(有人)告之曰："日之状如铜盘。"扣盘而得其声。他日闻钟，以为日也。或告之曰："日之光如烛。"扪烛而得其形。他日揣(摸)篇(一种笛状管乐器)，以为日也。日之与钟、篇亦远矣，而眇者不知其异，以其未尝见而求之人也。……南方多没(潜水)人，日与水居也。七岁而能涉(过河)，十岁而能浮，十五而能没矣。夫没者岂苟然(偶然)哉？必将有得于水之道(通水性)者。日与水居，则十五而得其道；生不识水，则虽壮，见舟而畏之。故北方之勇者，问于没人而求其所以没，以其言试之河，未有不溺(淹死)者也。故凡不学而务求道，皆北方之学没者也……

最后，我要强调：

治学像学游泳，要勤练习、多摸索，在实践中学习。

不下水，学不会。看戏三年，不如自演一日。别人再怎么教，也只有自己勤练习、多琢磨才能学好。不能听人怎么说，就怎么做。这使我想起苏东坡的名作《日喻》（见上框）。自己不练，别人说的方法好比天生的盲人对太阳的认识一样，贸然用之犹如北方人学潜水而溺死。人生和治学又像旅游，看游记和导游手册虽然有帮助，但不亲临其境，不会有真切的体会和趣味。所以，既要向人多学，更得自己勤练。最关键、最本质的是：用心琢磨哪些策略最适合于自己，总结经验教训，斟酌方法策略。"运用之妙，存乎一心"（岳飞名言）。比如，法国大思想家卢梭说自己无法专心致志于一个问题超过半小时，尤其是按别人的思路思考时，否则头昏脑涨、精力涣散。这对治学可谓致命缺陷，但他还是找到了办法：每天都交替考虑几个不同问题，而不长时集中在同一个问题上，终于大有所成。我们要适当读读治学方法方面的著述，帮助自己理顺、弄清、提高。绝大多数研究者都懵懵懂懂，没怎么想就在做。更高水平者，不自觉地得到适合于自己的方法。没有经过真正有意识、仔细的思考，还不够好。自觉和不自觉迥然不同：前者明确，后者朦胧。明确就能用于指导，就能持续运用；朦胧就会忘了用它，时用时废。"真学问家在方法上，必有其独到处，不同学派即不同方法。"（梁漱溟《中国文化的命运·中西学术之不同》）

更明确地说，

回顾反思是提高能力的良方。

正如英谚所云[1]：不回想者不会想。常常回头看，见识步步高。丘吉尔说[2]：能回顾得越远，就会前瞻得越远。要想提高道德水平，就得常常反省自身，即"吾日三省吾身"，科研水平也是如此。美国作家詹姆斯·库柏甚至说[3]：**反思乃智慧之母，而智慧乃成功之父母。每一次成功、失败、做成或学会一事后，都应回顾反思所走之路，总结经验教训，尽可能上升到模式的高度。太多人屡屡错失这一升华认识、提高能力的大好时机。**2.14 节说的保质增产法，以及 3.6 节要说的掩卷而思读书法，都与此一脉相通。上面说的各种研究策略，我都是由回顾反思而明确和升华的。在求解问题的方法中，比如著名的波利亚四部曲等，反思回顾都是其中之一。我所说的科研四要素之一的"评估"也有反思回顾之意。

学：是哪四部曲？

李：波利亚的四部曲是：理解问题，设计方案，实施方案，回顾。它主要是针对数学问题的，所以没有描述和评估这两个要素。梅森（J. Mason）的"进入、着手、回顾"三部曲，也是如此。有本书进一步把"回顾"展开成"解的评估"和"巩固所得"两部分。IDEAL 五步法是[4]：鉴别问题，定义并表达问题，探索可能策略，执行策略，回顾和评估效果。胡适继承杜威的思想，也有"五阶段论"：产生困疑，弄清困疑，构思解法，选择假定的解法，试验求证。反思回顾使我们的认识升华，视野开阔，看到的相关问题自然也就更多了。如果连"后见之明"都不追求，又怎么会有先见之明？正像一首好

---

[1] He thinks not well that thinks not again. 这是英语格言，源自英国牧师诗人 George Herbert 的 *Jacula Prudentum*。

[2] The farther backward you can look, the farther forward you are likely to see. 不过，如此重视回顾的他却不太看重前瞻。他说：前瞻得太远，是个错误，每次只能对付命运之链中的一段。(It is a mistake to look too far ahead. Only one link in the chain of destiny can be handled at a time.)

[3] James Fenimore Cooper, *The Prairie*: Reflection is the mother of wisdom, and wisdom the parent of success.

[4] J. D. Bransford and B. S. Stein, *The IDEAL Problem Solver—A Guider for Improving Thinking, Learning, and Creativity*: Identify the problem, Define and represent the problem, Explore possible strategies, Act on the strategies, and Look back and evaluate the effects of the activities.

诗令人浮想联翩一样，一个好问题、好解法也能诱导出大量新问题，但这离不开反思回顾。汉高祖刘邦"以布衣提三尺剑取天下"后"南宫置酒"，深刻反思"吾所以有天下者何(为何)？项氏之所以失天下者何？"（司马迁《史记·高祖本纪》）唐太宗得天下后，与大臣积极反思历史上的亡国之因，促成了"贞观之治"。这些都是著名的反思之例。

学：您能不能推荐一些谈研究策略的书？

李：很遗憾，这方面的书我看过一些，但值得推荐的很少。其中最为人知的是波利亚的三大名著 *How to Solve It?*（《怎样解题》，上海科技教育出版社，2007）、*Mathematics and Plausible Reasoning*（《数学与猜想》，科学出版社，2001）和 *Mathematical Discovery*（《数学的发现》，科学出版社，2006）。波利亚的工作偏重于数学研究的策略，但其中不少相当普适。贝弗里奇（W. I. B. Beveridge）的 *The Art of Scientific Investigation*（《科学研究的艺术》，科学出版社，1979）和 *Seeds of Discovery*（《发现的种子》，科学出版社，1987）也很值得一读。这两本书偏重于生命科学和医学，但所讨论的科研方法大都相当普适。谈科研的书籍不少，但真正有用的研究策略大都散见于书籍文献中，需要平时留心。我掌握的科研策略大多是靠摸索得到的，有些受到了启发。

2.19　总结：科研乃求知之战

李：科研就是与无知作战。目的性和好奇心好比斗志和士气，科研工具与方法犹如武器，态势判断依赖于专业背景和知识，教育和信心的培养正像军事训练。在这儿，成功的关键是战略（选题）正确，战术（研究策略）运用得当，战斗力（功底）强。制胜之法包括：新手实力不够，不该全线出击，而应重点突破（专注一心）；集中火力攻击重要且防守薄弱处（慎重选题、全力攻坚）；切割、分化敌人，各个击破（分而治之）；正面攻坚受阻时，应迂回，攻击侧面或背部（重起炉灶、逆向思维、另辟蹊径、别出机杼）；积极机动迂回，打运动战（改形换状，调整策略，有变化）；一旦突破，就应长驱直入，抢占制高点（升华、拓广、泛化）；巩固新拿下的阵地（直观理解所得结果），作为推进的据点。这些策略的运用，有赖于对态势的正确判断（深刻理解问题）。新式武器（研究方法）要运用得当，选的放矢，不该乱用（不赶时髦乱用）。赏罚分明：首先突破的突击先锋功勋显赫（注重原创），深入敌后的孤胆英雄（孤胆独创）应得重赏；后勤部队虽然劳苦，功劳不大；打扫清理战场（吃残羹剩饭）至多只有毛发之功；欺软怕硬、趋时阿世、随波逐流者是盲流懦夫（跟风从众）；临阵脱逃、谎报军情（弄虚作假）、贪人之功（剽窃）应军法处置。进入无知之境求知，是人类所知的最大乐事之一。无知所致的极大乐趣归根结底在于提出问题。如果失去了这一乐趣，或者把它换成了对教条的乐趣，即解答之乐，那么，这样的人已经开始头脑僵化了。[1]

研究策略要旨

科研要素：问题描述求解评估；先明题次描述，再求解后评估。

弄清问题，把握全局了然利弊。妥善描述，切莫求解更难子题。

庞杂繁复，重起炉灶另辟蹊径。牢记目标，重雾灯塔迷航救星。

孤胆攻坚，不陷白套尤利创新。弃繁就简，科学之魄普适之根。

对症下药，殊解胜于牛刀杀鸡。求助特性，增设条件分进合击。

推广泛化，究根穷源求同存异。改形换状，变生为熟化难为易。

逆向思维，反行众道出奇制胜。类比联想，大胆猜测精心推证。

闭关排扰，长时凝思原创法门。要题常悬，捕捉关联灵感之吻。

技穷之时，广觅外援转攻类题。重质有量，先自攻坚再扩战绩。

目的用途，乘一总万举要治繁；偏全相辅，披露特点总评通盘。

---

[1] Robert Lynd, *The Pleasures of Ignorance*: One of the greatest joys known to man is to take such a flight into ignorance in search of knowledge. The great pleasure of ignorance is, after all, the pleasure of asking questions. The man who has lost this pleasure or exchanged it for the pleasure of dogma, which is the pleasure of answering, is already beginning to stiffen.

第 3 章
学习门径

3.1 学习要旨

李：按照 1.1 节的说法，科研选题是战略，研究方法是战术，学术功底是战斗力。那么，学习门径就是增强战斗力的门径。"问渠那得清如许，为有源头活水来。"（朱熹《观书有感》）可见学习之重要，我们要花大力学习。

既花大力于学，何不深思其法？

方法的重要性体现在"效果 = 方法 × 时间"的著名公式上。广度和深度是方法和努力的成效。由此，时间上的努力可直观为长度，效果就是总体积。所以，可以把学习想象成挖壕沟，只有假以时日，才能不断加深、加宽、加长。然而，学习知识固然重要，但更重要的是提高能力。还有比提高能力更重要的吗？

学：……（面露茫然状）

李：有！培养兴趣。培养兴趣最重要，若抹杀了兴趣，那学习甚至连人生都没意思。我认为，基本就是这三条：兴趣、能力、知识，简单明确。学习的要旨是：

培养兴趣，端正心态；提高能力，注重方法；增长知识，积累经验。

也就是好学、会学、勤学。关键在于培养兴趣，主动学习；其次是注重方法，增强能力。兴趣心态先于能力方法；能力见识重于知识；知识高于学历。聪明人花大量时间学习，乐此不疲。如果兴趣不大而习惯不好，那么，"学如逆水行舟，不进则退；心似平原走马，易放难收。"（见现代武侠小说鼻祖梁羽生的《名联谈趣》）

教：问题是，在我们的教育体系中，一般都是传授知识，很难系统地提高能力。教学大纲只规定哪些内容必须讲授。

李：我国传统评价学术水平主要看才、学、识。"才"主要指才能才干，特别是运用所学之才。"学"多指知识学问，相对最偏重于广博。而"识"是指见识见解、领悟会意，十分有赖于深度和理解。清代大才子袁枚形象地说："学如弓弩，才如箭镞。识以领之，方能中鹄。"（《续诗品·尚识》）有学未必有才，无学无以言才。爱因斯坦认为[1]：大学文科教育的价值不在于学习大量事实，而在于训练心智去思考课本上学不到的东西。学习可以有不同的目的，有人是为了增长知识，有人是为了修身养性，有人只为了获取学位，等等。目的不同，方法自然各异。我们的讨论定位在：学习是为了治学、做研究。为此目的，该怎么学？

3.2　广度与深度

教：谈到学习方法，我一直有个困惑：对于做研究来说，

广博与精深，孰轻孰重？

李：问得好！广度和深度的问题，大家肯定屡次碰到。二者相反相成。古人云："山锐则不高，水狭则不深。"人的精力有限，追求广度，就难以保证深度；追求深度，就很难兼顾广度。大家常常"博""专"对举。我觉得，"博"与"精"或"深"对举更好，"专"含有"单一"之义。兼得广度与深度虽然不易，仍有可能。学习跟做研究大有相通之处，常统称为"治学"。对治学来说，广博与精深也是一对两难命题。面铺得过宽，不易取得进展；太窄，也不利于突破和发展。但从相辅相成来说，广博有助于深入，精深也便于广博，合则双美，离则两伤。两者的关系有点像水与船的关系：一方面，水涨船高；另一方面，水可载舟，亦可覆舟。广博与精深，哪一个更重要？应该怎么解决二者之间的矛盾？

教：我觉得深度有两种情况。一种是靠自己的兴趣，这种兴趣是日积月累的，有广度之后慢慢看。比如对明史比较喜爱，越积累越多，后来对哪个皇帝有几个妃子都很清楚，成了专家。这种自然积累的，广度和深度就能相辅相成。但有时，比如老师给一个项目，你必须在短时内熟悉它，这就没法兼顾广度。只能临时抱佛脚，头痛医头，脚痛医脚。要看是完全为了提升素养，系统地为治学而积累，还是为了一个实际需要。

学：这两种深度，第一种跟一个人的性格有关。第二种是由需求决定的。

---

[1] The value of an education in a liberal arts college is not the learning of many facts, but the training of the mind to think something that cannot be learned from textbooks. 引自 Frank, *Einstein: His Life and Times*。

竞争也是一种需求。有需求，就会有深度。我觉得最好把性格跟所从事的事业统一起来，但这需要一个很长的过程。

李：有道理。确实跟性格很有关系，兴趣跟性格也有关系。有些人不是事事都想搞清楚，但好学，会学很多东西，自然就有广度，但可能不深。喜欢弄清楚的人，就会花时间搞清，从而深入。用明史的例子，皇帝的很多事，他都想搞清楚，包括有多少妃子，以及这些妃子之间的关系，等等。这么下来，就有了深度。有两方面的兴趣，一是想知道得多，二是想搞清楚。简单地说，

知多则广，思明乃深。

有些人很容易被新东西吸引，爱学新东西，但深度不尽如意，这是性格使然。就像梁启超，求知欲极强，趣味庞杂，感受敏锐，但深度有限。我更看重思明。注重思明之人往往更重理解而非应用：他们在庞加莱所说的"理解的快乐"而不是应用的可能性中得到回报（爱因斯坦语[1]）。注意，思明远比知多更难。笛卡儿解释他的思维法则之二说[2]：对任何一个对象，有一个模糊的概念远易于对一个无论多么简单的问题的真知。思明才能以少知多，以近知远。

教：他的思维法则之二是什么呢？

李：它是[3]：只该关注这样的对象，我们的心智似乎足以掌握对之毋庸置疑的确切知识。

教：专家教授为什么出名呢？所谓专家就是在一个领域做得深、有水平。这说明做研究，深度最重要。在追求深度、把一件事情做得很好时，会有一种强烈的成就感。建立这种自信之后，对于拓宽大有帮助。做学问，如果一开始就追求广度，在一个领域很肤浅地看了一圈，很难有困惑，就不太会有真正的收获。没有征服困难的感觉，就很难培养出兴趣。但是，如果在一小块上研究了一阵子，深不下去了，这时可以扩展一下广度。

---

[1] The scientist finds his reward in what Henri Poincare calls the joy of comprehension, and not in the possibilities of application to which any discovery may lead.

[2] It is much easier to have some vague notion about any subject, no matter what, than to arrive at the real truth about a single question however simple that may be.

[3] Only those objects should engage our attention, to the sure and indubitable knowledge of which our mental powers seem to be adequate.

李：这点我在 1.6 节讲选题时已明确强调了：对年轻科研人员来说，不要打一枪换一个地方，要集中精力深入一个专题。古人云："涉浅水者见虾，其颇深者见鱼鳖，其尤深者观蛟龙。"

教：如果说广度意味着学习，深度意味着思考的话，那么从儒家的名言"学而不思则罔，思而不学则殆"来讲，说哪个更重要好像都不太好。

教：深度跟思考有关系，但肯定不能等同，有些学问本身在知识层面上就可能很深，不容易理解。

李：多不如精，精不如深："积之之多不若取之之精，取之之精不若得之之深。"（元朝科学家李冶《泛说》）在 1.2 节说过，要扬长避短，不求全面发展。这里，全面发展更体现在广度上，而深度与长处有相通之处。与此相关，对于面向研究的学习，我认为，

深广相得益彰，不可偏废，但深重于广。

第一，治学像挖坑，首要是挖深。应该先精、再深、后博。一个学者没有深度作基础，没有看家本领和"根据地"，就难有建树。这与 1.2 节所说的"优秀在质不在量"以及"成功、声誉和价值取决于质而不是量"相通。北宋著名诗人、书法家黄庭坚学识渊博，却有名言："读书欲精不欲博，用心欲纯不欲杂。"第二，从竞争的角度来说，深度也比广度重要。现在的研究多半带有竞争性。要拿长处深度去竞争。比如，论文要能发表，单靠知识广博不成，得有新意。有价值的新意和创意，离不开深度。对掌握工具也一样，宁精勿滥，而不是鼯鼠学技。第三，直觉乃学术灵魂，想象力、原创力往往是通过直觉起作用的，而正确的直觉取决于理解深刻远胜于知识广博。最后，当前国内治学的深度明显比广度欠缺，有些学者的广度也许差强人意，而绝大多数的深度却令人不敢恭维，多半是"粗知不少，深思不多，真识几无"。所以我们更要强调精深而不是广博。我们讨论的学习是面向研究的。对此，一美遮百丑，一长掩众短，深度比广度更重要。当然不是说广度不重要。"深则精，精则通，一通则百通，豁然而贯通。"

学：我觉得广度可以把成果的效益发挥到极大，有广度才能联想到它在别的地方也可以用上，才可以借鉴别的领域的思想。要想当专家，先得是博士。广度分两方面，应用广度和理论广度。当然，它们是不可分的。

李：你只限于谈广度了。我同意《智慧书》说的[1]：只靠广度绝不能超越平庸。……精深方可卓越。深度体现水平，广度反映范围。水平高低比范围大小更重要。深度跟广度关系确实密切。没有铺垫就难以真正理解，不广就深不了。再以挖坑为例。一开始挖得窄，施展不开，就很难挖深。要有一定的广度才能挖得深，随着深度的需要不断加宽。另一方面，没有深度，面再大也不成。文科往往更强调博通，理工科则更注重精深。除了少数例外（比如王通、黄庭坚、朱熹、戴震、郑板桥、章学诚、胡适、俞平伯等），我国的文史哲大家一般都强调由博返约。朱光潜说得绝对："不能通就不能专，不能博就不能约。先博学而后守约，这是治任何学问所必守的程序。"（《谈读书》）治学先博后深，由博返约，的确是一条路。比如陈寅恪就是最成功之例，钱穆也由博而通。但要想走好这条路，需要很高的天赋，常人很难走通，容易陷入知识的汪洋大海而不能自拔，特别是面对日益分科林立的科学与工程。即便是梁启超这样的天才，也被淹没了，务广而荒，以致他自责"泛滥无归"，广博而不精深，只能是百科全书式的学者。当然，他的成就主要是思想启蒙，而不在学问。天分越高，越可以由博返约；天分越低，越应该聚力求深。

学：我觉得高水平，不像是学来的，更像是做研究得来的。学习可以增加广度，不能增加深度。我觉得学别人的东西很难有深度上的收获。

李：的确，深度难以靠学他人而成，而更靠自己钻研、体会、领悟得到。这里说的"学"很宽泛，包括钻研，即治学（study）。

教：我觉得这是个动态的过程，刚开始可能会东看看、西看看，了解别人研究的难点和瓶颈。然后举一反三，触类旁通，把之前的广度打通，就有了深度。

李：有道理，但打通还是更依赖于深度。有知识面不广的杰出研究者，但不会有处处不深的原创研究者。我们是为了讨论，才将广度和深度分开。其实两者密切耦合，你中有我，我中有你，虽然各有侧重。说到底，坐井观天的井底之蛙是不会精深的，浮光掠影的涉猎也不是真正的广博。所以要广博而不浅薄，精深而不狭隘。要之，**视野求大，钻研要深**。

---

[1] Extent alone never rises above mediocrity. …Intensity gives eminence.

3.3　加深法

首要加深法：注重思想，深究概念

李：我们现在讨论如何增加深度。怎么学才能增加深度？有些什么办法？

教：我有个体会。一个东西不管数学描述有多复杂，背后的思想并不复杂。一篇论文，如果能先了解它背后的思想，再去看那东西，会容易得多。

李：如果背后的思想复杂，生命力就不会强大。重要的思想都很浅易，也就是我们在谈研究策略时说的简易性，正如俄国大文豪托尔斯泰所说：产生巨大后果的思想常常是朴素的。我们要注重思想原理，"好学深思，心知其意"（司马迁语），而不是技术细节。对基本原理和概念要尽可能理解透彻，既知其然，又知其所以然。不仅实事求"是"，还求其"所以是"。这对加深理解至关重要。善于弄清概念是优秀数学家的看家本领。如果对一个感兴趣的重要东西不清楚，我心里常常会不舒服，想要弄明白。在此过程中，会出现别的东西不清楚，这样一环扣一环地弄明白，就深了。不过，下的功夫只有自己知道。我挺喜欢这个警句[1]：**小人议他人，凡人谈事件，伟人论思想**。它简明扼要地点出不同人的区别。老在议论别人，张家长李家短，是比较庸俗的人。爱说是非者，定是是非人。套用杜荀鹤《赠质上人》的诗句，就是"逢人多说他人事，便是人间多事人。"一般人爱谈论事件，真正的牛人看重的是思想。与其议人，不如谈事，最好论意：我们要力争多注重思想，避免大谈事件，尽量不议论他人。

教：我们在学习时，要看清问题的本质。举个例子。线性代数有很多内容，学了之后，我们应该问：它到底是什么，能解决什么样的问题？后来我知道线性代数本质是一个数学工具，是从解线性方程来的。所以，不应被问题的解法所局限，要把握问题的本质，抽象概括后，就会有更好的领悟。

李：我们在 2.1 节讨论研究策略时强调过四部曲：问题、描述、求解、评估。问题到底是什么，一定要搞清。这是四部曲的首要，可是大家

---

[1] Little people discuss other people. Medium people discuss events. Big people discuss ideas. 我见过大同小异的几种版本，但无人能肯定出处。

往往只注重求解。美国著名计算机科学家 Donald Knuth 说[1]：在整个学生期间，我老是徘徊于数学书的第一章，思考定义并尝试做些小改动，由此出发看看能发现什么、做些什么。难怪他学有大成。

教：以前在学线性系统的时候，做了好多题去判定一个系统是否能控、是否能观，虽然做了很多题，但是对于什么是能控、什么是能观，还是有些概念模糊。

李：是啊，很多时候并未搞清本质。把 Controllability 和 Observability 译为"可控性"和"可观性"比"能控性"和"能观性"更好。"能"表示主观能力所及，"可"表示客观条件容许，"能"是主动的，"可"一般是被动的，而这儿是被动的。比如，说某人"可爱"和"能爱""可笑"和"能笑"是完全清晰而截然不同的，说某人是"可人"和"能人"根本不同，说某物"可口"而某人"能吃"，或者"他很能说，不愁没有可说之事"。同理，我们有"可控硅"而不是"能控硅"；"可靠性、可塑性、可视性"中的"可"都不是"能"；"不可理喻、不可救药、不能自拔、不能自已"中分别是"可"和"能"。一个"能控""能观"的系统应该是一个能够控制、观察其他东西的系统。系统"可控"和"可观"的本质分别是，它的状态可以在有限时间内"被有效地控制"和"由外部信息唯一确定"。

学：汉语里有些时候被动被隐藏起来了。说"能控"就是"能够被控制"，"能观"就是"能够被观测"。"能"用得比"可"更多一点。

教：我觉得没有什么大不了的。"能控"可以理解为"能够被控制"，有必要这么死抠字眼么？

李：如果这么不求甚解，那我无话可说，这决不是做学问的态度。做学问必须认真不苟，没有"一名之立，旬日踟蹰"（严复语）的学风是难以深入的。大家知道，可控性和可观性是控制系统理论的首要概念之一。照你们这么说，"他很能爱"也可以理解为"他很能够被爱"了，贾岛和韩愈也没必要苦心"推敲"到底是用"推"字好还是用"敲"字好。陈寅恪晚年双目失明，著述需要助手帮助，有时晚上

---

[1] All the way through my student work I had been joyfully stuck in Chapter One of my math books, thinking about the definitions of things and trying to make little modifications, seeing what could be discovered and working from there. 引自 Albers and Alexanderson, eds., *Mathematical People*。

想到一种写法或修改，生怕睡后忘了，不敢睡觉，直到第二天助手来了。他宁可不出版，也不许出版社更动一字。如此认真，难怪成就如此之高。人们用 $\cos^2(x)$ 表示 $[\cos(x)]^2$。高斯不以为然，认为 $\cos^2(x)$ 应理解为 $\cos[\cos(x)]$。用 $\cos^2(x)$ 表示 $[\cos(x)]^2$ 之所以流行，我想是因为 $\cos^2(x)$ 到底比 $[\cos(x)]^2$ 简单些，并且 $[\cos(x)]^2$ 远比 $\cos[\cos(x)]$ 常用。而"能控性"并不比"可控性"简单。这还使我想起国际著名数理逻辑学家、计算哲学家王浩的一个关于演讲题目的故事（见下框）。你看，大学者们是多么一丝不苟、反复推敲！难道这都是巧合？另外，用"可"比用"能"更雅一些。这里翻译得文气一点可能更好。总之，按择善从优的翻译原则，从信、达、雅各方面来说，"可"都更好。"能"和"可"的区别也很像英语 can 和 may 的区别。不求甚解者也会认为它们没有区别。

"烦死了，何苦深究？"

王浩斟酌演讲题目

20 世纪 80 年代王浩在北大做演讲，想以"中国与西方哲学"为题，但这个题目有歧义，既可理解为他的原意"'中国'与'西方哲学'"，也可理解为"'中国哲学'与'西方哲学'"。为避免歧义，他想改成"西方哲学与中国"，但这又显得前重后轻，前长后短，比重、强调不当。他颇费踌躇，为此专门请教了著名语言学家朱德熙。朱说"西方哲学与中国"这个表达没有问题。即便如此，王浩仍不放心，演讲开场时就说："朱德熙说没问题，那应该没问题。如果有问题，你们找他。"[1]

---

[1] 也许可考虑"东方中国与西方哲学"或"中华之国与西方哲学"，既无歧义，又可免去上述顾虑，尽管前者隐含"东""西"相对之义。

言归正传。要注重思想原理，深究概念，对它们的理解要精益求精。此外，多问"为什么"有利于加深理解。仅仅知道对错，还不够。举例来说，"独立"是概率论的基本概念，它的本质是什么？

教：就是两个东西不相关，互相不影响，没有关系。

李：这是拘文牵义，等于说："独立"就是独立，这是用日常语言来解释日常的"独立"概念。事实是：联合事件的概率不好算，而各事件概率之积好算得多。不过，它们相等是有条件的。为了方便起见，这条件简称为"独立"。起这个名字，是因为它与日常生活中的相互独立（不依赖、没影响）概念大有相通之处。所以，独立事件概念的本质是：事件之积的概率等于事件概率之积。换言之，概率运算与乘积运算可交换的条件称为"独立"。与此类似，"互斥"这一概念的本质是：互斥事件的交集为空，事件之和的概率等于事件概率之和。在这两例中，"独立"和"互斥"这两个词选得不错。尽管如此，在理论中套用日常生活概念仍可能出错（在读哲学著作时，更是如此）。比如，考虑两个非零概率事件 A 和 B。在现实中，完全有可能 B 不影响 A 而 A 影响 B（比如 A 是 B 的因，B 是 A 的果）；而这在概率论中是不可能的：如果 B 不影响 A，即 $P\{A|B\} = P\{A\}$，那么 $P\{B|A\} = P\{A|B\}P\{B\}/P\{A\} = P\{A\}P\{B\}/P\{A\} = P\{B\}$，即 $P\{B|A\} = P\{B\}$，也就是 A 不影响 B。换言之，A 和 B 的"概率相依"（即不独立）是对称的：要么彼此独立，要么相互影响，不可能只是一者影响另一者。而它们的"实际相依"并不总是对称的，比如因为因果律是有方向的，除非 A 和 B 互为因果。与此密切相关，科研中的"假设"有两大来源：①实际情况的简化纯化共化，②理论上的便利。一个好的假设应该既与事实相连，又便于后续理论工作，就像上述的"独立"假设这个佳例。理论工作者往往只注重理论上的便利，这样的假设或者很难验证或者与事实不符，而应用研究者大多过于看重事实的支撑而忽视后续理论工作的需求。

有些科技术语用词并不贴切，这时更应特别留心。比如，两个随机变量的"相关系数"就很有误导性。所谓"相关系数"，其实是"近直度"（"接近于直线的程度"），反映的是两个随机变量的联合分布聚集在一条（正斜率）直线附近的程度，并非两变量相互影响的"相关"程度，至多只能说反映它们之间"线性相关"的程度。这儿，

"不相关"（uncorrelated，即"相关系数为零"）与"不相依""独立"（independent）有天壤之别。我经常看到社会学科、人文学科，甚至自然科学（比如生命科学）的不少领域，在对数据的统计分析中把"相关系数为零"误解、曲解或强解为独立或不相依，或者错误地认为，如果 X 与 Y 之间的相关系数为正，那么 X 增大时，Y 也必定增大。这些常见的严重错误与"相关系数"这一不妥名称的误导脱不了干系。另外，有些科技术语没有对应的日常概念，比如随机过程的 ergodicity 被勉强译为"遍历性"或"各态历经性"。

总之，对于学术概念和术语，千万不要望文生义，执著于词汇的本义，虽然可以借鉴日常之义，但不能用它来代替学术术语的真正含义。**一知半解、不求甚解是治学的大忌，更是力求精深的宿敌。**要不懈地追求真知灼见。

教：关于望文生义，我觉得有两方面。一是"望文生义"可能恰恰是求甚解的必经阶段。尽管刚开始时所生的"义"不是本质的义，但应该有些关联，虽然有偏差。随着慢慢积累，可以将其"义"逐渐修正到本质的义。另外，教材的作者可能就是望文生义，以讹传讹。国内有些教材就没法看，只有看了国外原版才真正懂得说的是什么。

李：要"想实然"而不是"想当然"。不要拘文牵义，更不该望文生义，但要循名责实、顾名思义、执名索义。"望文生义"是执著于词汇的字面义，穿凿附会，曲解原意。而"执名索义"指的是透过名称、定义和描述，努力把握本质、真义和背景。还有，我们现在讨论的是如何增加深度，要求理解深刻到位，所以不该望文生义，不求甚解。泛读时不得已而"望文猜义"，未尝不可。总之，追求精深时，要

积极执名索义，切忌望文生义。

教：照您所说，"独立"等概念的引进纯粹是为了方便，没什么大不了的？

李：能够带来方便，绝非小事。阿拉伯数字的引进，大大简化了数字运算，是数学史上划时代的里程碑。负数的引进是为了便于做减法，有理数的引进是为了便于做除法，实数的引进是为了便于开方等运算，复数的引进是为了便于方程求根，等等。向量、矩阵、张量、势、群、环、域等等的引进无不由于处理某些数学问题的方便。语

言、概念的产生也是出于方便。一个重要概念的提出，便于思维，进而大大简化思维过程，那就是丰功伟绩。知识和认识的传承离不开对概念的把握，很多概念都含义颇深。**人类不断把以往的知识和认识提炼、浓缩为概念，后代只要掌握这些概念就得到了精华，不再需要纠缠于细节。弄清概念，就是最好地继承以往的相应成果。**

概念凝聚着大量丰富的知识，值得好好理解体悟。

概念越本质，内涵越丰富。如上所述，治学必须重视思想和概念，这可以称为治学的"重思律"。我想到一个例子。先问一个问题：给定一个随机变量的分布，它的 4 阶矩是否必定唯一？

学：不一定……

教：肯定唯一，除非积分发散。

李：积分发散是什么意思？

教：……

李：事实是：某阶矩如果"存在"，必定唯一。积分发散就是积分取多值，其值取决于如何求积。数学绝不容忍歧义。所以，数学不考虑发散的情况。这是吸取惨痛教训后得到的。大数学家欧拉研究无穷级数，硕果累累，但也错误百出。比如，他研究级数 1−1+1−1+1−1+……，结论是：其和等于 1/2。我们现在会哑然失笑：它显然可以等于 0，也可以等于 1，因为 1−1+1−1+1−1…… = (1−1)+(1−1)+(1−1)…… = 0，1−1+1−1+1−1+1…… = 1+(−1+1)+(−1+1)+(−1+1)…… = 1。无穷级数真是神秘有趣，它可以给出各种不同的数值，使人大开眼界。当时的混乱，不亚于后来康托尔草创集合论时人们认识的混乱。后来发现，改变求和次序后，有些无穷级数可取多值。为了坚持"数学绝不容忍歧义"这一原则，数学家忍痛割爱，不考虑、不理睬发散级数，只研究收敛级数，得到不少级数收敛的判据，以及不少级数的收敛值，即唯一值。极限、积分等概念也都类似。所以说穿了，极限存在 = 极限有唯一值；级数收敛 = 级数收敛到唯一值；积分存在 = 积分收敛到唯一值。注意，这儿"存在"远不如"收敛"或"单值"贴切明确。难道多值的积分不存在吗？它们大量存在，甚至比单值积分还多得多，只是数学王国迄今拒斥它们而已。为了避免歧义，数学家"睁着眼睛说瞎话"，不承认多值积分、多值极限、多值级数的"存在"或"意义"。注意，用"单值"或"收敛"来表示这种"收敛到唯一值"之义各有利弊（级数、极限、积分都是一种潜无穷过程）："单值"缺乏动态趋势之义，"收敛"未必趋于唯一值，其实都不如"敛一"更准确。

学：为什么改变求和次序后有些无穷级数可以取多值？

李：一个无穷级数之和就是它的部分和序列的极限，改变求和次序，就改变了部分和序列，等于重新定义了一个无穷级数之和，当然也就可能取不同的值。所以问题出在：一个无穷级数的部分和序列未必唯一。

学：您都是从哪些地方看到这些说法的？当一个级数取值为无穷大时，我们有时说它发散，有时说它等于无穷大。这是为什么？这种级数的取值唯一吗？

李：不是看来的，是逐渐悟出的。无穷大并不唯一，那是一整个世界，是集合论的研究对象。一般来说，这样一个发散级数可能取不同的"无穷大之值"。所以，严谨时一般应说它发散。然而，从"非有限大"这个含义来说，无穷大是唯一的：只有无穷大不是有限的，没有其他的"非有限大"。所以，发散到无穷大有特定的含义，与其他类的发散不同。说级数之和等于无穷大，是因为我们只关心它是否有限，而不关心它到底是哪个无穷大。当然，说"发散到无穷大"更好。

学：为什么数学不能容忍歧义？

李：数学追求普遍适用而又明确的真理，所以不能容忍可能导致不同结果的合理理解或解释，也就是歧义。数学的这种无歧纯一性要求，与科学要求分离各种因素的影响，异曲同工。它们有利有弊。好处尽人皆知，不用我说。不利的是，它与现实多少有些脱节，因为现实错综复杂，不大有这种纯一性。这也许部分说明了为什么有些优秀数学家对现实生活无所适从。积分不"存在"其实是不"敛一"。对于这样的积分，可以采用研究策略中的"条件法"，增加限制条件，使之"敛一"。数学家就是这么干的，各种随机积分就是这么得到的，这些积分在一般意义下是发散的。再举一例。我们知道，柯西分布是关于原点对称的，它的期望值是多大？

学：既然分布是对称的，期望值应该等于零，因为原点正好是平衡点。

李：不对，它的期望值不"存在"。你怎么知道一定存在平衡点呢？其实，问题源于期望值的定义。它的积分的上下限分别是正负无穷大，但这两个无穷大未必只差一个符号，它们可以是互不相干的两个无限过程。所以，柯西分布的期望值不"存在"。然而，如果我们用"条件法"，定义上下限这两个无穷大只差一个符号，这种积分值就是所谓"柯西主值"。在此定义下，柯西分布的期望值等于零。

学：那为什么不用柯西主值来定义期望值呢？这样就可以避免不少积分不存在的情况。问题在于，当积分与它的柯西主值都存在时，它们是否一定相等？

李：你们说呢？……其实一定相等，因为无穷积分存在就是它"敛一"，不论其上下限取什么无穷大，都"敛一"，而柯西主值是其特例，所以它们必定相等。如果对积分和柯西主值的概念清楚，这个问题自然迎刃而解。不用柯西主值来定义期望值，是为保险起见：柯西主值只是一种特殊情况，由此得到的期望值未必普遍适用。以上例子说明，我们要钻研基本概念，弄清其然及其所以然。

学：您是怎么达到这一点的？

李：这要明确目标，下功夫，我还在不断努力中。要增加深度需要花很大气力。关于这一点，北宋政治家、文学家王安石在他的名篇《游褒禅山记》中说得既形象又明确："人之愈深，其进愈难，而其见愈奇。……盖其又深，则其至(到达之人)又加少矣。……夷以近(平坦而路近)，则游者众；险以远，则至者少。而世之奇伟、瑰怪、非常之观，常在于险远，而人之所罕至焉，故非有志者不能至也。有志矣，不随以止也(不随他人而停止不前)，然力不足者，亦不能至也。有志与力，而又不随以怠(不随他人而松懈怠惰)，至于幽暗昏惑而无物以相(助)之，亦不能至也。"他强调要有志向、有能力、有工具和方法，尽力而为。

知人读史

加深法：知人读史

学：如果一个东西，不知道是做什么用的，就不会给我留下什么印象，即使学完了，也很难理解它。

李：对此，有一条相当不错之路可走：争取了解产生经过，比如看传记和故事，可称为"知史法"。我喜欢这样做，也尝到了甜头。孟子云："颂其诗，读其书，不知其人可乎？是以论其世也。"（《孟子·万章下》）要深刻理解一个作品，就得知人论世，摸清来龙去脉，特别是作品产生的背景。要学好一个理论，也要了解背景、动机和影响，最好看开创者的传记，读有关的历史，究原竟委，明白它到底是什么、从何处来、向何处去、有何用处。马赫说[1]：**不了解一个理论是如何产生的，就无法理解它**。这个马赫，就是赫赫有名的马赫主义的马赫，他既是经验主义大哲学家，又是杰出的物理学家，比如飞机时速多少"马赫"的马赫就是他。大全才莱布尼茨说[2]：没有什么比了解发明的源泉更重要，依我之见，它比发明本身更有意思。大师对来龙去脉无不了如指掌，这绝非巧合。看背后的故事和传记非常有利于加深理解、体会价值，也便于发现跟其他东西的联系。而且，了解前世今生后，一个理论也就鲜活起来了。

这样做还有众多其他好处。首先，在过程中耳濡目染，容易为大师的志向抱负和道德情操所感染和熏陶，志气品位也会提高，智慧也能增长。其次，大师并非高不可攀，也有七情六欲、血肉之躯，在不少方面也是"凡夫俗子"。比如，"俄罗斯诗歌的太阳"普希金和"俄罗斯诗歌的月亮"莱蒙托夫都丧生于跟人决斗，这都是悲剧。俄国大文豪托尔斯泰和屠格涅夫也曾因小事而愤怒，前者提出决斗，后者应战（见下框）。了解他们的创业过程，也更容易增强自信：原来如此，这个成就原来有这么多铺垫工作。钦佩源于无知[3]：不了解途中的艰辛和曲折，只知道最后结果，只见其巧，不知其拙，就容易迷信前人、损伤自信。其实，"看似寻常最奇崛，成如容易却艰辛。"（王安石《题张司业》）德国著名科学家亥姆霍兹说他的成果都

---

[1] Ernst Mach: You cannot understand a theory unless you know how it was discovered.

[2] Nothing is more important than to see the sources of invention which are, in my opinion, more interesting than the inventions themselves.

[3] George Chapman in *The Widow's Tears*: Ignorance is the mother of admiration.

是历尽艰辛、不断纠错之后得到的，好比登山，试了不少行不通的攀援而终于成功之后，才发现了一条便捷之道。在描述成果时，就只说这条便道了。高斯也说：大楼盖好后，当然要拆除脚手架，否则不是其丑无比？他不仅决不发表自认为不够完善的成果，还有意抹去踪迹，不让人看出他是如何艰辛曲折地得到结果的。这正是："阿婆还是初笄女，头未梳成不许看。"（袁枚《遣兴》）这也正是 2.9 节说过的，研究者取得结果的方法不同于他们表述结果的方法。还有一大好处：看传记读故事是一种范例学习，而范例学习是学会科研方法，特别是提高创新能力和掌握默会知识的一条有效途径。关于默会知识，机会合适时再讲。特殊体现普遍，个体反映整体。大师治学和创新的传奇故事是其科研方法的典型案例。熟悉这些故事，便于以少知多、举一反三，了解其科研方法。所以，大师的传记，是我们的良师益友。而且，这种阅读也使我们的生活更加丰富。

托尔斯泰与屠格涅夫决斗

  屠格涅夫年长托尔斯泰 10 岁，他们最初关系融洽，后来逐渐恶化。终于在一次做客朋友家时，一言不合，吵翻了。回家后，托尔斯泰无法接受屠格涅夫对他的粗鲁态度，让人给屠格涅夫送信，要求决斗，讨回公理。屠格涅夫出于无奈，只得应战。在此之前，已有普希金、莱蒙托夫等多名俄罗斯大文学家因决斗而丧生。幸好经朋友劝解，决斗最终不了了之，没有再次酿成世界文坛的大憾事。他们因此决裂，互不来往和联系。直到 17 年后，时间终于愈合了伤口，他们才重归于好。

举个例子。函数 $y = f(x)$ 要求：对于定义域内的每个 x 值，都有唯一的 y 值与之对应。但多值函数是怎么回事？

教：多值函数说：对于某些 x 值，可能有多个 y 值与之对应。它是单值函数的推广。

李：果真如此，那么为什么作为函数概念的拓广，映射仍然要求镜像是唯一的呢？我也曾对此迷惑不解，直到了解了历史事实。事实上，函数的现代定义是狄利克雷在 19 世纪 30 年代提出的。此前，对函数有不同的理解和"定义"，欧拉区分了单值函数与多值函数。所以，自狄利克雷之后，函数只能是单值的，不能是多值的。现在，多值函数的概念只应存在于数学博物馆中，教科书不该再提它，诱导概念混乱。当然，教科书的作者对此未必清楚。

教：那么，$x^2 + y^2 = 1$ 所定义的函数又是怎么回事呢？

李：它定义了两个（单值）函数，而不是一个多值函数。

教：这么说，集值函数不是严格意义的函数？

李：现代函数和映射的定义要求：对于定义域内的每一个自变量取值，都赋予因变量唯一的值。集值函数是传统（点值）函数的拓广，它指以集合为取值的函数，即对于每一个自变量，都赋予一个唯一的集合，不能赋予多个集合。所以本质上还是单（集合）值的。对于点值函数来说，"多点值函数"不符合现代函数定义。同理，对于集值函数来说，"多集值函数"也不符合现代函数定义。在现代，如果要拓广普遍接受长达一个多世纪的函数定义，应该明确说明。

学：您是怎么知道这些的？

李：这正是我所强调的：要了解前世今生。比如，我看过几部高斯传记，包括洋洋好几百页的 *Gauss: Titan of Science*。

教：您能不能推荐这方面比较好的书？

李：关于数学家的传记，比如贝尔的《数学大师》（E. T. Bell, *Men of Mathematics*）就很好。对于了解数学思想，克莱因的《古今数学思想》（M. Kline, *Mathematical Thought from Ancient to Modern Times*）是经典之一，纽曼（J. Newman）编的四卷本 *The World of Mathematics*（可译为《数学世界》）和高隆昌的《数学及其认识》也不错。对于了解微积分的思想，齐民友的《重温微积分》也不错。

加深法：读课本有碍原创，多钻研原著经典

李：要尽量读经典和大师的论著，避免平庸之作。这很费劲，但大有裨益。大数学家阿贝尔年纪轻轻，就取得了重大成就，有人问他是怎么学成的，他说：向大师而不是其弟子学习。（By studying the masters, not their pupils.）Glenn Shafer 在继 Arthur Dempster 之后创立证据理论的过程中，发表了一系列探讨概率论基本定理特别是贝叶斯定理的论文。我在攻博时读了其中的一些，它们完全是在前辈大师的"故

纸堆"里挖掘这些定理的精神实质，令我印象深刻。若非如此，他怎能完成创建证据理论的壮举呢？宋朝著名诗学家严羽在其名著《沧浪诗话》中说："学其上，仅得其中；学其中，斯为下矣。"——向高手学，能达到中等水平；向中等水平的学，只能是低水平。所以要尽可能直接向大师高手名著经典学。

要尽量读原著，读教科书不利于原创研究。课本只是入门书，读一二本足矣。大物理学家麦克斯韦在其名著《电磁学》的序言中说[1]：任何领域的学生，阅读原著大有裨益，因为科学在它的初期总是最容易被完全吸收理解。爱因斯坦在其文集的日文版前言中也说[2]：在原文中追踪理论的演变总是相当引人入胜，与经过当代众人润色的对最终结果的系统阐述相比，这类研究往往会产生更深刻的见解。为什么？提出一个理论时，必须说为什么提出、它有什么好、它为什么好，及其基础和渊源。这在原著中最有体现，教科书把这些略去了，因为这一理论已被广泛接受。而这些略去的东西，恰恰更能让人理解这个理论的精髓，更能体现原创的力量。作为转了好几道手的贩子，教科书缺乏"原汁原味"，这不奇怪。教科书要面对众多的读者，其中大多数不是研究者，它的主要功能是让人易学，因而追求简单明确、固化定型，尽量给出定则成规、固见确论。这就容易诱导人墨守成规，蹈常袭故。它还理顺抛光磨平，对不完善不一致之处略而不谈或轻描淡写、掩饰隐藏。学问这一鲜活的生命，在教科书中成了解剖标本。此外，教科书不注重来龙去脉，缺乏历史感，把理论和方法木乃伊化，读后茫然不知大师创业的艰辛：他们要克服内心潜在的偏见、根深蒂固的成见、问题重重的描述、缺乏信息的困惑、披荆斩棘的困难，等等。

教：关于阅读原著，我深有体会，因为走过很多弯路。刚读研究生的时候，导师让我做跟踪与融合方面的课题。当时国内数据融合的书很少。有一本书，主要介绍 JPDA 和 IMM 等，主要是对文献的翻译，做了一些描述上的改动，很多公式是错的。后来看到 JPDA 和 IMM

---

[1] It is of great advantage to the student of any subject to read the original memoirs on that subject, for science is always most completely assimilated when it is in the nascent state.

[2] There is always a certain charm in tracing the evolution of theories in the original papers; often such study offers deeper insights into the subject matter than the systematic presentation of the final results, polished by the words of many contemporaries.

的一些综述文章，才慢慢搞清。前两天看到，清华大学千人计划的施一公教授鼓励研究生说，想做研究的话，从一开始就读英文文献。

李：注意，国外的综述性文章确实比国内不少一知半解、半通不通的介绍性论著好多了，但它们并不是原著。我说的原著，是指原始文献。读英文原文的确比读中文的好，译作往往错漏不少。我前一段时间看一本波利亚的名著，中译本居然老是把亚里士多德和柏拉图错译为"阿里斯多德"和"普拉托"，只能令人苦笑。我们所说的这些办法都很花时间精力，偷懒不成。比如读原著可比读教科书难多了，术语、符号、说法、语言都可能与当前流行的不同。

加深法：怀疑批判，自主独立
批判精神

李：还有一条非常重要，就是要坚持批判精神、怀疑精神，不轻信，不轻易接受。这是优秀研究者区别于他人的一大本质特征，对增加深度至关重要，做研究特别需要它。笛卡儿的四大思维原理之首，就是要怀疑一切，不假设任何东西是对的。他由此出发，重构了整个近代西方哲学体系（见下框）。我们需要这种精神。孟子有名言："尽信书，不如无书"，恐怕是吃了不少苦头之后的经验之谈。的确，有时知识越多越无能、越没创意。这是原创与知识之间的一个难题。

笛卡儿怀疑一切，重构西方哲学

为了有一个坚实的基础用以重构整个哲学体系，笛卡儿首先怀疑一切，他甚至怀疑世界是否存在，直到得出结论：他自己存在，从而引出了那句名言[1]：我思，故我在。既然我在思考，我肯定存在；或者：正因为我能思考，所以我存在。可见思考或理性对于人之存在至关重要。他由此出发，一步一步，按理性主义重构了整个近代西方哲学体系，推翻了许多旧东西。

学：这个难题是怎么回事？

李：一方面，知识越多，对原创障碍越大。懂得多未必好，因为会被套住。但是没有知识，怎么做原创研究？也不可能。所以这是一个两

---

[1] 注意，这一结论是如此可靠，以至于不可能怀疑它而不自相矛盾。

难之难。正如英国大诗人拜伦所说[1]：要完全原创，就得多想少读，但这不可能，因为只有先读才会想。到底是多学好呢，还是少学好呢？培根的名言"知识就是力量"，尽人皆知。其实，对于原创研究，

知识既是力量，又是障碍。

朱熹也说："所读书太多，如人大病在床，而众医杂进，百药交下，决无见效之理。不若尽力一书，令其反复通透而复易于一书之为愈。"（《答吕子约书》）萧伯纳甚至夸张地说：阅读腐蚀心智。(Reading rots the mind.)

学：那么，我们到底要不要多读书学习呢？

李：其实，孔子早已给出答案："学而不思则罔，思而不学则殆。"这个"罔"就是迷惘茫然，进而莫衷一是，"殆"应该是指殚精竭虑而仍旧疑惑不解或有危险。与此相通，德国大哲康德有名言：*无感之知空，无知之感盲*。(Concepts without percepts are empty; percepts without concepts are blind.) 解脱的关键在于要富于批判精神。要学，但要存疑地学、批判地学：不轻信盲从，不作茧落套，不随俗从众，不趋时阿世，不追新逐异，所读所学仅供参考，都以批判的眼光看待，多闻阙疑，能入能出。对人不该苛刻，对所学要苛刻。培根有箴言[2]：读书不为驳斥雄辩、诘难作者，不为轻信盲从、视之为当然，也不为搜取谈资或寻章摘句，而为权衡思考。读书的目的是了解、权衡和思考，而不是判定是非，更不是盲从。《小窗幽记》也说："看书只要理路通透，不可拘泥旧说，更不可附会新说。"当然，知易行难，读多了，思想难免受影响和束缚。这正是我提倡在了解已有方法之前努力独自解决问题（见 2.4 节）的主要原因。

学：有人提出所谓科学上的吸收性心智：伟大的科学家接触东西的时候，会吸收，但是在思考的时候，会排斥。一般人在接触的时候就排斥，会选择性吸收，而思考的时候却有接受的惯性。

学：我还是感觉知识越多越好，知识就是力量，并不是障碍，最多会导

---

[1] G. G. Byron: To be perfectly original one should think much and read little, and that is impossible, for one must have read before one has learnt to think.

[2] Francis Bacon, *Of Studies*: Read not to contradict and confute; nor to believe and take for granted; nor to find talk and discourse; but to weigh and consider.

致一种惯性思维的产生。

教：我觉得知识本身没有好坏，可能是积累的负面太多，导致对新的吸收有影响，使得知识成了一种障碍。

教：我的观点是：知识是学以致用的东西，要么做研究，要么干其他事情。要是什么都学，那跟电脑没区别了。所以我同意李老师的看法，就是批判性地学习。

李：说到吸收和排斥，大物理学家法拉第说得好：听取所有建议，但自己作判断。我认为，批判性的学习多多益善。对于领域外、追求广度的学习，"知识是障碍"的问题不大。我们这里谈的是针对做研究、领域内求深度的学习。很多东西要存疑，知道有这么一回事，但不轻易认定其对错。说到底，障碍是这样形成的：每一知识都是约束和限制，知识越重要，约束限制越强。所以知识多了，特别是定论成规多了，就容易形成套套，束缚思想，成为障碍。无此知识，则无此束缚。知识越多，自由空间就越小。这种思维定势很难避免。比如有一袋东西，随机摸出 10 个，都是白乒乓球，你就会想，这是一袋白乒乓球。假如接着摸出两个红乒乓球，你就会想，这是一袋乒乓球。假如又摸出一个小皮球，你就会想，这是一袋小球。归纳是人之天性，生存之必需，但会导致思维定势。所以，对于一个有创意和能力的研究者来说，

刚进入一个领域或课题不久时，是突破的最佳时机，

因为此时他还没有被圈内的成见和定势套住。我刚做估计融合时，没读多少文献，也就没被已有方法束缚。圈内的专家能人熟练掌握圈内的知识和技能，但带有圈内的习惯和成见。如果由此足以突破，那么，他们大量尝试后至今尚未突破的概率应该很小。可见对于一个老领域中的老课题来说，突破往往有赖于另起炉灶的"范式转变"，而这最有可能是由刚进入不久的能人完成的。刚进入一个课题时，尚未囿于圈内的习惯和成见，正是突破的绝好时机。学了很多之后，改进的可能性增加，突破的机会反而小了。所以，进入一个领域或课题时，要珍惜"童贞"和时不再来的"第一次"。最好记下自己的想法和见解，不论多么无知幼稚，以免后来遗忘。随着接触增多，也就习以为常："久处一方，则习染而不自觉。"（顾炎武《亭林文

163

集·与人书一》)这有很强的生理基础——新鲜的东西刺激强烈，对陈旧的东西反应迟钝麻木：熟视则无睹，习焉而不察。说得全面点，**在一个领域还没有多少成见和定势之前，专家有优势，而在一个老领域，新来的能人更可能突破；当圈内知识足以解决某一问题时，内行有优势，否则外行高手更占优。**由此也容易理解如下的知名定义[1]：所谓专家，就是在高视阔步铸成大错时避免了小错的人。难怪很多内行专家很难接受本领域的突破性成就。

学：我的体会是，刚进入时问题较多，后来问题越来越少。

教：这么说，如果在一个地方待了相当长时间后，就不太可能有真正的突破了。

李：如果这地方不新，可能性确实不大，但并非不可能。有一条路可行，就是尽力发现知识、也就是约束之间的矛盾之处，进而解放思想，使约束不再是约束。所以怀特海说[2]：在形式逻辑中，有矛盾就是败象，而在真知的成长中，它标志着走向胜利的第一步。不同的错误知识、成见或先入之见，彼此难免在深层上不协调。理解深刻，就便于发现这种不协调；富于批判精神，就长于扬弃进而突破。借用曲线拟合的术语，圈内的知识就像数据点，如果缺乏批判精神，它们就是约束，就要求曲线通过这些数据点，这种曲线缺乏泛化能力，没用、不对。要得到好的拟合结果，就得挣脱这些约束，认识其矛盾之处。新来乍到的能人，不见众多的数据点，反而更能宏观把握，看清走势，从而选用更好类型的曲线来拟合。圈内的专家大多充其量只能改进同类曲线。同理，一门学科的重大革命，大都发生在它面临重大危机之后。为什么？因为重大危机其实就是根本矛盾的显现，它迫使人们不得不放弃某些约束，即原以为正确的知识。

大家知道，墨水滴在一张绵纸或一团密纱线的某处之后，会逐渐扩散开。一个人掌握一种知识后，也会有这么一种向四外的扩散和渗透。这种作用利弊参半，比如它有助于打通不同知识的联系，融会贯通，但也会让人因此在无意中越过雷池，把这种知识用于其界限

---

[1] An expert is a person who avoids the small error while sweeping on to the grand fallacy.

[2] In formal logic, a contradiction is the signal of defeat; but in the evolution of real knowledge it marks the first step in progress toward a victory.

之外，进而与其他知识一道形成虚假的约束，甚至产生矛盾。**错误知识大多是把原本正确的知识用于界限之外**。这样的错误往往植根于上述潜移默化的扩散和渗透作用。众所周知，掌握一个函数时，既要明确其函数关系，又得清楚其定义域和值域。同理，优秀学者在学习一种知识的同时，必须掌握其适用范围。一方面，他要杜绝潜移默化的扩散和渗透的过度作用，牢牢地清晰掌握适用范围；另一方面，又要积极与其他知识联系，融会贯通。而且，对知识的处理是"增-减"不对称的：我们可以有意增加知识，却很难有意减去知识——一旦学了某种知识，就难以去除。同理，圈内的专家也很难去除大量束缚思想的知识。

学：对于如何批判性地学习，您能不能说得具体点？

李：首先，要尽可能区分事实与见解和观点。无征不信，不轻信，更不全盘接受见解、观点、理由乃至论据，但不该轻易怀疑事实。一个实验结果，就不是观点问题。怀疑实验错了，另当别论。当然，区分事实与观点并不容易，人们常常把自己所相信的东西当作事实，把不能确信的东西当作理论。刚才说的知识障碍消除法，即关注不协调之处，也是批判性学习的一个重要组成部分。批判性学习会有更大的收获，易于发现前人的不足和错误。

自我批判

批判精神还有一个极为重要的方面，就是自我批判，反思自己的思维模式，努力跳出思维定势，克服老用相同或相似方法的习惯，等等。这是人们在谈批判精神时常常遗漏的。比如，人人都对自己的看家本领得心应手，往往习惯于套用到各种问题上。西谚说：习惯是第二天性。（Habit is a second nature.）如果一种方法屡试不爽，富有成效，就容易造成"搜索退化"——屏蔽对其他方法的搜索和尝试。另外，《蒙田随笔》说得对[1]：我们对知之最少的信之最深。知之甚少却深信不疑的，就是成见，是先入之见，在做科研时最需要戒除。

敢疑善疑

可以说，质疑乃发现，破疑即进步。宋代大儒张载说："学则须疑"，

---

[1] Nothing is so firmly believed as that which we least know.

"于不疑处有疑，方是进矣。"（《经学理窟·义理》）朱熹也说："小疑则小进，大疑则大进，疑者悟之始也。"《朱子语类·读书法上》说："学者读书，须是于无味处当致思焉。至于群疑并起，寝食俱废，乃能骤进。"朱熹还进一步说："读书始读未知有疑，其次则渐渐有疑，中则节节是疑；过了这一番后，疑渐渐解，以至融会贯通，都无所疑，方始是学。"（《宋元学案·晦翁学案》）简言之，宁可失之过疑，也不持之太信。对于原创学者，尤其如此。

如何敢疑善疑？第一，要敢于怀疑专家、权威和经典。在我的团队每周的例行研讨会上，如果有人抬出权威来为自己助威壮胆，都会被我驳斥：要以理服人，让人心悦诚服，而不是以势使人屈服。不蔑视权威，就成不了权威；只有不畏权威，才有望成为权威。爱因斯坦曾风趣地说[1]：为了惩罚我对权威的蔑视，命运让我本人成了一个权威。自信则不崇拜权威，崇拜权威是自信不足的表现之一。第二，要敢于善于质疑人所共有的假设，这是创造力的重要组成部分。不要盲从公认的观点、常识、领域内的共同信念，除非很清楚其坚实的基础。如果不清楚，则应存疑。第三，更不该轻信作者的见解、理由、论据和结论。要弄清各种观点见解的利弊。这些都是上述批判性学习的内容。举一个具体例子。两个无穷小，第一个比第二个更高阶是什么意思？

学：第一个与第二个之比的极限等于零。

李：它的直观意义是什么呢？

教：第一个比第二个变小得更快，也就是变化的速率更大。

李：这个解释很有问题。

教：但很多书都是这么解释的。

李：不要轻信别人的解释，所以我举这个例子。为简单起见，只考虑 t 为正的情况。当 $t \to 0$ 时，t^2 是比 $2t$ 更高阶的无穷小。但是，t^2 的速率是 $2t$，小于 $2t$ 的速率 2。所以，比较无穷小的阶并不反映它们变化的快慢程度。注意，速率是"单位时间内的变化量"的极限，当 $t = 1, 1/2, 1/4, \cdots$ 时，$t^2 = 1, 1/4, 1/16, \cdots$，而 $2t = 2, 1, 1/2, \cdots$。很明显，

---

[1] To punish me for my contempt of authority, Fate has made me an authority myself.

$2t$ 在单位时间内的变化量比 t^2 更大，所以，速率也更大，也就是变得更快。

教：那么，无穷小的阶到底反映什么呢？

李：是向 0 靠近的程度，而不是变化的快慢程度。当 t 很小时，高阶无穷小 t^2 比低阶无穷小 $2t$ 更接近于 0。更确切地说，高阶无穷小比低阶无穷小越来越更接近于 0，即离 0 越来越近。简言之，高阶无穷小比低阶无穷小"越来越小"的程度高。从无穷大的角度，或许更容易理解这一点。当 t 不断增大时，t^2 是比 $2t$ 更高阶的无穷大，它的速率是 $2t$，比 $2t$ 的速率 2 更大。这说明无穷大的阶确实反映其变化的快慢程度，也就是速率的大小。其实还是可以说，高阶无穷大比低阶无穷大"越来越大"的程度高。关键在于，"越来越大的程度"可以用速率来直观理解，而"越来越小的程度"却不能用速率来直观理解。

教：有一个说法：西方的书是横排的，看的时候老是摇头，所以西方人习惯于拒斥。中国的书是竖排的，看的时候老是点头，所以中国人习惯于同意、接受。

李：这好像是国学大师钱玄同的风趣说法。他是"五四新文化运动"的急先锋，在新文化运动的主将中，他的国学造诣最富盛名，胜过鲁迅，胡适更是望尘莫及。但他还指责古文是"桐城谬种，选学妖孽"，他首先建议横着书写中文，主张废除汉字，代以拼音文字。虎父无犬子：著名物理学家钱三强是钱玄同的次子。其实，中文书横排也已大半个世纪了，中国学者的批判精神还是远不如西方学者。同为东方的阿拉伯文也是横排的，不过是从右到左，他们并不习惯于拒斥。

独立思考

批判精神主要是一种独立的鉴别力、判断力，它离不开独立思考。反之，没有批判精神，哪有独立思考？判断力比知识更重要。太多人过于轻信盲从。所以英国大诗人蒲柏挖苦说[1]：有些人学不到任何东西，因为他们对所有东西都理解得太快了。是否善于批判性思维

---

[1] Alexander Pope, *Thoughts on Various Subjects*: Some people will never learn any thing, for this reason, because they understand every thing too soon.

和独立思考，是卓越学者与杰出教师以及优秀学生的一个分水岭。可以说，

一段是优秀学生，二段是杰出教师，三段是卓越学者，……九段是宗师伟人。

优秀学生是一段，他们将厚书读薄，化繁为简，归结为几个思想，合万为一，万变不离其宗。无论多么复杂，只有去芜取精，删繁就简，才能抓住关键，心领神会。杰出教师是二段，他们将薄书变厚，扩展基本思想，举一反三，触类旁通，以简驭繁，一中有万，融会贯通，真正把握。这正是古代大文学评论家刘勰在其巨著《文心雕龙》中所强调的"乘一总万，举要治繁"。先经过读薄的阶段，然后再变厚。做高深研究还要棋高一着，所以卓越学者是三段，在读薄变厚、得其佳处之后，要把书"肢解"：发现弊端、缺陷、漏洞。这是研究人员精读一本书所追求的。当然，宗师伟人是九段，他们另著伟章，高屋建瓴，源清流明。

学：您说三段是先把书肢解，是不是将其打散以后再整合？

李：三段能发现很多不妥之处，这是在先读薄再读厚之后达到的，并非读时存心诘难作者，所以是弄懂并看出好处后发现的不足。我历来比较注意各种弊端。有一次我应统计学会的邀请，讲统计学的工程应用，不知不觉大讲特讲现有统计学内容在应用中的弊端。直到事后有人指出这一点，我才醒悟：我花了太多的时间谈各种弊端。更有甚者，我的博士导师似乎有意无意地假定：新货、时髦货都是错的，直到见到确凿的反证为止。

学：发现漏洞，发现不足，然后呢？去弥补改进？总这样，也许又会形成另一种思维定势，比如说总去改进别人的工作。像您说的，弥补漏洞、填补空白不是什么大不了的贡献。我觉得应从最基本出发点上进行批判，是糟粕就直接舍弃，另立门户，无须修补其表面漏洞；是精华则吸收，成为自己的一部分。其实，这些您以前都讲过。

李：这儿只是想说，卓越学者必须善于发现现有理论的不足之处，而且这比把书读薄再变厚更高一筹。至于发现漏洞不足之后怎么办，那不是学习方法，这儿不谈，在研究策略部分已谈了不少。"须教自我胸中出，切忌随人脚后行。"（戴复古《论诗十绝》）我们要注重培养

独立性，

独立思考是原创研究不可或缺的基质。

缺乏独立思考，就不可能成为真正的学者。博学而缺乏己见不可能是智者，未经独立思考体悟得到的知识也并非真知。贵在自得。要培养自学和独立思考的能力，这不容易，但将受益无穷。

教：古人不是说："独学而无友，则孤陋而寡闻"？如果我们独自学习，就可能没有朋友、孤陋寡闻。

李：我同意《礼记·学记》的这个观点。德国大诗人歌德也说："孤独是不好的，独自工作尤其不好。若要做成什么，是很需要同情和刺激的。"交流讨论大有好处。我想说的是，跟人讨论，包括找老师答疑，最好是在自己有些想法见解之后，不然容易被人牵着鼻子转。这与2.4 节所说的"在了解已有方法之前解决问题"一脉相承。讨论时，往往是谁先有个稍微成熟一点的见解，大家就都围绕着他的想法讨论。自己先想想再讨论，就可以捍卫自己的见解。而为了捍卫自己的见解，就会绞尽脑汁，思维会特别活跃，想法会不断涌现，尤其是争强好胜之人。犹太人智者如林、英才辈出，世所称道。在过去的百年中，诺贝尔奖得主中犹太人的比例比世界人口中犹太人的比例大近百倍。这离不开他们惯于提出问题、发表独立见解。所以有"两个犹太人就有三种意见"之说。

多思和定见

学：对有些课题或者问题，由于了解不够，好像不容易独立思考。

李：是的，所以要了解、要积累。了解和积累不够时，不容易思考，特别是独立思考。随着水平的提高，应越来越注重独立思考。不过，即使了解和积累不多，仍旧不妨多思。这也有助于加深了解、增添积累。善于独立思考之人，不可能不勤思好想。不多思深思，就不能消化所学知识，领悟真知灼见，有所独创。清人陆桴亭说得好："悟处皆出于思，不思无由得悟；思处皆缘于学，不学则无可思。"（《思辨录辑要》）有人问绝无仅有两次独享诺贝尔奖的鲍林：你这些东西是怎么想出来的？他说[1]：我有很多很多想法，你们知道的只是

---

[1] The best way to have a good idea is to have lots of ideas.

幸存下来的，其他的都被淘汰了。他还说：产生好主意的最佳方案是有很多主意。

还有，治学很需要自主意识，这与独立思考一脉相承。有独立思考，才会有自己的主见，才不会迷信权威、跟风从众。成见不应有，主见不可无。治学有成离不开适度的执著和定见。缺乏执著和定见，绝难有一得之见、成一家之言。对此，清朝著名学者、诗人赵翼的《论诗》说得很形象："只眼须凭自主张，纷纷艺苑说雌黄。矮人看戏何曾见，都是随人说短长。"

教：矮人看戏能看到什么，这应该和他站的位置有关。

李：对，站得高还是能看清。要批你，就可以说：欣赏诗词不可太执著于字眼，而应注重宏观把握。要夸你，就可以说：矮子站在巨人的肩上，也能高瞻远瞩。所以，你对这诗有批判精神。

好问是开启真知之门的钥匙

加深法：好问善问

李：现在着重说说善问。

不善问，就打不开真知之门。

学问学问，既学又问，才有学问，无问则无学。清朝著名画家郑板桥说："学问两字，须要拆开看，学是学，问是问，今人有学而不问，虽读书万卷，只是一条钝汉尔。"著名教育家陶行知说得好："学非问不明。"有道是[1]：由一个人的答案可知他是否聪明，而由一个人的提问可知他是否明智。我非常重视提问，不仅在课堂上鼓励提问，还在家庭作业中，要求学生正式提出自己疑惑不解的问题，以利于他们培养质疑和提问的习惯和能力。批改时，我还可能受到启发。这样做恐怕不多见，大多数教师也不布置这种作业，怕自己答不了这些疑问。其实，教学相长，答不了的问题对教师帮助更大。有时学生的问题很有意思。比如有学生问[2]：您是否认为我们的教育体系提倡人始终为实现最终目标而努力？在现实中是否也有此心态？您相信人生是为了生活，还是为了社会和教育所教的最终目标？为何如此？最有趣的是，他要求：为您的答复辩护。也许因为我布置的作业中常有这一要求。可以看出，这位学生蛮有自己独立的思考。

学：您答复了吗？是怎么答复的？

李：我回答说[3]：人生不仅是为了最终目标，它更是为了生活和为此目标的努力过程。你说得很对，我们的教育体系确实太强调最终目标而不是过程，在现实中也的确有此心态，这很糟糕。不过，瞄准一个良好的最终目标有助于这一过程。谢谢你想要知道我对如此重要问题的看法！

不好疑不善问是中国学生的通病。其实，质疑也许是发现不懂之处的最佳方法。如果善于或惯于换一个角度看问题，就容易有疑问。关于问，陶行知有所谓"八位顾问"[4]："我有八位好朋友，肯把万

---

[1] You can tell whether a man is clever by his answers. You can tell whether a man is wise by his questions.

[2] In your opinion, does our educational system promote the idea that people should always strive for an end point (or a goal)? Does this mentality appear in the real world as well? Do you believe that life is about living or about the end points that society and our education teach us? Why is it this way? Justify your answer.

[3] Life is not just about the end point; it's more about living and the process to achieve the end point. You are right—our educational system does emphasize too much the end point rather than the process, and this mentality does appear in the real world, which is very bad. However, aiming at a good end point helps the process. Thank you for seeking my opinion on such an important question!

[4] 此诗大概受到了吉卜林（Rudyard Kipling）的名诗 The Serving-men 的启发：我保有六个忠诚的仆人／（他们教了我全部的所知）：／他们名叫何事、为何及何时／还有如何、何地以及何人。(I keep six honest serving-men/ (They taught me all I knew):/ Their names are What and Why and When/ And How and Where and Who.)

事指导我。你若想问真名姓，名字不同都姓何：何事、何故、何人、何时、何地、何去、何如，好像弟弟与哥哥。还有一个西洋派，姓名颠倒叫几何。若向八贤常请教，虽是笨人不会错。"问的实质有三类：是什么（何谓）、用什么方法（如何）、为什么或有什么道理（为何）。我觉得"为何"之问往往最重要。如果能自圆其说地回答一系列"为何"之问，也就有了自己的见识和理论。当然，先要知道是什么，才能问"为何"。比如你见到某人的一个好结果或方法，就该问自己：它是怎么得到的，靠什么得到的，为什么会得到它，它为什么成立、为什么好？

学：有时因为不懂或没入门，所以不敢问，怕出洋相。

李：其实，没有蠢问题，没问题才蠢，不敢问才蠢。问题越基本或貌似荒谬，收获可能越大。举例来说，人人都认为绝对时空概念是与生俱来的，连大哲学家康德也把它作为先验概念的例子。爱因斯坦如果不敢质疑人人都视为天经地义的绝对时空观，就不可能创立相对论。不好问不会问，怎么会善于探索？清代散文家刘开曾著《问说》（见下框），专门论述问的重要性以及世人不好问的病症所在，说理透彻，值得一读。

刘开《问说》节录

……理明矣，而或不达于事(明理而不会用于事)；识其大矣，而或不知其细(粗知而不晓细节)，舍问，其奚决焉(不问，何以判决)？贤于己者，问焉以破其疑，所谓就有道而正也(就教于有道者以求正确)。不如己者，问焉以求一得，所谓以能问于不能，以多问于寡也。等于己者，问焉以资切磋，所谓交相问难，审问而明辨之也。……学有未达，强以为知，理有未安(安妥)，妄以臆度，如是，则终身几无可问之事。贤于己者，忌之而不愿问焉，不如己者，轻之而不屑问焉，等于己者，狎(亲昵而轻慢)之而不甘问焉，如是，则天下几无可问之人。……自知其陋而谨护其失(自知浅陋却小心不露怯)，宁使学终不进，不欲虚以下人(不肯谦虚问人)，此为害于心术者大，而蹈之(误蹈于此)者常十之八九。……询天下之异文鄙事以快言论；甚且心之所已明者，问之人以试其能，事之至难解者，问之人以穷其短。而非是者，虽有切于身心性命之事，可以收取善之益，求一屈己焉而不可得也(须委屈下问而得不到)……

教：好问与多思是不是有矛盾？多思要求自己想，而好问则说应该多问。既然问别人了，自己思考就不"多"了。

李："问"得好！不思则无问，深思多多益善；不问则难以思明，问乃思之要素。关键是，"好问"就是多提问题，未必问别人。说得严重点，没有疑问的学生是没有希望的。古人云："君子不隐其短，不知则问，不能则学。"（董仲舒《春秋繁露》）。大师巨匠圣人的功德本事众所周知，所以完全可以不知则问，这无损其形象。凡人多少都有点儿怕露怯，所以未必要不知则问。我觉得，不懂、费解之事要多自问自答，多思而少问他人，这样既锻炼思维能力，又加深理解。不要一有不解就问别人，即使问，也重在求点拨。教人也一样，最好是"不愤(郁结于心)不启，不悱(想说而说不出)不发"。同样，最好不愤则不问人。缺乏见闻的不知之事无所谓思考，是知识有限，所以要多问他人，以便快速增长见闻知识。争强好胜之人，不愿问人，以免示弱露怯。其实，养成不知之事问人的习惯后，天长日久，自然强而胜人。总之，

不知未闻之事，转益多师；不懂未解之事，自问自答，多想少问人，问人重在求点拨。

自问自答是培养独立思考的重要途径。善于独立思考之人，必定常自问自答。要刨根问底，知其然和其所以然。古希腊划时代的大哲学家苏格拉底就有所谓"三问"：设问、诘问、追问。这是他治学和教育的法门。

以教促学

教：有时没问是因为觉得要问的问题可能是错的。

李：对得糊涂还不如错得明白。怀特海说得好[1]：畏惧犯错则扼杀长进。害怕错误，就像害怕风雨，体魄是不可能健壮的，在缺风少雨的温室里是长不出参天大树、成就栋梁之才的。不懂装懂更要不得：不怕不懂，就怕装懂。

加深法：以教促学

教：教课时，不但要讲结果，还要讲思想，解释整个过程，自己需要理解到一个深度。这是一个很好的考验，能加深理解。

李：我名之为"以卖促学""以教促学"或"教卖法"。一个物品赠送或者卖给别人，自己就没了，而学问却相反："既以为人己愈有，既以与人己愈多。"（《道德经》）。《礼记·学记》说："学，然后知不足，教，然后知困。知不足，然后能自反(反省、反求自己)也；知困，然后能自强也。故曰：教学相长也。"要教，就得学好，备课和讲课时会意识到不清楚之处，就搞清吃透。尝试讲清楚时，会发现自己知识和理解的欠缺之处。对此，当过老师的人都该深有体会，否则不可救药，根本不适于治学。英语有句俗话：不教别人，自己就学不会。（You don't learn something until you have taught it to someone else.）

学：但是作为学生，我们没有多少教的机会啊。

李：要主动创造"商机"。要卖，不一定非得当老师，这包括作报告或交流，跟同学和朋友讲。最好跟有志于学的同学和朋友结成松散的"学社""互助组"，互相交流和报告近期所学。我在国内和美国攻博时，都曾牵头组织过这类非正式"学社"。我读小学时读《西游记》，读完一部分，就给小朋友讲，所以特别带劲，学到了不少东西。这种"卖"让人满足、学得带劲。对于知识和思想而言，只有思考过、重组过、用自己语言表述过的，才会是充分消化过的。读文献时，要围绕一个既定题目，准备向师生汇报所学，甚至将来发表出版。我刚赴美读博时，老想着学成回国后要教这些东西，所以学得很用心。朱光潜自称有爱写书现买现卖的毛病，这恐怕也是他能成为美学大师的一个原因，因为"著一书而群书通。"（徐特立《国文教授之研

---

[1] Panic of error is the death of progress.

究》) 不少大师的名著是教学的产物，不少重要成果是由此产生的。比如元素周期表，据说是门捷列夫在准备化学教程时为了合理安排顺序而发现的。总之，"读"和"写、卖"互为表里，不读就不会写、无法卖，要写、要卖，就得读好。

教：您说要以卖促学，我想主要是指要想办法用自己的语言把学到的东西表述出来。所以，只要写个总结或者报告什么的，也就可以达到目的了，不一定真的要卖。

李：有道理，主要目的之一确实是要用自己的语言来表述所学知识，这就迫使我们组织消化所学内容。不过，存有卖的动机还有一大好处，就是迫使自己力争确保内容正确。如果只是写给自己看，对正确的要求就不会有那么高。所以，著文立言是吸收知识和思想的绝妙方法，对学习大有裨益。梁启超说它是"鞭策学问的一种妙用"。他著作等身，对此恐怕体会极深。学界历来强调厚积薄发，以确保所发之正确精辟，但所发太薄，过于保守，不利于以"发"带"学"。

不过，现在不少中文科技书籍错误百出，还没搞清，就大肆兜售。以其昏昏，使人昭昭。偷懒求快，瞎抄胡诌，还不如顾炎武所批评的"旧钱回炉铸新钱"。套用钱锺书《写在人生边上·谈教训》中的挖苦话，这些学识浅薄的"文抄公"很有"艺术"水平：有学问能写书，不过见得有学问；没有学问而偏能写书，好比无本钱的生意，那就是艺术了。譬如，国内教材的习题，大多数是东抄西拼，同一道题在如此众多之处出现，以致难以确定真正的出处。在欧美，这会被指责为抄袭、侵犯版权。

教：有些科研项目要求结题时有专著出版。

李：为完成任务而急于求成、粗制滥造的所谓"专著"，难免贻笑大方。为什么要有这种不合理的"要求"？未经十月怀胎，大吃促胎药，早早就剖腹取子，至多只能得到早产畸形儿。同理，著述岂可匆匆而就？要卖，先得搞清，否则无法促进学业。"著书都为稻粱谋"，就失去了意义。由孔子的"述而不作，信而好古，温故而知新"，变成今天的"以凑为作，靠抄求新"。薄积而狂发，不积而乱发，更是误人子弟。"自己不懂而写出来要读者懂，不是缺德又是什么？"（季羡林《治学漫谈》）其实，即便只是术语的正确运用、合适记号的选

用，都会促使作者加深理解。所以，

学习时最好存有"卖"的念头，但不要轻易真的出售。

有效学习有个"最佳动机原则"——动机强烈的学习比缺乏动机的效果好得多。学者最好有著书的长期打算，把读书看成是在做准备，这样读书的动机更明确，读得更留心，效率更高，效果更好。正如梁启超所说："我很奖励青年好著书的习惯。至于所著的书，拿不拿给人看，什么时候才认成功，这还不是你的自由吗？"(《治国学杂话》) 我在估计滤波上的造诣，非常得益于多年教授有关课程，以及不断充实完善自编讲义。尽管国内有些学者十几年前就建议我出版这本讲义，但我始终觉得还需完善，所以至今仍未出版。简言之，要以卖促学，但要多买慎卖，求优质而卖高价。

其他重要加深法

教：我感觉，要增加深度，首先要找到一本好书。比如学泛函，我们工科出身的，要是一下子拿一本数学系的书来读，半年之后对泛函的兴趣就没了。对此我深有体会。有一段时间我对小波很感兴趣，在图书馆里看到好多数学类的小波书，不知哪一本适合我读。这些书牵涉到许多泛函知识，这个基础我好像不具备，我就上网搜索书评。我感觉选择的书，应该从低档到中档再到高档，逐步提高，需要一个规划。毕竟我们是在学习，总会遇到许多困惑。遇到困惑时，需要把它想通。

李：我想，你强调的是：

循序渐进，

不要想一口吃成个胖子，要选一个合适的起点，这很有道理。急功近利、好高骛远者往往违背这一条。急功近利，既会阉割兴趣，又难有所成。俄国著名生理学家巴甫洛夫在谈学习方法时，特别强调循序渐进。朱熹说读书的总原则是：循序而渐进，熟读而精思。循序渐进不仅包括先易后难，由浅入深，还包括由少而多，由慢而快。由少而多不仅指数量，更是指种类。另一方面，也不应该蜗行牛步，不敢前进。

教：这样循序渐进，以前很多想不通，包括一些工程实际的问题，都能够逐渐想通。

李：在斯威夫特的名著《格列佛游记》中，有一个项目研究自上而下的造房法：先盖屋顶，再向下直到地基。无独有偶，佛学典籍《百喻经》也有个"三重楼喻"（见下框），规劝不想循序渐进者。虽然听这故事时，大家会觉得那个富人滑天下之大稽，其实不少人有这种心态，急于求成，不想花精力打基础、做好铺垫工作。

三重楼喻

有个富人，看到另一富人的一栋三层楼雄伟壮观，便要木匠也尽快盖一栋三层楼。于是，木匠开始量地制砖。富人不解，说：做这些干啥？我只要最高的那层楼。木匠说：不盖一二层，怎么盖第三层？富人坚持说：我不要下面两层，我只要最高层。

学：我觉得除了循序渐进，还有一个重点就是不停地重复。如果看一本书不太明白，就不停地重复读它，把它所有字里行间的意思都搞清楚，这样才能搞得深。另外就是一遍又一遍地看它，每次看都会得到一些新东西、新体会，慢慢地就看得更清楚、更明白。

教：这种反复重复去搞懂一个东西的做法，我也深有体会。

李：读书百遍，其义自见。能这么做，得有相当能力。此法虽显笨拙，但不可或缺。借用《荀子·劝学》的名言，这可称为：

真积力久则入。

真心诚意，并且日积月累，身体力行而又旷日持久，则能登堂入室、有所成就。我有个博士毕业生说，他看某个定义至少看了一百遍。看一个概念不太懂时，每次看都可能会有更深的新体会。下苦功一遍一遍地看，大师也免不了。"孔子读《易》，韦编三绝"说的就是这种精神。苏东坡说："旧书不厌百回读，熟读深思子自知。"他还提出一个"八面受敌"精读法，就是读好多遍，每遍只带着一个特殊目的去读，不管其他方面[1]："每读书，皆作数过尽之。……每次作一意求之，……但作此意求之，勿生余念。"与此密切相关，我

---

[1] 都说此法出自《又答王庠书》，但我遍查《苏轼全集》却不见以此为题之信，而内容见于《尺牍·与王庠五首》。

想趁机强调一下熟悉的重要性。常言道,工多艺熟,熟能生巧。其实不仅如此,熟也能生喜,熟还能生能。就是:

熟能生巧、生喜、生能。

熟能生喜,就是 1.3 节讲过的兴趣有赖于熟悉。熟能生能,只有熟悉了,才能信手拈来,呼之即来,才会产生各种联想;不熟悉,就做不出,而且茫然不知所失——不会意识到你与一个好机会失之交臂。世界数学大师陈省身也说:不在一个数学分支上玩好多年,把它玩熟了,就很难理解透彻到位。注意,熟悉不靠死记硬背,它更取决于多思勤习、敢疑善问。熟悉还能养成习惯。研究表明[1],要获得一个领域国际水平的专长,需要十年左右高强度的全力以赴。这与古人常说的"十年寒窗"不谋而合。国内不少优秀青年学者,学而优则仕,四十来岁实质上就"弃学从政"——因担任行政职务而荒疏了学业。这很可惜:再全力以赴十年,他们中的不少就有望由专而通,成为杰出学者。他们应该学学王闿运(见下框)。

王闿运老而为官

清末大儒王闿运 80 岁时,应袁世凯之邀,出任国史馆馆长兼总统顾问。赴任途中,对来访求教的段祺瑞说:"世上最容易的就是做官,一个人若官都做不好,那就一无是处。过去我年富力强,有许多大事要我去做,现在我老了,无用了,便只好去做官。"

学:李老师思维敏捷,反应特快,恐怕也是因为熟能生巧、熟能生能吧?

李:我的自然反应速度并不快,我读中学时自认反应速度平平。近十几年来确实觉得自己的反应速度加快了。我想这主要得益于理解更甚于熟悉。要想一语破的,离开领悟不成。

要想学有所成,非得深刻理解。

而要想深刻理解,主要靠自己多想。纵然学问可以向他人学,要想明智只能靠自己的智慧。[2] 何况,正如古希腊格言所说:如果根

---

[1] R. J. Sternberg, ed., *Thinking and Problem Solving*: International levels of performance in a domain of expertise require around ten years of intense, full-time practice to be attained.

[2] Michel de Montaigne, *On Schoolmasters' Learning*: Learned we may be with another man's learning: we can only be wise with wisdom of our own.

本不懂，知识又有何用？（What use is knowledge if there is no understanding?）

教：我觉得还要稍微去动动手。比如看一个公式，看不懂，如果把它推一遍，能推通，就能理解。

李：只有了解结论是怎么来的，才可能真正理解结论。这确实很有好处，应该肯定，尤其是对年轻人来说。不过，靠推导的这种理解其实还是很有限的。还有，这样做对提高抽象思维能力不见得有益。真想提高抽象思维能力的话，就要尽可能撇开这些具体的支持。当然，这需要慢慢提高，有个过程，不可能一口吃成个胖子。

教：记得刚开始学高数的时候，第一个学的概念是极限，牵涉到邻域的概念，就不明白数学家定义它目的到底是什么，只会用来解答作业。直到后来用到这些概念的时候，才慢慢对为什么这样定义有更深的体会，慢慢地体会到它的精髓。

李：对，人人都有这种体会。这可以叫做

用以促学。

也就是学以致用，用以促学，多用则能。一方面，物品往往越用越不值钱，而知识和思想却越用价值越高；另一方面，二手三手知识也像二手货、三手货一样，价值不高，转手越多，价值越低。学习时对一个概念理解肤浅，用到它时理解会更深一层。对它的"所以然"以及为什么这样提出这个概念有更深的体会。**学然后知不足，用然后知不懂。**对于一个重要概念，不仅要掌握它到底是什么，还要搞清为什么要提出这个概念，以及如此界定它的理由等，就像读诗的关键在于体察作者的心境，由暗示而生发丰富的联想。大诗人陆游特别重视学用结合，他教育儿子说："纸上得来终觉浅，绝知此事要躬行。"他的"读万卷书，行万里路"的道理，也正在于此。不仅要学习、积累，更应重视实践，知行结合。其实，就像"科技"二字一样，"学术"二字本已包括知行合一的意思："学主知，术主行。"（严复语）"学也者，观察事物而发明其真理者也；术也者，取发明之真理而致诸用者也。"（梁启超语）而且，知而不会用，终非真知。有些人好像知道的不少，会用的却不多，其中包括研究策略和学习门径，不会或不愿践行。

学：对于一个东西，如果用过，体会更深，这我们都知道。但没碰上使用的机会，也没办法。

李：可以主动创造机会，做习题、特别是应用题就是一种不太深入的应用。求解难题对于一位有志于学的学生打好基础至关重要。一位研究人员克服困难的能力往往与他当学生时求解难题的能力成正比。据说著名数学家苏步青曾做过一万多道解析几何和微分几何方面的习题。自己出题就更好了。要出一道好题，就得调用各种知识，因而也就用了这些知识。所以有时我布置作业，要学生自己出题并解答，我看所出之题的好坏打分。由此我还能了解学生的掌握程度和创新能力。有道是：听过不如见过，见过不如做过，做过不如错过，错过不如被罚过。还有一招[1]，想要真正理解一个东西，那就尝试改变它。为用而学，用而求学，是非常有效的治学方法。

学：做难题为什么至关重要？这非常费时，可能还不如把时间用于多读多看。

李：解难题对加深理解和提高能力至关重要，不难不足以挑战理解和能力。这与运动员要大运动量地训练高难度动作异曲同工。解很难的习题要花几小时或几天，如果连这都不会或不愿做，又怎么胜任要花几个月或几年才能解决的研究难题呢？

教：还有一种增加深度的办法，就是

与人交流讨论切磋。

人到了一个局部极值点，自以为很深了，但跟人交流时，被人一击，打出局部极值点，会发现还有更深的地方。

李：对，这很有好处。培根说[2]：的确，通过与人交流、交谈，凡多思之人，都会澄清其头脑和理解，更易把握其思想，使之更有条不紊，使之更能由话语表达而看清，最终此人会变得更明智。特别要与高手交流。高手往往能把一些东西看透、说穿、点破，有助于加深理

---

[1] 德裔美国心理学家 Kurt Lewin: If you want truly to understand something, try to change it.

[2] Francis Bacon, *Of Friendship*: Certain it is that whosoever hath his mind fraught with many thoughts, his wits and understanding do clarify and break up, in the communicating and discoursing with another; he tosseth his thoughts more easily; he marshalleth them more orderly; he seeth how they look when they are turned into words; finally, he waxeth wiser than himself.

解。我听名人作报告，如果没有听到点破说穿的大话，比如某某东西无非是什么，就会遗憾，觉得此人可能是徒有虚名。要有主见，交流时要捍卫己见，不轻易放弃，而一旦确实知错，又要勇于认错。还有，要少附和，多委婉地质疑、挑战、反驳。这样，对方就会尽力说透，这对双方都事半功倍。真正的高手也喜欢这种挑战。

治学求深要领

精擅独立思考，常怀批判精神。熟读而又多思，敢疑并且善问。
深究思想原理，思义而不生义。娴熟方可通神，深入有赖积力。
钻研原著经典，少读庸作课本。了然去脉来龙，渐进由浅入深。
不用焉能真知，破疑只求点拨。寻机以卖促学，觅人讨论切磋。

3.4　直觉和想象力的培养

教：前面您说过直觉是学术的灵魂。我们知道高手的直觉都很好，而我们谈不上有多少直觉，即使有，也很差。问题是，怎么培养直觉？

李：科研是一种发现创造，缺直觉不成。直觉是不依赖于推理而关于本质的直接感觉，它离不开深刻理解。只有真正与之交融，才能有正确直觉。觉得很自然和谐合理、富于美感，就不需要推理。我们的推导能力难与数学家匹敌，但直觉可以更强。在著名哲学家斯宾诺莎眼里，直觉认识是最高层的认识，它高于理性认识。认识由感性到理性，再到悟性，而悟性与直觉息息相通。只有达到这个层次，才是真正掌握、融会贯通。一般师生难以超越理性认识。没有达到直觉悟性的层次，不是杰出学者。天才离不开极强的直觉和悟性。

对于重要结果，特别是自己的结果，都要想方设法直接理解。**要养成习惯拼命去想它何以如此、为何正确、为何缺之不得，直到觉得它理所当然、确该如此。这是培养直觉的捷径。**这样不断加强、不断提高，好多东西就会变成直觉。多考虑典型的、特殊的甚至极端的情况，特别是"健全检验"（sanity check）。比如结果中含有某个量，就看看它等于零或趋于无穷时，结果对吗、合理吗。还要问"如果结果不成立，会怎样？"这类问题。比如有一次我让一个功底颇深的数学博士推导一个东西。他的结果，我理解不了，难以接受，他说他也不懂。一段时间后他发现推错了。

理解理解，"理"顺关系，"解"开扭结。理解的关键往往在于弄清关系、发现模式。西蒙甚至认定[1]：直觉只不过是一种识别。找到一个更普遍的规律，认识就会更上一层楼。一旦真的理解，就能向门外汉解释清楚，不被表象迷惑。当然并非所有问题都能想通，但要尽力。直觉能把握大多数定性的东西。

比如，我有个直觉，认为线性（仿射）性是正态分布的生命之源。正态分布向量全体构成一个线性空间，它们全都"生存于"这一空间内，此外的任何向量都不是正态的。所以，任何正态分布向量的非线性变换必定不是正态的。线性变换对于这一空间是封闭的：其中任何向量的线性变换仍是正态的。在一组联合正态分布的随机变量中，任何变量对其他变量的依赖性也是线性的。这一线性空间包含正态分布的全部信息，比如，①联合正态变量的独立等同于没有线性关系；②正态过程的强平稳与弱平稳等价；③一向量对另一向量的最优（均方误差）估计是前一向量的线性函数，因而线性最小均方误差估计就是最小均方误差估计；④记任一正态向量 x 协方差阵的逆阵（即信息阵）为 $A = [a_{ij}]$，则分量 x_i 和 x_j 在给定其他分量下条件独立（不只是"不相关"）当且仅当 $a_{ij} = 0$。值得深思的是，正如中心极限定理所披露的，为什么大自然对这种简易线性的分布"情有独钟"？其实，线性运算由加法和标量积构成，是最常用的运算，人和自然对之依赖当然也就最强。我的这个直觉，从未发现有例外，但也未得到严格证明，它有助于建立一个相应的理论。比如，我最近由此得到了评判一个分布的非正态性程度的度量。对于一般问题，推理至关重要，但科研问题往往信息不够，难以有效推理，所以直觉更显重要。

合理猜测（educated guess）也是训练直觉的好办法，它调动知识和理解，猜测未知结果和情况。一再尝试、养成习惯后，直觉就会大大提高。多用则灵，所以盲人的听力特别强。华罗庚有所谓"猜书"读书法：读前先猜它的大体内容、谋篇布局、逻辑联系，如果猜中，就不必读了。当然，能这么做，水平已然不低。

---

[1] Intuition is simply a form of recognition.

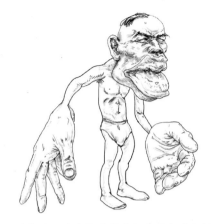

用进废退：反映触觉敏感程度的大脑小矮人

学：直觉是不是靠平时大量逻辑思维来培养的？所以，逻辑思维越强，直觉越好。

李：《智慧的矛盾》（*The Wisdom Paradox*）一书说："直觉是以往各种分析经验高度浓缩的精华，其分析过程紧凑得连当事者都毫无觉察。直觉的前提是以往曾大量使用了有序而符合逻辑的步骤。"这言之有理，但似嫌绝对。逻辑性强未必直觉好，反之亦然。而直觉好不可能不理解深刻，因为直觉有赖于（清晰或朦胧）认识深层联系或结构。我觉得，也许直觉的主要来源是分析经验，但不排除其他经验和体验。总之，**用进废退，不论你的直觉如何，都要尽量多用它，反复多用，就增强了。**

学：我发现直觉思维和逻辑思维差别很大。比如一个问题，我觉得直觉可以过去的，逻辑推理时往往还是有问题。

李：有些直觉可以用严谨的推理来验证，这属于心理学上的"合理化"，有些很难合理化。直觉好比眼睛，逻辑犹如腿脚。要走到目的地，二者缺一不可，都十分重要，但我更看重直觉。没有直觉，就谈不上眼光，而眼光就像战略把握。逻辑主要用于论证，而发现创新主要靠直觉。贡献越大，越靠直觉。

直觉认为成立，未必无条件成立。如果直觉很肯定，成立的条件就会很宽泛，而推导证明就是去找这些条件。直觉也常常简化问题，突出和抓住主要关键部分。所以直觉往往只对主体部分成立，边缘上可能有一些直觉难以达到的特殊、病态或例外情况。有直觉很不错，然后要搞清例外的情况，这很依赖于理解程度和知识面。不过，有时直觉就认为应该是无条件成立。直觉往往只能把握一个结构，结构里具体参数的大小是直觉达不到的。

教：我们怎么知道一个直觉是否正确呢？

李：这的确很难轻易判定。不过，有时还是能初步判断。比如，一个思考对象有某种重要或关键性质特征，而你的直觉对此毫无体现，那多半是错的，因为这个直觉缺乏针对性。换言之，你的直觉应该用到这个特性。

教：我觉得直觉和想象力也很有关系，想象力在科研中还是蛮重要的。怎么培养、增强想象力？

李：想象力是创造力中最神奇的部分。如何培养创造力？更不要说如何培养想象力了。不少学者认为，想象力是先天的。比如，诺贝尔奖得主、心脑科学家艾克尔斯（John Eccles）在其力作《脑的进化》中明确说："想象力是一种天赋。"如果能提升它，那么如何培养、提高这种提升力？这样不断追问下去，就造成了所谓"无穷倒退"（infinite regress）。我觉得，也许一个人的想象力有个先天的大体限度，但后天可以开发挖掘其潜在部分。顾名思义，想象是心中的图像，想"象"力就是思想形象之力，故而与形象思维密不可分。如果想象力可以提升，那么努力增强形象思维和直观思维的能力，应该是增强想象力的有效途径。所以，要想方设法直观形象地理解各种概念结果。据说大物理学家麦克斯韦就习惯于把问题形象化。想象力还与发散思维、特别是联想能力密切相关。联想可能是想象的基本形式。多多联想，才能丰富想象，所以有时应漫无约束地自由幻想，即奇思怪想、异想天开。

真正的原创研究离不开想象。谁没有一定的想象力？爱因斯坦有名言[1]：想象重于知识，知识有涯，而想象环括世界。创造力的研究表明：创造性灵感往往发生在注意力散焦、联想丰富及思维活跃时。（《创造力手册·创造力的生物学基础》）想象是一种在虚拟世界中的把握。所以理解到位后，不妨信马由缰，让思想自由翱翔，不受约束，

---

[1] Albert Einstein, *On Science*: Imagination is more important than knowledge. Knowledge is limited. Imagination encircles the world.

直到发现值得深究的想法。我在 2.13 节强调的沉思，就包括这种梦幻般的出神（即 reverie，兼含幻想、沉思、出神等义）。美国历史学家 James Harvey Robinson 在 *The Mind in the Making*（可译为《心智之成》）中指出，"飘思遐想"是少数几种极为重要的思维方式之一。有道是[1]：研究就是虽见人之所见，却想人之未想，进而发人之未发。另一方面，对于科研来说，没有灵感和想法的知识事实只是行尸走肉，而缺少事实和知识的奇思妙想不过是游魂荡魄，因为科研想象基于清晰的概念，植根于对关键问题洞若观火。

学：要培养想象力，我认为应该先提高胆量。

李：跟胆量是很有关系，确实需要多想敢想，不受限制。胆欲大而心欲细，越是贡献大的，越是这样。比如，类比都是跳跃，两类事物相差越远，跳跃越大，所需胆子也就越大。

打好基础再登堂入室？

---

[1] Albert Szent-Györgyi: Research is to see what everybody has seen and to think what nobody has thought.

3.5　基础不好，死路一条?

李：著名经济学家马寅初说："学习和钻研，要注意两个不良，一个是'营养不良'，没有一定的文史基础，没有科学理论上的准备，没有第一手资料的收集，搞出来的东西，不是面黄肌瘦，就是畸形发展；二是'消化不良'，对于书本知识，无论古人、今人或某个权威的学说，要深入钻研，过细咀嚼，独立思考，切忌囫囵吞枣，人云亦云，随波逐流，粗枝大叶，浅尝辄止。"上面讨论了避免"消化不良"的办法，下面谈谈如何防止"营养不良"，着重讨论打基础的问题。我们的师长都谆谆教导说，一定要打好基础，根深才能叶茂。这很有道理。最典型极端的恐怕是美国细菌学家、作家秦瑟的名言[1]：在科学上，一个成人心智的成长，超不过他青年时打的基础所能承受的高度。

教：是啊，我们常常感叹，基础没打好，所以科研的后劲不大。

李：人们常说，治学就像盖高楼，基础必须扎实牢靠。我觉得此话欠妥：盖楼打基础是一劳永逸的，基础没打好，后来很难弥补。我认为，**治学不是盖高楼，基础难以事先一次性打好，应终身不断加强。**

盖楼之所以成为常用的比喻，恐怕是因为"基础"二字的本义和引申义之间的密切联系。"基"的本义是墙根、台基、地基，"础"的本义是柱子底部的垫石。"基础"的引申义众所周知。我更喜欢将治学比喻成挖坑。基础不好，不必沮丧，还可随时随地不断加强，包括加固、扩大、补充等等。应随时不断补习各类知识，包括基础知识。比如，我原来的数学基础很差，中学数学学得既少又浅。大学的专业是电力，高等数学也学得很浅。主要都靠自己不断补习加强。我并不是自夸自己现在的数学有多好，不过确实比过去好多了。

多年前，我有位博士生，有一次讨论时我发现，他的一个结果和我当场推出的一个结果是矛盾的，所以要他好好检查。两周后他告诉我，他认真检查后，认为两个结果都对，虽然他同意我的分析：它们是矛盾的。我颇为不快：既然矛盾，怎么会都对呢？我只得当场帮他查错，结果几分钟就查出了他推导中的一个低级错误。他是学

---

[1] Hans Zinsser, *As I Remember Him: The Biography of R.S*: In science, the mind of the adult can build only as high as the foundations constructed in youth will support.

数学出身，攻博前在国内一所名校取得数学本科和硕士学位后留校教数学。虽然如此，数学基础和推导的严谨性仍不尽如意。后来我应邀在国内的一个全国暑期数学研究生讨论班上作报告。我说，即使从我搞的工科研究来看，你们的数学知识和训练也还不够。据说我的这番话，当时反响不小。我的意思是，基础要终身不断夯实、扩充。

教：随时补习能保证知识的系统性吗？

李：当然不能，所以过一段时期，就该"盘货"，厘清相互关系。毕业后越来越难集中大块时间去补习，只能平时一点一滴地补。补到一定程度后要设法比较系统地学习掌握，才能升华。根基确实非常重要。《礼记·学记》说得对："时过然后学，则勤苦而难成"。一般来说，以后补比学生时打好基础更难乎其难，这是"童子功"的强大功用。比如学数学的人数学基础和训练较好，往往不怕补学其他数学分支。

我想提醒注意的是，过于强调基础的副作用：如果错过了打基础时期，有这个错误观念，则不利于治学。不要因为基础不够好，就缺乏对治学的信心。错过了练童子功的机会，除了上面所说的随时补习之外，还有一个终生受用的好窍门：

在做一个科研课题时补相应的基础，特别有效。

因为这样做动机明确，而且活学活用，学以致用，立竿见影，既容易理解，又会记得更牢。这也是 3.3 节所说的"为用而学，用而求学"的一个例子。所以，切莫错过这种"临时抱佛脚"的大好机会，尽量受益。

不过，在国内学风普遍浮躁的今天，说这些"活学活用，立竿见影"的话，会有明显的副作用。其实，打基础、补基础，最需要下苦功、读死书、干笨活、用蠢法，难以取巧。

学：具体地说，怎么加强基础呢？

李：前面讨论的各种增加深度的办法，也都是加强基础的好办法。我只想补充一点，就是对每一门专业基础，应慎重选择一本经典之作，好好啃啃。

教：您现在说，要不断加强基础。这与您早先（见 1.2 节）所说的，要扬长避短，是不是有矛盾？如果我在某方面的基础不好，它肯定不是我的长处。把时间精力用来补基础，就不能用来发挥长处了。

李：这当然可能有矛盾。世间万物，矛盾普遍存在。我提倡的解决办法是：跟着兴趣走。兴趣应该是决定你到底在哪方面强的根源。要不要补某方面的基础，应该取决于你对此的兴趣强度。强的话，就补，逐渐变为你的长处。注意，如果不把兴趣而把重要性放在第一位，就可能会扭曲自己，因而未必能扬长避短。换言之，注重兴趣与扬长避短可说是天衣无缝，而突出重要性与扬长避短则有可能背道而驰。

教：我认为基础还包括基本工具，我们也应该好好掌握。

李：是的。工欲善其事，必先利其器。这包括熟练掌握以至精通强大的工具和方法，不仅限于基本工具。要透彻领会这些工具和方法的精神要质，灵活运用。同时深知其利弊，特别是适用范围和局限。

3.6　精读方略

慎选读物

李：书有种种，有好有坏。（There are books and books.）书品如人品，也有高下。书是精神食粮，读坏书就是吃毒物，会中毒——毒害思想，读烂书就是吃垃圾食品，既倒胃口，又损健康——降低品位。所以俄国文学评论家别林斯基说："读一本不适合自己读的书，比不读还坏。我们必须掌握这样一种本领，选择最有价值、最适合自己需要的读物。"友需慎交，书不滥读。太多人不慎选读物。在我们这个"图书爆炸，博文泛滥"的时代，慎选读物，尤其重要。书和人一样，优秀的极少，大都粗制滥造，不值一读，多半毫无价值，还不如垃圾——垃圾今天不再有价值，但过去也许有价值。

学：我们年轻人个个都爱上网。网上各种信息都有，要什么，有什么，又多又快。您每天上网吗？经常读博文吗？

李：我总觉得时间不够用，哪能老上网？平均也许每周只读一二篇博文，大多是著名学者写的或经推荐的。网上确有海量信息，极为方便，但缺乏系统性，准确性和可靠性也没保证。只有组织化、系统性的信息才是知识。碎片化杂乱信息的作用，是作为饭桌上基于消息而不是知识的谈资，乐于善于这种瞎侃之人不会是优秀学者。所以，在网上四处浏览，满足猎奇心理或其他庸俗的好奇心，极不可取。这样的上网时间越多，获取的信息量越大，则真正的学识越贫乏，智慧越少。重要的不是获取信息，而是丰富知识、增进智慧。

互联网是把双刃剑，既能提供众多有用信息，又会吞噬大量宝贵时间。它的功能强大，如果使用得当，真能事半功倍。但它又极具诱惑，一旦节制不够，就会侵蚀生命。只可惜，人们大多受害远大于受益。

　　　　我的上网策略是：有的放矢，拒绝诱惑，不入歧途。

每次上网都要目的明确——为某个明确的目的而获取信息，一旦完成，不逗留，不节外生枝看其他东西，更不四处浏览，消磨时光。在网上，要抵抗诱惑——不浏览关系不大而有吸引力的东西。互联网的信息量巨大，特别是图片影像资料，但大多缺乏深度，远不如传统阅读有利于理性思维。所以，要想有所成就，不该日复一日用上网浏览这种零食快餐来取代正餐——传统阅读。

总之，吃得太饱爱犯困，读得过滥会变傻。慎选读物要下血本，宁精勿滥。阅读之术，就是避免不妥读物之术。都说"开卷有益"，其实，读价值寥寥的书，即便不是浪费生命，至少不如读更有价值的书。切切牢记，现在的书大都是浅薄而价值低下的。

切莫"喜新厌旧"

学：那么，该如何选择呢？

李：3.3 节强调过，精读时，要多读经典和大师的论著，避免平庸之作；要尽量读原著，阅读教科书不利于原创研究。多读大师的论著，多亲近高手，潜移默化，品味自然高。年轻时的读书品味，常常决定了人生的品位和成功的档次。多读一流之书，常与一流为伍，自然易成一流之人。这样的书，以一敌百。大家都知道亲近大师的好处，但往往还是常读二三流作者东拼西凑的易读之作。这类书越来越铺天盖地，泛滥成灾。何况，价值天差地别的名著和庸作，价格却相仿，而且阅读的时间成本也相差不大，何乐而不为？

此外，我喜欢读"狂人"之作。狂人多狂言，"大话"连篇，惊世骇俗，其中不乏独感特识、真知灼见，特别是对时弊的针砭，只不过说得极端、夸大、偏激而已，只要我们清楚这一点、不那么极端即可。我建议大家读读德国著名哲学家叔本华的《读书论》，其中就有不少饱含真知灼见的"狂言"。比如他说：在读书时，我们的头脑实际上成了别人思想的运动场。读书太多，会渐渐失去自行思想的能力，许多学者就因读书太多而变得愚蠢。因为在阅读时思考得太少。他还说："一般人通常只读最新的东西，而不读各时代最好的书，所以作者也停留在流行思想的小范围中，时代也就在自己的泥泞中越陷越深了。"

切莫"喜新厌旧"——对于新书、时髦书、畅销书，特别是有关影视明星的或他们所写的书，要格外慎重。它们未经时间的淘汰，往往空洞无物、情趣低下或满篇时弊，值得一读的很少，精彩的更罕见。不求先睹为快，才有后发优势。品位高的好书大都经久而不畅销。畅销书是庸才的镀金墓。[1] "许多流行的新书只是迎合一时社会心理，实在毫无价值。经过时代淘汰而巍然独存的书才有永久性，才值得读一遍两遍以至于无数遍。……你与其读千卷万卷的诗集，不如读一部《国风》或《古诗十九首》，你与其读千卷万卷谈希腊哲学的书籍，不如读一部柏拉图的《理想国》。"（朱光潜《谈读书》）读畅销书就是赶时髦读书，会读书的人自有主见，不会跟着时尚去读书，被人牵着鼻子走。

教：有成就的人好像都很反对读畅销书。

李：是的，畅销书大都充满时弊，还会误导阅读取向，多读就会恶性循环：读得越多，阅读境界越低。如何选择精读读物，我再说几条。一是寻求外援，比如看看书评、简介、概述等，寻求专家同事、亲朋好友同学的推荐，再根据自己的兴趣裁决。二是试读，先看序、摘要、前言、目录、结论等，这对于宏观把握，了解要旨特色最为便捷。周作人在《自己的园地》中说："会看书的先看序。……要知道书的好坏，只需先看序。"考古学大师李济说："凡是读一本书，在开始之前，先把序文详细地阅读一遍；如此开始，大半就可以把

---

[1] Logan Pearsall Smith, *Afterthoughts*: A best-seller is the gilded tomb of a mediocre talent.

这书的要点先领会了。"(《我在美国的大学生活》)语言学权威王力也特别强调先读序文的重要性和好处,此外还有叶圣陶、萧乾等大师名家。多看看目录,也便于宏观把握。然后浏览最感兴趣的一两部分,看看是否值得一读。三要选择难度合适的。不宜太难,更不可太易。好比饮酒,太烈太淡都不好。难度应该把握在花精力能够读懂大部分内容的。人们大都避难就易,故而收效甚微。我觉得,宁难勿易,但不可难到严重影响兴趣。应对困难之于头脑健全,绝不亚于体育锻炼之于身体健康。更具体地说,杂乱晦涩者,可敬而远之;深奥不凡者,宜知难而上。后者如同向高人请教,一本胜十本。以上是精读读物。对泛读读物的要求应该放宽。

选读策略

不同的书籍要区别对待,古人有所谓"四别法":目治之书,翻看浏览即可;口治之书,会背重要之处;心治之书,琢磨求其精奥;手治之书,摘抄提要钩玄。培根在《论学》中如出一辙:"书有可浅尝者,有可吞食者,少数则须咀嚼消化。换言之,有只需读其部分者,有只须大体涉猎者,少数则须全读,读时须全神贯注,孜孜不倦。书亦可请人代读,取其所作摘要,但只限题材较次或价值不高者,否则书经提炼犹如水经蒸馏,淡而无味。"

学:这些是指选择书籍,那么对于其他文献呢?

李:其他文献也类似。我想强调一点:不要每见一篇感兴趣的论文,就读一篇!读专业文献要集中精力打歼灭战,用

"集读法":整体一次性阅读同一专题的文献。

积攒一些,然后上网搜索相关文献,有个十几二十篇后,一次性读完。这样,立马变成半个"专家"。不要分散阅读,零敲碎打,同一专题的文献过几个月才读一篇,那样效果太差。有一个西方人,花好几年工夫,通读了长达几十卷而又高度浓缩的《大英百科全书》,这样分散而不集中阅读,真是太傻了。

学:您说的一次性是指多长时间?是不是在课题选好之后再这样做?

李:我的意思是,这段时间不读别的文献,只读它,想办法把它拿下,最好不要超过几个星期。想象一下,半年前读过一篇文章,能记住多

少？现在又读一篇，它们之间的关系能清楚吗？如果一次性都读下来，相互关系也就清楚了。而且，读后面的文献越来越快。这不限于主攻课题内的文献，也适用于其他课题。这应该是一个通用方法，虽然我不知道有谁明确这样提倡。成为半个"专家"之后，才可以见一篇读一篇。

收集了同一专题的文献后，应注意阅读顺序。一个领域，最好先读一本好教科书，掌握其基础和常识，再读专著。总方针是"由面到点"，先主干后分支：首先浏览概论、引言、简介、简评、综述等，粗略了解专题的轮廓；其次根据信息，挑出一小部分，比如两三篇，精读，认真攻下；最后泛读其他文章，比较迅速地有选择地读。

学：我的偏好是由点到面。对于我们科研新手来说，从面上了解感觉很难。要解决一个问题，我还是由点到面。先切分，逐个解决，最后再融合起来凑成个面。

李：我说的是学习门径，你说的更像是研究策略。不过，恐怕确实有不少学生像你这样学习。关键是要摸索对自己最好的门径，参考别人的经验。在"面"上时，有个宏观印象即可，不宜深究，更不必完全理解。而且，点面概念是相对的。我经常收集文献，先不读，等到要读时，再收集一些，然后一次性读了。对一个专题有兴趣，但没时间或不想现在读，我就把文章的第一页归档，以免到时候忘了这一篇。如果有电子版，就把它放到相应的目录下。

教：收集资料，有什么窍门？

李：关键是分类。收集时我只看标题和摘要，以免"一叶障目，不见泰山"，也便于纵横不同领域，扩大广度，同时记得到何处去找所需文献。过一段时间，整理一下分类，同时也刷新记忆。

精读门径

学：精读有什么窍门？

李：《林语堂自传》说："我读书极少，不过我相信我读一本书得益比别人读十本的为多，如果那特别的著者与我有相近的观念。由是我用心吸收其著作，不久便似潜生根蒂于我内心了。"美国国家科学奖得主、著名女数学家 Karen Uhleneck 也说：我读过的文章并不多，但

我从每篇读过的文章中学到了很多。我觉得，

精读要领是：积极、主动、批判。

要积极猜测预期后面的内容，力争把握主题、透彻理解，寻找广泛联系。举例来说，定常系统、平稳过程、稳态响应、齐次方程等，它们形态各异，但本质相通，都是本质特性不随时间而变化。有意识地围绕主题而阅读，效果好得多。理解要更上一层楼，就得看书求理，以意逆志，弄清作者的推理思路。

主动就是要开动脑筋，不被动接受。主动学习是波利亚所说的学习三原则之首，是美国著名哲学家、教育家杜威提出的。常说精读要眼到、口到、心到、手到。胡适在《为什么读书》中说，眼到是个个字认得，不随便放过；口到是一句一句念出来；心到是用心考究每章每句每字意义如何，何以如此；手到是勤于动手，比如做札记、翻查工具书和参考书。（读古书和科技书要口到，读现代其他书则未必。）"手到"是"心到"的法门，"心到"基本上就是主动阅读。主动就会多问：这一问题是否真的存在？是否值得考虑？其种类、性质如何？为何如此界定、描述问题？关键安在？主要困难何在？这是"知其所以然"的重要内容。新处何在？何处可用？可否改进？是否值得借鉴或效法？要货比三家，多做横向和纵向对比。横向对比就是与相关文献对比，纵向对比主要指前后对比。莱布尼茨说[1]：比较同一个量的两个不同表达式，可解出一个未知量；比较同一结果的两种不同推导，可找到一种新方法。韩愈的名言说得好："行成于思，毁于随。"阅读而不充分思考，就像囫囵吞枣，消化不良，就不能去粗取精，汲取养分。这种读书，不过是在自己的脑中给作者的思想跑马。（德国著名哲学家叔本华的名言）

批判性阅读就是多质疑：为何必需？为何如此？对不清楚之处应仔细审查，不轻易放过。批判性阅读好处多多，3.3 节讨论了不少。还有，要换位思考：在此情况下，我会怎么办？这类问题会极大地深化理解。

教：波利亚所说的学习三原则的其他两个原则是什么呢？

---

[1] In comparing two different expressions of the same quantity, you may find an unknown; in comparing two different derivations of the same result, you may find a new method.

李：最佳动机（best motivation）和阶段递进（consecutive phases）。最佳动机说，动机强烈就会学好，这很有道理，与1.3节说的兴趣驱动，不谋而合。目的明确的阅读效果极佳。比如，可以计划在读后做个综述报告。3.3节说的以卖促学，也是一例。如前所述，做一个课题时，不该只做课题本身，还要趁机学相关的知识，补相关的基础，这种学以致用的学习，效果特佳。"阶段递进"说的是：学习是一个由感觉、探索，到概念、形式化，再到吸收消化思想的递进过程。朱熹的门人所总结的"朱子读书法六条"更全面[1]：居敬持志(收心恭敬, 怀抱志向)，循序渐进，熟读精思，虚心涵泳(沉浸玩味)，切己(切合自身)体察，著紧(抓紧)用力。

教：如果阅读时产生一个疑问，是应该停下来先把这个问题搞清楚呢，还是应该先读完，再返回来把它搞清呢？

李：这取决于你的认真程度。如果想认真钻研或者这个问题特别重要或有意思，前一方法较好，这样容易形成自己的观点，但需下大功夫。对这个问题，作者后来也许有所论述，如果不先多想想，就容易被作者牵着鼻子走。在其他多数情况下，为了提高阅读效率，最好先读完，再返回来把问题搞清，以免打断阅读思路。精读时切莫放过不清楚之处。第一次接触时的反应很重要，那时的想法往往很有价值，而且机不可失，时不再来。好比初来乍到一个地方，感觉敏锐，触目惊心，久而久之，就麻木了、习以为常了。

学：有人说，不仅阅读不同文献或书的次序很重要，而且读一本书，次序也有讲究。

李：一本书或一篇文章的阅读次序一般应该是：先提要、引言、概论、结论等，次主体，最后回到提要、结论。精读时，不要一上手就一页页地读，应先总览，即浏览、翻阅、略读各节的子标题、小结、图表和其他醒目之处，它们往往最重要。总览好处不少：既便于把握整体，避免见树不见林，又得以首先突出重点，在细读时这些重点还会得到温习。注意，总览是大踏步地跳读，它比泛读更粗得多。总览一本几百页的书，一般只要几分钟即可。对于精读读物，有些人

---

[1] 在《程氏家塾读书分年日程》原文中，"居敬持志"居首位，而在今天常见的朱子读书法中，它居末位，似乎不妥。

不宜先泛读，因为泛读后，就不愿再精读了。这有种种原因，比如不再好奇了。

有人提出精读典范著作的"五步法"[1]。一浏览：总览跳读，粗知大意。二提问：提出疑问，积极思考。三细读：认真阅读，加深理解。四复述：求取答案，复述要旨。五复习：巩固所学，牢记要点。这相当有理，只不过对"总结"重视不够。在此，我想强调

掩卷而思，别出机杼，提要钩玄。

开卷有益，采购知识，但还不够，还要掩卷而思，动脑加工消化领悟，既思其然，更思其所以然，想想是怎么回事、其主旨及各种联系。不用花太多时间，就会大有收获。所以，古今中外的先哲前贤都一再强调，最令人深思的书才是最好的。书像人一样，你善待它，它会感恩戴德、奉献回报。读书如饮食，读后不想，就像吃时不嚼、吃后不加以消化一样。吃菜不嚼不够味，读书不想不知意。英国经验主义大哲学家洛克说[2]：阅读只给大脑提供知识的原料，正是思考才使它成为己有。读了一篇好文、一本好书而不思考，是极大的浪费。这与 2.18 节所说的回顾，一脉相通。

新视角产生新认识：你能变换角度，重新认识此图吗？

至于提要钩玄，应设法别出机杼，从不同的角度，基于另一种组织结构，用自己的话总结要旨。我读大学研究生时养成一个习惯：学完一门重要课程后，就用另一个结构总结一下。如果所学的原结构

---

[1] 这对应于英语的 SQ3R（Survey, Question, Read, Recite, Review）法。

[2] John Locke: Reading furnishes the mind only with materials of knowledge; it is thinking makes what we read ours.

是纵向的，新结构就可以是横向的。顺着原结构走，不容易问"为什么"。按新结构走，就容易多了。新结构提供新视角，新视角催生新认识，促使重新审定理顺各部分之间的关系。原来有一种联系，现在换一个角度，就可能看得更清。比如说，方法 A 应该摆在哪里？它跟方法 B 有什么联系？还会发现不少空白。所以，这虽然费神，但大有裨益，即便所用结构不如原结构，也是如此。我后来上课所用讲义中的一些材料，就是当年这么总结出来的。这种"另构术"是我自然而然得出的，不过难免与人不谋而合。人人都应总结自己的方法。

3.7　博览之术

李：前面强调了深度的重要性和加深之法。其实，广度也非常重要。知识广博十分有助于原创性工作。说白了，**科研无非是搭建由已知通往未知的桥梁，问题求解就是将答案用已有知识表述出来**。所以，解法就是桥梁，越牢越长越宽，功绩越大。换言之，原创科研就是发现披露研究对象与已知事物的联系、异同、相似，"以其所知，谕其所不知，而使人知之。"（汉朝大学者刘向《说苑·善说》）如果你的知识贫乏，已知世界很小，做出原创成果的希望就很渺茫。何况，丰富的知识有助于更好的判断。大体上说，一个学者越伟大，他的领域就越宽广。如 2.12 节所述，长期限于同一领域的文献会束缚思想。广博的知识不仅有利于扩大知识面，而且还有助于思维的清新，跳出思维定势。我认为，**广博要以类取胜：众多门类的知识远比大量同类的知识重要**。要大量阅读各类读物，广泛接触各种知识，了解大量领域外的东西。何况，种类丰富是乐趣之源，会使生活更有意思。画地为牢的恶习，是很多学者的通病，这是作茧自缚。一个学术报告，好像不是本方向或分支的，就不想听了。这样怎能拓广？应该多参加这类活动，如果不是你的领域的，精力有限，听的时候可以放松一点，了解大概是怎么回事就行了。有些人做研究时，总觉得缺什么，但就是不知道缺的是什么，这样还不积极拓广，那真是死定了。所以，千万不可画地为牢。

学：在加深的同时，又要增加广度，但在短期内又怎么拓广呢？书很多，确实很困惑：怎么看那么多的书呢？

李：只有一本一本地看，积少成多，拓广靠广闻博览。先强调一点：深刻理解也许未必绝对需要长期积累，但是，

广博非得靠长期积累不可。

"操千曲而后晓声，观千剑而后识器。"（刘勰《文心雕龙·知音》）积累对于治学的重要性，古今中外的圣贤多有教诲。《荀子·劝学》有名言："积土成山，风雨兴焉；积水成渊，蛟龙生焉……故不积跬步(今之一步，古称半步)，无以至千里；不积小流，无以成江海。骐骥(骏马)一跃，不能十步；驽马(劣马)十驾(十天的路程)，功在不舍。锲而舍之，朽木不折；锲而不舍，金石可镂。"

学：这些都是老生常谈。有没有什么更巧妙便捷的窍门？

李：对于先辈的治学经验，不少青年人富有批判精神。循序渐进、集腋成裘，前人奉为治学圭臬，他们却不以为然，总想另辟多快好省的捷径。一心求捷径诀窍，就不会有成就。其实，不存在能让人一蹴而就的治学秘籍或捷径。恰恰相反，欲速则不达，走捷径玩小聪明会适得其反、事与愿违。切记：追求速成是治学的大忌。《百喻经·愚人食盐喻》说：有个人作客，嫌菜无味，主人加盐后变得味美，他想：味从盐出。随即大口吃盐，结果大倒胃口。任何"治学秘籍"都只是像盐这样的调味佐料，离开潜心努力、长期积累这些实质"食物"，绝不能成为美味佳肴。

汉语说"天道酬勤"，英谚也说"勤勉乃好运之母"。（Diligence is the mother of good luck.）不勤奋用功，在任何行当都不会成功。心浮气躁、急功近利是治学的大忌。明人吕坤的《呻吟语》说："为学第一功夫，要降得浮躁之气定。""学者万病，只一个'静'字治得。"当代学者吴小如在《书廊信步·积累与思考》中说得好："无源之水流不远，无根之木长不大，走捷径终归是要失败的。天下事无一不靠积累。做工作要靠实践经验，做生意要靠积累资金，当演员要靠积累艺术素养和表演技巧，搞创作要靠积累生活素材，而搞科研则靠积累文献资料打基础。……刚开始一桩工作时往往是苦干，等积累了一定的经验，就由苦干而逐步转化为巧干。治学问亦复如此。……不积累则无从思考，思考乃是知识积累到一定程度时必然产生的结果。"积微成著，积累多了，量变成质变，就更高明了。所以，虽然天赋常与年轻相伴，智慧却只是年长者的专属，是上苍对勤学多思

力行的辛劳。

教：我们都有很强的愿望拓宽自己的视野，想读很多书，但不知道怎么合理安排时间，老是感觉手头上有些事必须做完。您的事务肯定比我们多，这么多年您做行政和科研工作，您还学习很多新东西。拓广知识面和您的工作时间是怎么安排的、协调的？您看过的书很多，拥有的书也很多。

李：饭得一口一口吃，路得一步一步走，书得一本一本读，都是点点滴滴日积月累起来的，急不得。天才出于勤奋，创新依靠积累，这是老生常谈。增加广度的重要途径之一是博览，这个大家都有数。它可用于领域之外的著述，以及领域之内的次要文献。博览靠泛读略读，有些技巧，其精髓是：跟着兴趣走——先做感兴趣的事。这个领域不熟但有兴趣，就该去看。此外，对重要而并非兴趣十足的东西，也要有所涉猎。零碎时间最适于泛读。泛读的书最好章节较短，争分夺秒，每次看一两节。

教：您看的这种书都是理论性的书吗？有些理论性强的书读起来很吃力。

李：不一定，我泛览各种各样的书，主要是不需要高度集中注意力供泛读用的书。理论性强的书或补基础的书得集中时间看。泛览其他领域的读物，主要应抓住两点：一是把握全局，二是注意异同。

第一，把握全局。大诗人陶渊明在其变相自传《五柳先生传》中有名言："好读书，不求甚解；每有会意，便欣然忘食。"据说诸葛亮读书也是"观其大略"。蒙田说自己读书不肯费尽脑筋，越求甚解越糊涂。儒家"心学"创始人陆九渊也说治学要悠着点，从长计议，遇到费解时不要死抠："读书切戒在慌忙，涵泳工夫兴味长。未晓莫妨权放过，切身须要急思量。"（陆九渊《读书》）若处处求甚解，必定自缚手脚。泛览时不宜求甚解，应多注意引言、概述、提要、结论等，快速浏览主体，不苟求细节。这样不仅效率高，而且能抓住本质精髓，不被枝节套住。"不畏浮云遮望眼，自缘身在最高层。"（王安石《登飞来峰》）不被遮住是因为站得高。要见森林，不该太在意具体的一棵棵树。研究表明，行家一般比外行更注重大局而忽视细节。国内近年来的流行语"细节决定成败"，虽有鼓励认真细致的好处，但过于偏颇片面，误人子弟，尤其因为国人往往专注细节有余，大处着眼不够。比如中美学生有一个整体差别：美国学生对细节掌握往往不如中国学生，但是总体把握可能更好。如果要人尽其才，那么中国学生应给美国学生打工：美国学生当老板、领导，中国学生打下手，对付细节。

第二，注意异同就是搞清相似和相异之处。与熟悉的东西对比，哪些相同、相似，哪些不同。比如，模型选择、系统辨识和统计学习，三者的区别何在？有何相似？起码要笼统地知道它们之间的大异同。

学：那您读书肯定很快吧？有什么快速阅读的窍门？

李：我的泛览速度并不快。一个窍门是克期阅读：强迫自己在一个合理时限内读完。快速阅读的关键在于像读小说、游山玩水、逛街一样跳跃闲逛式轻松地读：粗粗浏览，一般不做笔记，不查辞典或文献，跳过不懂无趣之处。读完后我可能摘录少量精彩之处。如果是我的书，我会圈词划句（标出重点和精彩之处），还可能做些简洁的眉批。这样，以后复习就容易了，重点浏览一下这些地方就差不多了。要特别注意每节首末段、每段首末句。每节的首段、每段的首句往往提纲挈领。如果这些纲领性的话没多大意思，也许就可以跳过整段。觉得不错，就仔细点。每一段大多只有一个主旨。如果无碍大局，不懂之处不必深究。文采好的，要逐字读，以便受其润泽，提高文采。否则最好扫视，一目十行，只读有趣或有用之处。我的体会是，这样扫视加重点阅读，比逐字逐句读速度既快，效果又好，因为重点突出。要找出适合于自己的方法。还有，过于在乎快速阅读是不妥的。现代太强调效率和速度，失去了太多的乐趣和滋味。因此，中外都有一些名家提倡慢读。高明的读者会按兴趣的强弱、材料的难易等调整阅读速度。

教：但是，我认为泛读是成不了专家的。

李：是啊，只靠"泛"读怎能成为"专"家呢？不过，"专"含有"单一"之义，成为"专"家未必有多好。所以，诺贝尔奖得主、美国哲学家巴特勒挖苦说[1]：专家就是对越来越少之事懂得越来越多之人。俞平伯的红楼梦研究成绩斐然，被称为红学家。他不乐意接受，说："我做学问并不专主一门，怎么说我是'红学家'！"其实，他还是诗人、散文家和学者，古典文学造诣尤深，他是位"通家"。我们的长

---

[1] Nicholas Murray Butler: An expert is one who knows more and more about less and less.

期目标应是通家，而不是专家，进而追求孔子所说的"君子不器"。

3.8 记忆之法

教：我问个题外话，您怎么记住这么多名人的话呢？你是不是有个笔记本，或者是摘抄下来的？

李：我所引用的话，大多是读时就产生共鸣的，这些"所见略同"的话使我觉得"吾道不孤"，就记牢了。其中不少更是名言，一再看到。我并没有做大量笔记或摘录。此外，还要归因于复习。我读一本书，觉得有收获，后来会温习，就记得更牢一点。"凡是好书都值得重读的。"（林语堂《论读书》）另外，搞熟了，脑子就一直警惕着，就会发现不少联系，就容易记牢。

学：您的记性很好，经常旁征博引，信手拈来，还常讲故事，不限于领域之内的东西。我总觉得自己的记性不好。

李：知识有赖于记忆。柏拉图说苏格拉底认为[1]：所有知识都只不过是记忆。不过，记性不好，不必沮丧，上帝往往会做出补偿。普通人心中的聪明有两大要素：反应快、记性好。蒙田说得好[2]：在人们心中，记忆和智慧是一回事。……经验表明，其实几乎恰好相反：出众的记忆力常常伴随着低下的判断力。……和其他相似的补偿之例一样，随着这一能力的弱化，自然会增强我们的其他禀赋。梁启超也说："好记忆的人不见得便有智慧；有智慧的人比较的倒是记性不甚好。"（《治国学杂话》）。明智和记性确实可以有负相关。连傲气十足的章太炎都不敢与之论学的国学大师廖平，记性很差，就扬长避短，"专从思字用功，不以记诵为事"，故而创多见奇，才独识特。

不少学生说我的记性好，其实不然。拉罗什富科箴言说得好[3]：抱怨记忆力者多，抱怨判断力者少。人们说大数学家庞加莱有照相机式的记忆，但他仍抱怨说自己的记性不好。其实，记性差未必不是福

---

[1] All knowledge is but remembrance.

[2] Michel de Montaigne, *On Liars*: They see no difference between memory and intelligence. …Experience shows us that it is almost the contrary: an outstanding memory is often associated with weak judegement. …Nature (as is shown by several similar examples of her ways of compensating) has strengthened other faculties of mine as this one has grown weaker.

[3] La Rochefoucauld, *Maximes* (no. 89): Many complain about their memory, few about their judgment.

气，比如容易忘记不快和痛苦。记性不好的第二个好处是，容易忘记别人对我们的侮辱。……旧书和老地方对我们始终新鲜如初，微笑欢迎。[1] 钱锺书的《管锥编·列子张湛注九则》之四，征引了中外几则故事，都怨恨自己的忘病被医好了。而且，过目不忘则容易陷于枝节，见树不见林。不忘掉绝大多数东西，就记不住任何东西。[2] 的确，遗忘是生存之必需，不遗忘无关紧要的旧东西，就无法适应现在。完美记忆者 S 的故事（见下框），就是一个极端的例子。更应该善于遗忘，主动搞清该记什么，不该记什么。

各人的记忆力确有区别，比如指向性不同，某一类的事记得特别牢。比如我对不少日常小事的记性很差，但对一些大事的记忆不错。我跟我太太记忆力的指向性就明显不同。她的形象记忆比我强得多，但逻辑数字记忆比我弱。她挖苦说，她的记忆比我的高级，因为计算机能轻易处理数字和逻辑，却难以驾驭形象。我反唇相讥说，逻辑数字记忆是人类特有的，动物对付形象本领高强，在数字面前却束手无策，对逻辑更是浑然不知。这有生理基础：掌管逻辑推理的大脑前额皮质层区域，是人类进化的最新产物。假如我们都是计算机，那么她的记忆更高级，但我们都是人，是动物，不是计算机，所以我的更高级，而她只是动物记忆强而已。

完美记忆者的烦恼

俄国心理学家 Alexander Luria 在 *The Mind of a Mnemonist* 一书中记述了完美记忆者 Solomon Shereshevskii（简称 S）的案例。这是基于差不多三十年观察研究的结果。S 的记忆往往是"视、听、触、嗅、味"五种感觉同时作用的结果，比如他有对图像的触觉、对声音的嗅觉和对颜色的味觉。他能栩栩如生地记住每一件事，从不遗忘。这使他不能正常生活。比如，他的记忆是如此精确，以致他不一定能识别熟人的脸或声音，因为"它们的变化太大了"——它们不同于他的记忆中的脸和声音。为了设法遗忘，S 尝试各种办法，比如把想要遗忘的东西写在纸上烧掉，等等。

---

[1] Michel de Montaigne, *On Liars*: A second advantage is that (as some Ancient writer put it) I remember less any insults received. …Books and places which I look at again always welcome me with a fresh new smile.

[2] We could not remember anything unless we forgot almost everything.

各人记忆的强项不同，应充分加以利用。让我们讨论增强记忆的方法，谁有什么窍门跟大家分享一下。

教：记忆更可能跟重复有关。即使有兴趣，时间长了还是会忘。我一般是这样，文章中重要的东西，我会摘到小本上，然后只看这个小本。重复看它，经常用它，这样就能记住。还有就是跟之前的知识联系挂钩。有人建议编口诀、顺口溜。但是，并非我们工科的所有公式理论都能这样做。像某些记忆力书上写的，增强记忆的方法还是重复，理解之后多重复。

李：摘录到小本子上，时常看看，这方法不错。清朝文坛一代盟主王士禛，读书遇到妙处，就用纸条抄下，贴在书房壁上，时时诵读，直到熟后才揭去。蔡元培及清朝的叶奕绳、阮葵生等人都很推崇这种"读书强记法"。不仅要摘录，最好也记录疑惑："心有疑，随札记。"（《弟子规》）

我同意，增强记忆的关键在于和已有知识相联。《惊人的记忆力》一书说：记忆的最基本规律，就是对新的信息同已知的事物进行联想。这是心理学的所谓"统觉"。除了丰富联想外，目的明确、集中注意也可以增强记忆。好奇乃注意之父，正如注意为记忆之父。[1] 这么说，好奇就是记忆之爷了。一个人在注意时，相应的神经兴奋增强，突触联系加强。我主要靠理解来帮助记忆。一旦理解就容易记牢，这还可以增强直觉。我重视也习惯于尝试直观理解，包括几何直观、物理直观，等等。

学：我问一个蠢问题，为什么理解得深刻，就容易记牢？

李：问得好。恐怕是这样的：深刻理解往往就是识别或提炼出了模式，而模式是一种共性，即普遍存在的规律，因而会常常遇到，不断反复，所以就容易记牢。《智慧的矛盾》一书说："一种模式越普通，不同经历之间的相同范围越广泛，所形成的记忆就越牢固，所以在众多记忆中唯独模式最稳固。"我还常常用另一种增强记忆的策略，就是突出重点，不管细节，虽然"细节决定成败"现在老被国人挂在嘴上。

---

[1] 英国主教、学者、作家 Richard Whately: Curiosity is as much the parent of attention, as attention is of memory。

几年前我才意识到，做研究时我从来没故意背过东西，这对做研究不好。所以要

强记重要内容、公式等。

长时间地瞪着它，看它是什么结构的，拼命想清楚，把它记住。强记的好处不少，花的精力也不大。我一直是听其自然。意识到这点后，很替自己遗憾，错过了这么多年，不然我现在肯定更熟悉好多东西。

学：为什么都要记住？如果没记住，需要时再去查不也行吗？关系有那么大么？

李：平时不烧香，急来抱佛脚。临渴掘井怎么行？这使我想起《百喻经·愚人集牛乳》（见下框）。书到用时方恨少。对于知识，可不能用时一把抓，闲来一脚踢。内容公式没记住，它与其他事物之间的联系就不会跳出来。如果记牢了，思考时就会马上意识到这种联系。这是学以致用，用以促学。注意，联系至关重要，一个研究成果无非是未知与已知之间的一种明确联系。记住了还可以含英咀华，"反刍、发酵"——慢慢消化和回味。

> **愚人集牛乳**
>
> 　有人请客需要牛奶，他想，如果现在天天挤奶，不便放置，还会变质，不如宾客来后再挤。于是，他自作聪明地分养母牛和小牛，不让小牛吃母牛的奶。一个月后，宾客来了，母牛的奶子却已干瘪，挤不出奶了。

学：李开复很反对背诵，他说背诵是压抑创新的杀手。

李：这是不是断章取义或误解？背诵本身绝不是杀手，只背诵不思考才是：记而不思则愚，既思又记方智。创新是好，但现在一味强调创新已走火入魔，这是西方思维洗脑的结果。创新并非完全从无到有，而往往是渐进地重组已有知识以获取新知新果。所以，"'入乎其中'才能'出乎其外'，没有继承也就没有创造。"（秦牧《寻梦者的足印》）西方贵原创，中国重守成。现代西方文化喜新为癖，厌旧成痴，对守成不屑一顾，在细枝末节上层出不穷地创造翻新，恰恰可能导致长久恒定价值的缺失。其实，创新和守成不可偏废。温故而知新，

人类的精神财富已极为丰富，太阳下面无新事。(There is no new thing under the sun.)著名史学家吕思勉说："社会科学之理，古人皆已引其端(开始)；其言之或不如后世之详明，而精简则远过之。"(《经子解题》)创新只是对创新者所在的小范围来说，对于人类而言，绝大多数并非真正的创新。法国大启蒙思想家伏尔泰说[1]：原创无非是明智稳健的模仿。胡适一生鼓吹新学，倡导新文化，重视创新可谓足矣，但他仍说："创造只是模仿到十足时的一点点新花样。……一切所谓创造都从模仿出来。……没有一件创造不是先从模仿下手的。"(《信心与反省》)根据皮亚杰的发生认识论，模仿不仅是创造甚至是思维产生的萌芽。

现在空喊创新的多，不说切实可行的方法。没有记忆，创新无从谈起。比如，英语初学者不应造新词，只有语感不错之后，才可谈造新词。年幼时若不鹦鹉学舌，成年后怎能妙笔生花？

教：爱因斯坦说过：我从来不记忆词典、手册里的东西，我的脑袋只用来记忆那些还没有载入书本的东西。

李：这大概是断章取义或矫枉过正。没记住词典里的词汇，就不会说话，也无法思考。人的行为，包括理解和推理，都有赖于记忆，连想象也离不开记忆。记忆本身何罪之有？罪在太信以为真，缺乏批判精神。这与3.3节所说的"知识既是力量，又是障碍"异曲同工。

教：高中文理分科时，我义无反顾地选择了理科，原因就是不需要再背了。背东西太痛苦了，比如说背历史。

李：治学有赖于悟性和记性，并克服惰性。惰性是上进的大敌。朱光潜说："思想的毛病除了精神失常以外，都起于懒惰，遇着应该分析时不仔细分析，应该斟酌时不仔细斟酌，只图模糊敷衍，囫囵吞枣混将过去。"(《作文与运思》)钱锺书也有同感："偏见可以说是思想的放假。"(《写在人生边上·一个偏见》的开场白)即令悟性不高、记性不好，只要勤奋，还是能学有所成。悟性主要影响成就的大小，而不是有无成就。特地背一些公式之类的东西，对科研大有好处。正因为如此，在希腊神话中，科学艺术之神缪斯是记忆女神之女。

---

[1] Originality is nothing but judicious imitation.

学：数学公式好像都是靠理解的。但是有个钱伟长的访谈，他说他的数学公式全是靠背的。

李：钱伟长是由文科转到物理学的，所以自然有背诵的传统习惯。很多人是先记住再说。记住了才能逐渐加深理解、受启发，发现新的意思。我教女儿背唐诗，就是这样。

学：钱伟长还说，华罗庚他们也是靠背的。

李：他是不是夸张？也许他指，先背住再理解，或者有更深的意思，比如数学中有很多规定，要记牢。当然，这些规定也有道理。与此相通，大数学家冯·诺依曼说[1]：我们不理解数学，只习惯它。其实，如果对它很习惯，说明与它融洽，成为直觉，这是更彻底的理解。要习惯，就得长相伴。大家可以试试，先花点精力背下来，看看效果如何。

人们有个常识，即人的遗忘速率各不相同，但 *The New Encyclopedia Britannica*, Memory（《大英百科全书·记忆》）说：这似乎与实验结果相悖，是个错觉，它似乎植根于人的学习效率各不相同这一事实。所以，不该自暴自弃，埋怨自己忘得快。要提高学习效率，

合理安排时间和学习内容以增强记忆。

研究表明，影响记忆效果的主要因素有二：前面刚学的对现在要学的有干扰（前摄抑制，proactive inhibition），现在学的对前面刚学的也有干扰（后摄抑制，retroactive inhibition）；前后的所学越相似，干扰越大。所以，要避免在相近的时间内学习类似的内容，以免引起混淆、相互干扰。宋代大史学家司马光等许多前辈大师都有"不终卷，不他读"的告诫。《弟子规》也说："此未终，彼勿起。"我却常常同时读好几本书，主要是泛读之书，而不是艰深的理论书。近些年来，更是常常有意改变阅读内容和活动类型，以提高效率并保持兴趣。老读一本书，难免有倦怠感，比如一些艰深的理论书、哲学书。每次改变就像用一把新刀，锋利好使；又像翻转炉中的木柴，可使火势更旺。此外，同时读两三本相关的难懂之书，也可能比只读一本要容易些，因为它们会互相阐明。

还应考虑"分布式学习"，即"切块间时法"：把学习时间和材料都分

---

[1] In mathematics, you don't understand things, you just get used to them.

成小块，每次学习一小块，而不是集中整块时间学习一个内容（"集中式学习"）。这与 2.13 节所说做研究的深度思考正好相反：零敲碎打不利于深度思考，即"思考时间效益不等式"：1+1+1+1+1+1+1<2+2+2<5；但见缝插针对学习效果很好，有利于减轻前摄和后摄抑制，便于记忆。所以有

学习时间效益不等式：1+1+1+1+1+1+1>4+4>9。

$1 + 1 = 2$？两双小鞋等于一双大鞋？

学：您早先说的"思考时间效益不等式"好像能够理解，但是为什么"学习时间效益不等式"正好相反，我不太理解。

李：问得好。让我说得更清晰透彻一点。攻克难题、理清关系、深化理解、撰写论文、解决困难等需要高强度用脑深入思考的工作如果分多个小段时间进行，效果就会大打折扣，这类工作可称为"连续型"或"集中型"工作，主要靠右脑。而抄写课文、学习外语、背诵诗文、处理邮件、算账练字、打扫卫生等工作属于"分段型"或"分布型"工作，主要靠左脑，它们可以分段完成、分布式进行，中途停止效果也不受多大影响，甚至效果更佳。我们要尽量挤出大块时间做连续型工作，而利用零碎时间做分段型工作，并穿插进行，让左右脑交替工作、轮流休息。可见，上述**"学习时间效益不等式"其实是"分段型工作时间效益不等式"，而"思考时间效益不等式"其实是"连续型工作时间效益不等式"**。学习按其对思考的依赖程度而言有不同的层次：解惑、融会贯通等需要深度思考的是高层次

的，而大部分的学习是较低层次的，主要靠记忆、是对知识的吸收。我这儿说的学习主要是较低层次的。

"分布式学习"远比"集中式学习"效果好，这是大量实验研究的结果，已被学者普遍接受。只有需要深入思考解惑的高层次学习另当别论。比如，《美国百科全书·记忆》说[1]：众所周知，分段学习比集中大段时间学习更好。实验研究表明，平时不努力，考前临时抱佛脚搞突击，虽然可能考得不差，自鸣得意，但长期记忆效果很差，即"进锐退速"（孟子语）或西谚所说：学得快就忘得快。（Soon learnt, soon forgotten.）对于后续学业和工作得不偿失。还有，把最需要记忆的学习安排在每次学习之初，有助于记忆。刚睡醒之后或入睡前不久的学习也容易记牢。令人惊喜的是，近年来的脑研究表明，记忆力也是用进废退、用多得多：多用记忆力会增强记忆力。

此外，要保持睡眠良好。睡眠对于巩固记忆、接受信息、掌握技能大有助益。研究表明：睡眠时，存储在脑中心的海马状突起处的信息在神经皮质中经处理后重现，过滤掉不重要的，进而定格在新皮质中形成长时记忆；快速眼动睡眠对此过程很可能最有效，它一般只在水平睡姿下才会出现；而且，快速眼动睡眠在总睡眠中的比例随着年龄的增长而减小。与沃森共同发现 DNA 排序结构的克里克（Francis Crick），和合作者有个"为遗忘而做梦"的理论。据此理论，梦的内容之所以稀奇古怪，就是在过滤时，信息在脑中被"随机"组合后的显现。不过，这不易解释为什么梦的内容经常蛮有意义。此外，还有研究表明，睡眠有助于激发灵感。*The MIT Engyclopedia of the Cognitive Sciences*（麻省理工学院《认知科学百科全书》）说：激素对于调节长时记忆的存储起重要作用，所以情绪兴奋和兴奋药物都有助于长时记忆。因此，考试前夕为了睡好而吃安眠药，恐怕不利，因为安眠药会抑制兴奋。

还有重要的一招：

复习——长期记忆之关键。

贪多嚼不烂，应多复习，用足够的时间（比如 20%）来复习。明末

---

[1] *Encyclopedia Americana*, Memory: It is well known that information is better learned over several sessions than during a long single session.

清初的大思想家顾炎武，一年花三个月来复习。他是雄视有清一代的大学者，成就极大，而且博闻强记，据说能背诵十三经全部。好书，过一段时间就得重温，才记得牢。《论语》开篇就说"学而时习之"。这个"习"，主要指练习、复习、温习、实习等。《论语》还说"温故而知新"。《幽梦影》甚至说："创新庵不若修古庙，读生书不若温旧业。"研究表明，长时记忆的形成往往是日积月累、循序渐进的，而不是一蹴而就。所以，复习很有助于形成长期记忆。

学：有什么好的复习策略，比如什么时候复习最好？

李：复习确实要讲策略，隔一段时间就应复习一下。在复习之前，尽可能尝试回忆内容，确定哪些能回忆起来，哪些不能。然后有针对性地重点复习回忆不起的内容。复习应趁热打铁，最好在快要忘记之前复习。应确定、采用最佳复习间隔，它肯定不是均匀的。一开始忘得快，后来越来越慢，所以复习要开始密集一点，后来逐渐稀疏。比如背诗词古文，前面的频率要高，后面可以越拉越长。学习后几天内遗忘速度最快，几周后就慢了。有研究表明：如果不复习，一周内遗忘 3/4，三周内遗忘 95% 以上。所以，等到考前才复习不好。这样学了记不牢，还以为是自己的记忆不如人。说到复习，不少学生在考前复习时，希望老师指明重点，这说明他们自己不会抓住重点，这很成问题。

3.9　如何听讲

李：听学术报告与做科研相似，仍然是四要素：问题，描述，求解，评估。先搞清问题：究竟是个什么问题？目的用途何在？意义多大？是否值得研究？是否清晰？接着审查描述：是否妥当？有否缺陷？可否改进？应否另起炉灶？然后再看解法：为何如此？何以可行？与他法异同何在？主要利弊及其根源？可否另辟蹊径？最后看评估：是否令人信服、公允？效果有多好？积极而不是消极地听。设身处地，换位思考：对此问题，我会怎么办？这个问题像哪个问题？可以用哪种方法？应不断自问自答，积极主动猜测、预期下文。带着批判的眼光，不轻易接受报告人的观点和结论。多想想这些问题，就不至于被报告人牵着鼻子走。要牢记报告的主题：报告的标题大多提纲挈领，记牢它，才能纲举目张，它为思考、质疑提供航标。听到例子后，最好能举一反三，总结归纳背后的道理。听到道理后，最好能演绎类比，举出一些其他例证。如有重要的疑难，不妨提问，国内听众往往比欧美听众少提问。

学：不少报告，我们往往听不太懂，所以不敢问。

李：应该问，除非你是听众中特殊的另类，或者完全茫然不知所云，毫无希望听懂。如果照理应能听懂而听不懂，比如你是一位典型听众，那该问，特别是报告开始阶段讲主题时。既然你是典型听众，听不懂，错不在你，而在报告人，你不懂，其他人恐怕也不懂。我常常为了搞清问题和描述而提问：到底是个什么问题？目的何在？打算如何用最终结果？为什么这么描述问题？等等。听报告时提问，有助于开动脑筋，积极主动。另外，真正的学者肯定喜欢有人提问。我作报告时常常明说：提问就是鼓励，长时没人提问，我作报告的兴致会大受影响。

学：不少报告听不懂，也许是基础不够。

李：如果你提问，报告人发觉你基础不够，就可能降低对基础的要求，或者当场简要补充一些关键知识。另一方面，听报告之前，如果条件允许，最好做些准备：粗略了解报告的背景，简要复习相关内容，特别是基础知识。如果能想想有关背景的一些基本问题，那再好不过。如果学过相关的知识，那最好翻翻，刷新记忆。这些准备办法，我在读博时试过。一旦这么准备过，效果大不一样，时间不用多，往往十来分钟就够了。听报告应大处着眼，力争领会思想，抓住上述四要素，有些细节没听懂没关系。多听报告，会开阔视野，受到启发，拓展知识的朦胧边缘。

学：与此类似，课前预习好不好？

李：预习比上面说的这些准备工作更有针对性，当然也就更有好处。预习也应着眼于全局，抓住重点，多注意问题的本质、意义和难点，等等，不要太拘小节细处。临上课前最好花几分钟回想一下预习的内容。被动听课，被灌输给你的知识所左右，造成先入之见，这是现代学校教育的大毛病。老师讲得越清楚，危害可能越大。我在读大二时修"数学物理方程"，由全校有名的一位好老师教，讲得非常清晰，使我课上和课后都很少动脑思考。当时感觉很好，但事后证明长期效果很差，理解很有限，不久就差不多全还给老师了。所以，如果有志于学，老师讲得"好"未必是好事。通常意义的好老师，就像通常的"好课本"一样，难免误导学生，造成错觉，抑制主动思考。有了预习，听课就能变被动为主动，易于宏观把握，留心费解之处，巩固已懂之处，改善听课效果，从而进一步匀出时间预习后面的内容，达到良性循环。这样的预习最大好处是易于争取主动，不太会被老师牵着鼻子走。

学：上课做笔记好不好呢？有人说要做，有人说不要做。

李：这因人而异，你不妨试试不同的办法。课堂笔记对于集中注意力，记牢内容，特别是应试学习，大有好处。但是，做笔记会抢走思考的时间，当老师所讲的跟课本差不多时，做笔记不大适合于想要真正学好、成为学者的人。听课时往往是首次接触这一内容，"第一印象"很重要。所以，有志向的学生应该特别珍惜这个机会，积极思考，尤其着眼于基本问题，而不应把注意力花在记笔记上，特别是大段抄写课本中能找到的内容。要记笔记，最好着重记自己听课时的疑问和感悟、老师脱离课本的话，特别是心得和看穿点破的"大话"。只可惜老师大多不会、不愿、不敢说这类"大话"。注意，我们座谈所说的学习，主要是针对做科研、当学者的学习，而不是怎么才能多快好省地拿到学位。总之，简单地说，成绩不好或不爱动脑的学生得做笔记，中不溜的学生做笔记利大于弊，有抱负的学生不宜做通常意义的课堂笔记。与课堂笔记不同，做读书和科研笔记大有好处，既能帮助记忆，又会刺激思考，还有助于深化强化理解，使知识更清晰精确。古今中外，有不少著作是基于读书笔记的。

话说回来，不要把我说的这些太当一回事。它们对你未必有多好，因为你我情况差别不小。比如，我们当学生时，重要课程的课本一般要读几遍：课前预习快速读一遍，课后仔细读一遍，做习题时有针对性地读，考前复习时再认真读一遍。或许还读参考书，还可能超前学习个别特别感兴趣的课程。现在有几个学生这么干？比如，我听说有一门课很难学，为了锻炼和测试自学能力，还故意在假期中自学它，后来竟因此通过测试而免修了。回想起来，这多少有逞能的动机，虽然锻炼了自学能力，其实对课程内容的掌握并不好，因为这是集中学习，而且做的习题不多，印象不深，容易忘。

学：你们怎么会有那么多时间用于学习呢？

李：一大原因是，那时没有互联网和手机。要想有更多时间，就得少上网、少用手机、少看电视。互联网和手机"嗜时"成性，最会吞噬时间。大家明明知道，却欲罢不能，还是要源源不断喂给它们大量时间。它们带来的革命，在便利芸芸众生的同时，也淹没了不少原本有望成为精英之人。常在河边走，哪能不湿鞋？老在网络海洋上冲浪，难免慢性脑子进水。所以，电视催生了大批消极被动懒惰的电视迷（couch potato），网络促成了海量网民的浮躁短视肤浅。老在上网，思维深度肯定有问题，会变成网奴。略知皮毛者爱谈那些皮毛。乐于追踪日常"时鲜新闻"之人，是难有作为的，杰出学者是不会关注这类新闻的。

学：上网和看电视也是很好的学习途径，您为什么这么反对呢？

李：阅读出版物，是基于文字的，它依赖于逻辑和理性。而电视、网络、手机多是基于图像的，是依赖于感觉和娱乐的，传播的是当下的"新轻"消息和消遣娱乐，而不是厚重的知识和文化，它们把需要动脑的主动"读者"变成了被动观看的"观众"，促退了抽象思考能力。英国大诗人蒲柏说得好[1]：消遣只是不会思考者的快乐。阅读抽象的文字符号有赖训练，需要动脑，而观看图像无需技能，不用动脑，甚至忌讳思考，因为思考有碍观看。所以看电视、玩手机、上网大多是休息，而真正的阅读不是。何况，电视、网络、手机注重现时、当下，与扎根于历史和传统的文化大相径庭。现在的年轻人，有多少读过《三国演义》和《红楼梦》原著？他们至多只看了相关的影视。现在网上有太多处理过的罐装、盒装精神食品，手指一动，食品进嘴，垃圾入脑。手机提供了极大的便利，但也是个严重的相互干扰源，使人分心，导致注意力缺失。这对于很需要思考和专心学习之人，是一大灾难。所以，至少要戒了网瘾、常关手机，否则难有所成。时间就是生命，时间是一个人最宝贵的所有，却常常被随意浪费。一生失败者有一个共性，就是不珍惜时间，而一味埋怨时机、埋怨命运。

---

[1] Alexander Pope: Amusement is the happiness of those who cannot think.

3.10 最佳捷径

拜名家为师

李：《荀子·劝学》说："学莫便乎近其人。……学之经(门径)莫速乎好其人。"意即没有比接近爱好师从高人更便捷的学习门径。拜高人名家为师，确实是最佳捷径，有多方面、大面积、全方位的好处。这样，潜移默化，既能被深刻的思想熏陶，又可近距离细细体验领略高明之处。名家的言传身教，能激发浓厚兴趣，树立远大志向，陶冶高尚情操，瞄准重大课题，熏陶平衡心态，增强诸多能力，掌握高超策略，培养良好习惯。高标准、严要求，使弟子更有志向和抱负，看得上眼的都是重大的。我认为这是名师出高徒的首要原因。瞄准的都是重大课题，一旦成功，就成器了，就是广为人知的高徒，而不成器的弟子则鲜为人知。还有，研究创造力的专家一般公认，定义创造力的两大特征是：新颖性和适切性。判断适切性的基础是价值观。名家对于培养恰当的价值观也大有裨益。名师还能指点迷津。名师周围的环境优越，弟子的水平高。古往今来罕有其匹的全才大文豪苏东坡的"弟子"——"苏门四学士"，个个都是名满天下、雄视多代的大师。清华国学研究院只办了四年（1925—1929），学生总共不过七八十人，却出了一大批著名学者。这个奇迹根源何在？因为有王国维、梁启超、赵元任、陈寅恪这"四大导师"。另一方面，母以子贵，师以生重，徒高则师名振，不少名师之名是高徒造就的。

反过来说，科研之才勤于思考、乐于探索、勇于批判、善于反思、长于创新、求知若渴、追求清晰，等等。教师往往喜欢克隆自己，把学生培养成跟自己一样。如果导师本人都缺乏这些优良品质，又怎么培养学生的这些品质？自己不重反思，如何教育学生积极反思？自己缺乏好奇，怎么培养学生好奇求知？自己迷信权威，还会鼓励学生勇于批判？自己不求清晰，岂能引导学生深入钻研？自己水平很低，又怎么把学生带到国际研究前沿？如果是块好玉，不该让一个笨工拙匠糟蹋了。

教：现在到处都在呼唤大师，有所谓"钱学森之问"。浙大的校长呼唤月亮，说浙大有星星，但缺月亮，百星不如一月。

李：月亮？这个比喻未必妥当。月亮本身不发光，而且实际上比星星小，只是离我们近而已。

教：如果错过了拜名家为师的机会，还有别的好办法吗？

李：拜师没有年龄限制，并非只有学生才能拜师。而且，追随名师高手，没当及门弟子，还可以当私淑弟子，心摹手追，"虽不能至，然心向往之"（司马迁《孔子世家赞》）。如果不能亲聆教诲，还可以拜读大师的名著，而不只是他人的转述。

与高人为伍

此外，还可以求其次，设法与优秀学者合作，互动交流讨论，弄斧偏到班门。近朱者赤，近墨者黑。与优秀学者为伍，耳濡目染，潜移默化，水平自然无形提高。正如《荀子·劝学》所说："蓬生麻中，不扶而直。白沙在涅(黑泥)，与之俱黑。"唐太宗说："取法于上，仅得其中；取法于中，不免为下。"（《帝苑》）向高人学，得其十之二三，也远胜于向凡人学，得其十之八九。读书未必使人勤思善想，但与思索者为伍，常能使人勤思善想。[1] 学生择师选课的通病是：爱选轻松容易、不具挑战性的课程，爱选要求不高、上课生动或容易相处的老师，而不是高才博学、要求严格、充满激情、感染力强的老师。如果有志于学，这很不应该。充满激情、生动有趣、感染力强的老师更能激发兴趣。

教：与高人打交道很不容易，我们往往怕被他们看不起。

李：这使我想起鲁迅的戏言："与名流学者谈，对于他之所讲，当装作偶有不懂之处。太不懂被看轻，太懂被厌恶。偶有不懂之处，彼此最为合宜。"（《而已集·小杂感》）

默会知识

教：即便当私淑弟子或拜读名著，效果也不如真正拜师学艺。

李：是的，否则无须拜师了。最能解释名师好处的是科学哲学家波兰尼（Michael Polanyi）提出的"默会知识"或"意会知识"（tacit knowledge），更准确地说，是默会"所得"。它是相对于"外显知识"

---

[1] 美国总统 Woodrow Wilson: Men are not always made thoughtful by books; but they are generally made thoughtful by association with men who think。

（explicit knowledge）的内隐所得和本事，比如弹钢琴的本领。这种后天所得无法用语言完全表述。不反复实践，潜移默化，就得不到。它与经验密切相关而又不同。一个人的大量各种所得是默会的、隐性的，甚至无意识的，离不开与外界环境的交互。徒弟向师傅所学的，最重要的是默会知识。高徒经过模仿和反复实践，从名师身上学到高超的默会知识。因为无法完全言传，别人很难学到名师的默会知识。科研治学的本领无疑主要是一种默会知识，只可意会，难以言传。所以我在 2.18 节谈研究策略时强调，要勤练习、多琢磨、常践行。

与外显知识相反，由于难以言传、需要实践，所以默会知识属于个人，难以跨代积累和发展。相对而言，现代西方和传统中国历来分别更注重外显知识和默会知识，分别更注重工具器械和技能才艺，分别更注重逻辑推理和直觉体验，分别更注重"动脑"和"用心"。相对而言，"用心"所得到的认识和体验，更融通执着、深入精髓，更有人情味，其"核心"更与精神灵魂相联系；而"动脑"更是条分缕析的逻辑理性推断，更少人情味，更强调"首脑"以及主观和客观的二分。现代西方所重视的，是独立于个人之外的东西，有较严格精确的表达，易于传承从而积累；中国传统所重视的，是心物交融，是知情意相通的体验和直觉，它无法脱离个人而存在，"只可意会，不可言传"，因而难于传承和隔代积累。可见，中西方各有所偏：或者重心轻脑，最恨"变心"，或者重脑轻心，最怕"洗脑"。早在二千多年前，《庄子·天道》就借"轮扁斫轮"，明确指出默会知识远比外显知识重要而有价值。遗憾的是，现代以来，全球都被外显知识垄断，大量默会知识正在消亡绝种，令人痛心。人人都注重外显知识而漠视默会知识，比如现在的网络教育，就是明证，它一味只顾外显知识。智商的测试，也只注重外显知识。与此对应，人们往往注重陈述性外显记忆，即关于知识、事实的语义记忆和关于过去经历的所谓情景记忆，漠视程序性内隐记忆，包括对技能、本领、习惯等的记忆。外显记忆的强弱极易检验判定，而内隐记忆则不然，所以智商的测试不反映默会知识。幸运的是，内隐记忆一般是永久记忆，一旦得到，终身难忘。

教：照您这么说，如果不在名师身边，就没有什么办法能学到很有用的默会知识了？

李：那倒不尽然。不在身边而想学默会知识，有一个可行办法，就是范例学习。这可以通过早先说过的"知人读史"——看传记、读故事并留心思考来实现，尽管效果远不如"亲从名师"。

3.11 关键：费心琢磨适己之法

李：英国浪漫主义大诗人柯尔津治说[1]：有四类读者：一类像沙漏，进进出出，全部漏光，毫无踪迹；二类像海绵，全部吸收，保持不变，只是脏些；三类像过滤袋，流走的是纯汁，剩下的是废渣；四类像宝矿矿工，抛开废物，留下珍宝。我们要当第四类。说到底，最佳的学习方法就是不断寻找这一方法，肯花时间琢磨。治学犹如学游泳。高层的学问，只有通过自身的努力体验才能得到。源于亚里士多德的西谚说得好[2]：要学会去做的，靠做着来学。人人各不相同，关键在于寻求、发现、设计最适合于自己的方法。这只能自己找、自己总结。

再强调一下，治学最重要的是兴趣，而不是方法。过于重视学习技巧，仿佛习武过于重视武功招式，而不是修养和内功心法。天才和艺术毁于定式成规。[3] 遗憾的是，真正的心法难以言传，主要靠潜移默化、不断实践、逐渐体会。

志犹学海，业比登山：治学好比登山。要想轻松，只应走平地，不该去登山。既然要登山，就不该偷懒。不吃苦耐劳，就无法领略登山的乐趣和沿途的风光。登顶成功的喜悦，远非登山的全部乐趣。别人说的途径，对你也许太陡峭，力所不及，虽可借鉴，仍需自寻佳径。

---

[1] Samuel Taylor Coleridge: There are four kinds of readers. The first is like the hour-glass; and their reading being as the sand, it runs in and runs out, and leaves not a vestige behind. A second is like the sponge, which imbibes everything, and returns it in nearly the same state, only a little dirtier. A third is like a jelly-bag, allowing all that is pure to pass away, and retaining only the refuse and dregs. And the fourth is like the slaves in the diamond mines of Golconda, who, casting aside all that is worthless, retain only pure gems.

[2] Aristotle, *Nicomachean Ethics*: What we have to learn to do, we learn by doing.

[3] 英国作家 William Hazlitt: Rules and models destroy genius and art.

治学又仿佛寻宝。真理宝藏藏于洞中，直觉和灵感引导我们确定探索路线；知识像烛光使我们不至于摸黑前进、随手取物，知识越渊博，烛光越强；取出之物主要由推理来鉴定价值。"入之愈深，其进愈难，而其见愈奇。……夷以近，则游者众；险以远，则至者少。而世之奇伟、瑰怪、非常之观，常在于险远，……尽吾志也，而不能至者，可以无悔矣，其孰能讥之乎(怎能讥笑他呢)？"（王安石《游褒禅山记》）科研还有很多其他类比，包括垦荒、挖洞等等。

学习门径要义

兴趣心态第一，方法能力次之，知识技巧再次，最后文凭学历。
知多才能广博，思明方可精深。深广相得益彰，研创最重精深。
求深之法虽多，更赖勤勉领悟。事事多练直觉，时时补习基础。
文献集而读之，立成专题半仙。阅读由面及点：概观精读泛览。
慎选精研读物，积极主动批判。读罢掩卷思之，别出机杼钩玄。
切忌画地为牢，广博以类取胜。积累博闻广见，把握全局异同。
合理间隔复习，钻研熟记要义。最后一刻务杂，见缝插针学习。
寻拜名家为师，常与俊杰为伍。琢磨才有大得，妙用一心存乎。

第 4 章
科研论著

4.1 论文写作要旨

李：先强调一下，莫投粗制滥造的文章！这大有害处，会破坏你的兴趣，有损你的声誉，浪费你和他人的时间精力。如果不遵守这一条，下面全都免谈。这个世界已有太多垃圾文章，以致著名科学哲学家拉卡托斯挖苦说[1]：在我们这个出版爆炸的时代，多数人没有时间阅读自己的手稿，现在废纸篓的作用被科学杂志取代了。有一幅漫画说[2]：谢谢投稿，为了节省时间，随信附去两个拒录通知，其一用于这次投稿，另一供下次投稿备用！

质量远重于数量：一篇开创性论文优于十篇优质论文；一篇优质论文优于十篇一般论文；一篇一般论文优于不写论文；不写论文优于大量低劣论文。一个人的水平越高，越重质而不重量。我当 IEEE 汇刊的 Editor 时，有一次有人投来一系列五篇文章。我找的审稿人无一例外都认为文章很差，一致建议拒录所有五篇。我在给作者的信中就建议他重新审查自己的质量标准。这使我想起了下面的趣话[3]：尊稿拜读，无比喜悦。假如予以发表，则不可能再发表任何更低水准之作。无法想象神圣的尊稿在未来千年之内能见其匹，故而不得不退还，遗憾遗憾。同时再三恳请原谅我等目光短浅、胆小谨慎。古人强调厚积薄发，就是要保证质量。钱锺书有"文正公"的雅号，因为他的著作经得起挑剌。他却自称"文改公"，因为他修改不断，即使出版后仍不停手。国内有位著名多产学者有本书再版，我所知道的初版的所有瑕疵，包括明显的错漏之处都未改正。这反映了学风，我不得不下调对他的敬意。这个再版有损他的声誉。

在国内当前量化指标大旗下，要大家"出淤泥而不染，傲霜雪而无

---

[1] I. Lakatos, *The Methodology of Scientific Research Programmes*: In our age of publication explosion most people have no time to read their manuscripts, and the function of wastepaper-baskets has now been taken over by scientific journals.

[2] Thank you for submitting your story to our magazine. To save time, we are enclosing two rejection slips: one for this story and one for the next story you send us!

[3] We have read your manuscript with boundless delight. If we were to publish you paper, it would be impossible for us to publish any work of lower standard. And as it is unthinkable that in the next thousand years we shall see its equal, we are, to our regret, compelled to return your divine composition, and to beg you a thousand times to overlook our short sight and timidity. Rejection slip from a Chinese economics journal, quoted in the *Financial Times*.

侵"有困难，但至少文章的内容要正确而有新意。有个笑话说，有人收到如下的审稿意见[1]：本文颇有新意，并富含真理。不幸的是，真者不新，新者不真。

学：有时我们也不知道自己的文章有多大的价值。

李：杜甫诗云："文章千古事，得失寸心知。"自己是大体知道的，只是未必把握得准确而已。如果确实是判断失误，那情有可原。关键是做到问心无愧，不投自己明知是质量低劣的文章。还有一幅漫画说[2]：来稿不符以用，故此退稿。附注：我们注意到来稿是用快邮寄的；垃圾邮件用慢邮即可。有篇"二郎庙"妙文，有"夫二郎者，大郎之弟，三郎之兄，而老郎之子也。庙前有二松，人皆言树在庙前，我独谓庙在树后"等妙语，真令人捧腹大笑。注意，新颖并不意味着有价值，人类每天都产生大量诸如此类的新垃圾。

学：您能不能正面说说怎么写科技文章？

李：学术论文的内容要正确、新颖、有价值、有的放矢，笔法应追求准确清晰简洁。主要体现在如下几点：①命题、论点、结论明确、新颖而有意义；②读者的定位正确，技术深度和文章长度合适；③论据翔实充分，令人信服；④文章主次得当，前后有序，详略适宜，结构层次分明，逻辑严谨；⑤语言叙述准确清晰、简洁紧凑、自然流畅。我认为，科技论文写作的关键是对读者正确定位，然后

设身处地，"投读者所好"。

作为读者，你最喜欢读什么样的论文，就尽量把论文写成什么样。

学：在描述问题和算法，或者解释可能性和意义的时候，那个度不太好把握。不知道是要多写一点，还是应该写得精炼一点，把本质说出来就可以了。

李：这关键在于对读者的定位要恰当。量体裁衣，这篇文章是写给什么

---

[1] This paper contains much that is new and much that is true. Unfortunately, that which is true is not new and that which is new is not true. 引自 H. Eves, *Return to Mathematical Circles*. 这恐怕脱胎于英国文豪约翰逊博士之语：贵稿既佳且新，但佳者不新，新者不佳。(Your manuscript is both good and original, but the part that is good is not original, and the part that is original is not good.)

[2] We are returning your manuscript. It does not suit our present needs. P.S. We note that you sent your story by first class mail. Junk mail may be sent third class.

样的人看的？一旦定好位，就可以较好地确定文章的起点。大多数
新手定位定得太高，以为读者都很熟悉这个课题。不该把读者定位
成小同行、对课题很熟悉，——这样，读者群太小了。一般如下定
位差不多：读者熟悉文章的大方向或者领域，对你的课题方向有所
了解但不熟悉。比如写关于多模型法的文章，如果是为目标跟踪写
的，不该认为读者对多模型非常熟悉，不该定位到这么小，应该再
大一些，对多模型法有所了解就差不多了。如果读者对这些东西一
窍不通，没有这方面的任何背景知识，那读起来很困难。所以，读
者对你的课题有所了解，但不熟悉，他们花一些时间用心地看，应
能看懂。不应要求做过同一课题的人才能读懂。用一堆行话，又不
解释，让人看不懂。有些新手刚从课本或经典处学到了一些东西或
行话，就想在文中展现，这也不妥。

对读者定位之后，就可以较好地确定学术难度水平和文章长度。关
于长度，我有一个"先长后短"的独家小窍门：

初稿不妨稍长些，审后再适当压缩。

当然，只能稍微长一点，不能太长。写得太短，不容易懂，审稿人
会提不少问题，结果反而得增加不必要的内容。其实，后面的不少
问题是因为前面理解不到位。前面力争讲清，就容易看懂，不仅前
面没问题，连后面的不少问题也都冰解冻释。这样处境就好多了，
大不了要你压缩篇幅。为此，一般来说，我们应该采用

释疑法：解答读者很可能会有的重要疑难。

初稿稍微长一点，也便于提出和解答这些问题。如果对读者的定位
较好，这些问答就很有价值。

教：我现在写东西的时候，开始试图去揣摩审稿人有可能会问些什么样
的问题。假如有这类问题，不好回答或者讲不清的话，还是不写这
些东西为好。

李：你不投"桃"(好果实和包装)，他怎么报"李"（好评）？你不让审
稿人轻松，他怎么会给你好果子吃呢？让审稿人阅读轻松自如有利
于被录用：每一个困难或含混之处都降低录用的概率。有人夸张地
说：别让审稿人思考。（Don't make the reviewer think.）这有道理但
太极端：真正的好文章应该发人深省。对于审稿人和读者很可能会

问的重要问题，应该在文中明确提出并答复，这很重要。另外，如果你的东西有缺陷，不要隐瞒。如果隐瞒，一旦被发现，他们不仅会怀疑结果的可靠性，质疑文章的价值，甚至可能怀疑你的人品，那就因小失大了。

4.2 结构、条理和语言

学：论文的结构有什么特殊的讲究?

李：在 2.1 节讲过，工程和应用科学研究有四要素：问题、描述、求解、评估。论文也常按这四要素展开。各个领域的论文大多有个常见结构，比如所谓 IMRaD 结构[1]，即引言、材料和方法、结果以及讨论。在我熟悉的领域，往往包括引言、问题描述、解法、仿真或实验结果及其分析评估、结论和参考文献，可能还有附录。就像八股文的破题、承题、起讲、入手、起股、中股、后股、束股那一套。除非你是高手，一般就按这个起承转合的"科技八股文"结构就行了。

要尽可能思路清晰、脉络贯通、层次井然。一句到下一句，一段到下一段，一节到下一节，要力争持之有故、论之有据、言之成理、述之有序、逻辑分明，"想实然、想所以然"而不"想当然"。比如，一个段落不该包含几个主旨，——每个段落都有也只该有一个主旨，它往往靠首句或末句来点明。而且，前后段落的主旨在逻辑上应该自然而紧密地相连相扣。要做到上述这些，关键在于思路清晰。英语中有个夸张的说法：清晰确乎仅次于神圣。(Cleanliness is indeed next to godliness.) 思路不清就像一团乱丝，作文时的运思主要就在于厘清思路，理顺这团丝：言定于意，意定于思。思路清晰后，才能推理严谨、详略得当，只要自然地表达想法，就易于理解。有道是[2]：马虎草率的文笔反映粗心懒散的思维，晦涩费解的文笔反映含混不清的思路。的确，心清则话明，**没想明白的必定讲不明白，只有想清楚了才能讲清楚**。文中不妨时不时点明动机，特别是思路转换时。培根有名言[3]：阅读使人充实，交谈使人敏捷，写作使人精确。

---

[1] Introduction, Material and methods, Results, and Discussion.

[2] T. C. Allbutt, *Notes on the Composition of Scientific Papers*: Slovenly writing reflects slovenly thinking, and obscure writing usually confused thinking.

[3] Francis Bacon, *Of Studies*: Reading maketh a full man, conference a ready man, and writing an exact man.

要特别追求条理清晰，这非常值得费力斟酌推敲。这样做大有裨益，它还会加深理解，产生更好的新结果，等等。

每次把研究成果写成论文时，都是一次升华甚至突破的绝好机会。写论文不仅强迫自己总结研究所得，而且还使观点和成果更趋成熟、明确、丰富、完善。有些观点甚至是在写作时才产生的，用笔有时确实能促进思考、产生火花。写论文是做研究的提高，这是很重要的经验之谈。这与 3.3 节的"以卖促学"一脉相通。举例来说，线性估计融合的统一模型，我就是在写论文时，发现分布式和集中式的诸多相通之处，想要统一描述而总结得到的。总之，花时间认真考虑逻辑条理，是不会后悔的。有个不错的想法或结果时，要使思维清晰，就应写出来。不过，不该急于发表。朱光潜说，"多年来我养成一种习惯，读一部理论性的书，要等到用自己的语言把书中要义复述一遍之后，才能对这部书有较好的掌握；想一个问题，也要等到用文字把所想的东西凝定下来之后，才能对这个问题想得比较透。……写说理文也是整理思想和训练思想的一个很好的途径。"（《漫谈说理文》）我有不少未完成的论文，有些已经动笔好几年，其中包括不少会议文章，它们是期刊论文的草稿。写过这些草稿后，对相关的问题就会特别敏感，理解也会不断加深。

还有一个很有用的"先声夺人"的"亮前术"：只要结构合理，

力争"亮点"靠前。

即把吸引人、价值高、引以为豪、重要的新东西或好货尽量靠前。因为大多数读者都急于做出一个初步判断——第一印象最难忘（First impressions are the most lasting），也就是心理学上的"锚定"（anchoring）机制，后来不易改变。好东西靠前可以先声夺人，让人觉得值得一读。阅读大都是开始比后来更认真，很多人看了没多少就不看了。好货不放前，岂不可惜？当然，不应过分牺牲结构、硬把好东西放前。同理，相对差些的东西要靠后，但不要放在最后。

一般来说，开头最重要，结尾次之，它们分别对应着"从无到有"和"从有到无"的突变，而中间过程只是量变，这有生理心理基础。所以要"善始善终"：善于开始，善于终结。关于作文，前人有"凤头、猪肚、豹尾"的说法：开头要像凤头一样俊俏秀丽，主体部分要像猪肚一样充实饱满，结尾要像豹尾一样结实有力。可见开头和结尾的重要性和写作要点。同理，每一节的首段和每一段的首句，要特别努力写好，最好提纲挈领、端正有气势。

学：做一个东西，花了不少力气想要把它讲清楚，但还是讲不清楚，怎么办？我们经常碰到这种情况。

李：尽可能讲清楚，

实在讲不清，就忍痛割爱。

如果自己都觉得没讲清，那读者肯定很有困难，所以应该删掉，否则是自讨苦吃。美国著名哲学家、心理学家詹姆斯说得好：智慧之术即明了何者可忽略之术。如果作者对是否清楚没把握，那事实上就一定不清楚。

学：问题是，这个东西一删，那么这篇文章就没有什么东西好写了。

李：果真如此，那么这篇稿子就不该投。如果花了很大力气，还是讲不清，说明还没真正搞懂，还不到位，还没到投稿的时候。要诚实，"知之为知之,不知为不知，是知也。"存疑是古人奉为圭臬的"多闻阙疑"中的阙疑。一代国学大师王国维讲《诗经》，虽有见解但把握不够大的就不讲，所以一堂课中竟然在好几处说"这个我不懂"。他还说[1]：我对《尚书》有一半不懂，对《诗经》十之一二不懂，而且历来的大师也都如此。

教：有些时候算法比较复杂，可能一句两句说不清，就分步骤或者画图来表示。

李：对，图示往往挺好。有时单靠文字，确实讲不清，不如图表浅显易懂简洁。英语俗话说：只图值千言。（A picture is worth a thousand words.）笛卡儿解释其思维法则十二说[2]，没有什么比看得见、摸得着的图形更合情理，因此这样表达大有裨益。图表的说明最好不用读正文就能明白，不少忙人直接看图表而不看正文。

---

[1] 王国维《与友人论〈诗〉〈书〉中成语书》："《诗》《书》为人人诵习之书，然于六艺中最难读。以弟之愚闇，于《书》所不能解者殆十之五，于《诗》亦十之一二。此非独弟所不能解也，汉魏以来诸大师未尝不强为之说，然其说终不可通，以是知先儒亦不能解也。"

[2] It is exceedingly helpful to conceive all those matters thus, for nothing falls more readily under sense than figures, which can be touched and seen.

还有时需要用类比、比喻或其他浅易的方式来表述解释。当然，选用好的比喻不容易，正如亚里士多德在其《诗学》中所说[1]，善于比喻是天才的标志。举例是另一高招，例子要尽可能简单贴切，如果还能新奇，效果就更好。举好例子也很不容易，但经过努力还是能够办到的。总之，要使用各种手段，便于读者理解。

语言叙述

教：除结构外，文章的叙述和语言的使用有什么要求或讲究？

李：论述要有根有据，尽量回避推测。科技写作要准确严谨、清晰流畅、紧凑简洁、直截了当，避免含糊不清或有歧义的论述，少用冷僻词、行话和专业术语，避免重复拖沓、冗赘、架屋叠床。语言的累赘往往反映了思想的贫乏。准确大多取决于用词，流畅有赖于上下句之间的关系，而其余要素主要取决于句子结构。"意贵透彻，不可隔靴搔痒；语贵洒脱，不可拖泥带水。"（严羽《沧浪诗话·诗法》）用比较简单的语言写作，尽可能简练直白。有相当经验之后，再考虑有所变化，避免太单一，增加清新、生动和情趣。有位我熟悉的知名学者，写论文语言生动，富有情趣。但有一次几位欧洲学者审他的文章，对他的生动语言不满，不太领会其中的情趣。我作为 Editor 也只好要他忍痛割爱，因为科技论文用语首要是准确清晰，而不是生动有趣，何况还得兼顾非英语母语的读者。

大多数人以为，科技英语写作应该多用被动语态，以保证客观性。比如，美国国家科学基金的指南明确指出，申请报告要用第三人称。这是一个重大误区。**在科技英语中，被动语态泛滥成灾，因而不必要地冗余臃肿、单调乏味、缺少生气**。我也深受其害，直到十几年前才受启发而意识到这一点。其实，主动语态更简洁灵活生动。在科技写作中，无须避免。当然，最好不用"我"（I，me，my），其实无须避免 we 和 our。譬如说 our method 就比 the proposed method 更自然明确而简洁。还有，科技英语充斥着介词和动作名词，一般都不如直接改用动词，比如，A significant reduction in computation is provided by the proposed method 就远不如直接说 Our method reduces

---

[1] A command of metaphor ... is the mark of genius.

computation significantly。大多数 be provided、performed、carried out、conducted 等，都可以这样简化。

王国维的《人间词话》说，作诗填词，用语"不隔"比"隔"好。对于诗词，这或许可以商榷，而对于科技写作，这没有争议：能用具体明晰之词，决不用抽象浮泛之词。还要尽量少用"可能、或许、大概、无疑、显然、肯定"等表示主观猜测或判断的词汇。大多数人太爱用长句，特别是嵌套从句，太啰唆臃肿，比如说 It is very important to notice that…, As we can see…, From… we can see…, 等等。也太爱堆砌名词，一般应该避免连用三个以上的名词，既有歧义，又显得不纯正地道。另外，不要勤于变换语句结构。平行结构虽然可能略显单调，但十分简洁明了，对于科技英语很有好处。貌似平行而并非真正平行的结构令人迷惑，应避免。要养成如下习惯：对首次使用的记号给出定义或加以说明，尽可能保持记号和表示在全文中的统一。譬如同一个东西（比如同一种方法的结果）在多个图中出现时，最好用同一种线条和颜色。美国数学家哈尔莫斯说得对[1]：最好的记号是无记号，能不用复杂符号系统，就不用。少用记号，即便

难道有什么不会被你说？被动语态被用得太多了！

---

[1]Paul Halmos, *How to Write Mathematics*: The best notation is no notation; whenever it is possible to avoid the use of a completed alphabetic apparatus, avoid it.

要用，也要尽量简单。尽可能采用"标准"记号，这样方便大多数读者，用自己独特的记号会给读者带来无谓的额外负担。数学出身之人对此尤其不注意。总之，凡是读起来可能有困难之处，应想方设法写好，方便读者。

易写者难读，易读者难写

李：学写作跟学游泳相似。写文章一定要认真，多写勤练，肯下功夫。不多观察练习，对于别人说的方法，就会像苏东坡的《日喻》（见2.18节）所说天生的盲人对太阳的认识一样，贸然用别人说的方法，就会像北方人学潜水而溺死一样。对于论文来说，易写者难读，易读者难写。"看似寻常最奇崛，成如容易却艰辛。"（王安石《题张司业》）想一想，有几个审稿人会喜欢读马虎草率、晦涩费解的稿子？错字、疏漏、不规范、小错误等各种硬伤给人坏印象。尝鼎一脔，见微知著，他们由此质疑你的研究结果：你不认真，因而你的结果也不可靠。你觉得委屈，但如果你本人都不认真对待自己的文章，凭什么要求别人认真对待？写论文态度不好，科研态度又怎么会好呢？如果做科研认真仔细，那写文章又怎么会草率？严谨学者不出粗糙活儿，他们大都有"为求一字稳，耐得半宵寒"（顾文炜《苦吟》）的认真态度。

一位美国无声片著名影星说得有理[1]：我对出书比对结婚都更慎重得多，跟书没法离婚。是啊，一旦发表，不论好坏，你的论著都永远在你的名下，无法抵赖。我写论文尽量采用如下的"收敛"终止准则：不断改进，直到自己认真看一遍后，无法得到有意义的提高改进时。"爱好由来着笔难，一诗千改始心安。"（袁枚《遣兴》）比较理想的是：尽量对自己的稿子苛刻一些，"吹毛求疵"；搁置一段时间、比如几个星期后再看再修改。投稿前尽量请同学、同事或同行认真阅读、提中肯的意见。"学为文章，先谋亲友，得其评裁，知可施行，然后出手。"（《颜氏家训·勉学》）在初稿完稿前后，认真准备作一个学术报告，这对改善结构、理顺条理、讲清要点大有裨益。还有，最好为读者指明行文的方向和目标，点明阶段进展和已达目

---

[1] Gloria Swanson: I've given my memoirs far more thought than any of my marriages. You can't divorce a book.

标，使阅读尽量轻松自如。有时，写得好坏，结果有天壤之别，卡尔曼滤波优先权的故事（见下框），是一佳例。

卡尔曼滤波的优先权

　　我们知道，卡尔曼滤波是卡尔曼创立的。其实，雷达技术权威施威林（Peter Swerling）先于他一年就发表了。卡尔曼滤波广受关注之后，施威林写信给那份期刊，要他们声明，他更早就搞出了，有优先权，结果不了了之。原因之一恐怕是卡尔曼的文章写得确实好多了，施威林那篇写得比较乱，结果也没有卡尔曼的漂亮，因而所藏的金子未被发现。这很常见：写得不好，就会埋没好结果。卡尔曼写得深入浅出，比如还有一个附录，介绍随机过程的基本概念，因为随机过程那时还不太普及。

学：我们确实应该严谨认真，但是，到底应该到什么程度呢？我想，肯定不可能追求绝对严谨。时间有限，认真过头会影响科研产量。

李：只有不够认真，我还没见过一个学生治学认真过头了。让我举一个切身例子，说明应有的认真程度。多年前我还是助理教授时，在校读自己一篇期刊论文发表前的排版清样时，意识到其中一个结果似乎与某些已有结果不相协调。我顶着压力，扣下清样长达四五个月之久，直到想出办法，消除了矛盾。我进一步研究，终于彻底弄清问题所在，由此得以指出并更正了目标跟踪领域 20 多年以来广泛存在的一个严重错误。再举一例。我的学生的一篇论文被录用后，我觉得有个难以绕开的重要问题不清楚，在终稿截止前还是没弄清，结果不得不放弃这篇论文。不过，第二年弄清之后，再次投稿后还是发表了。每一位认真的学者，肯定都有一些类似的质量把关例子。

　　大家写期刊文章最大的困难是什么？不同的人困难肯定不一样。

教：我觉得发国际期刊论文，最大的困难是理论深度不够。我很佩服那些人，一个简单的道理，就能拿出一大堆数学公式来解释：看，这个不是简简单单拍脑袋的，有数学公式作为基础。由拍脑袋到理论都能说圆，这是本事，是我最大的困难。

李：你这是讽刺挖苦，还是心悦诚服？这让我想起一个笑话。那是个"1 = 1"的恒等式，等式两边各做了一大堆不同的数学变换，比如

用 $\cos^2 x + \sin^2 x$ 和 e^0 来代替 1，等等，变得极为复杂。笑话说，要发表文章就得这样。有一幅漫画，画的是旧石器时代的两个人，在洞壁上写下 $2 + 2 = 4$，然后说[1]：这是主要结果，现在干有趣的：让我们加上大量符号、定义和多余的行话，使之费解难懂，直到中石器时代才能破译。

教：感觉数学是必要的装饰，有它未必管用，没它肯定不行。

学：我觉得这个装饰，还有推销和广告的意思。一个问题，人家说就感觉很重要，我们写则越写越小，越写越不重要。有时候可能太针对一个问题、太具体，显现不出问题的重要。我们做出成果后写文章时，总是感觉很简单，几句话就说完了。对于论述和肯定自己的研究成果力不从心，很欠缺。怎么充分肯定自己的成果？

李：这个困难大概有几个来源。一是对课题宏观把握不够，对课题的重要性、与其他课题的关系等不够清楚。照理在选题过程中，应该不断加强这种宏观把握。二是提取升华的本领欠佳，太就事论事，不太会也不太敢总结提炼自己方法的基本想法和思路。大多数青年学子在这方面所花的力气太少。你们所说的数学装饰，我想就是理论上的合理化，这是理论素养的一个重要方面，需要长期努力，无法一蹴而就。正如怀特海所说[2]：分析显然之事需要极不寻常的头脑。

学：这可能跟我们的眼光和广度有很大的关系。有些我们就是想写也不敢写。这话别人说可以，咱们说，不成。

教：这也是一把双刃剑。有时候看他们很会推销，文章的开始、摘要说得有多么好，看了以后很失望。

教：我觉得比较难的是，在做仿真例子时，如何选参数。比如雷达或声纳量测噪声的参数需要确定，怎么让这些参数的值和实际的更吻合一些？我过去写文章的时候，别人用什么参数，我基本上就用相同的参数。这方面我觉得很欠缺，可能是因为有关雷达知识太少。

李：我想无非两种办法。一是增加背景知识，因而对于参数取值的大致范围心中有数，即令是临时抱佛脚也比不抱好一点。长此以往，背

---

[1] That's the main result. Now comes the fun part… let's obscure it with lots of symbols, new definitions, and unnecessary jargon so it will take 'em until the Mesolithic age to figure it out!

[2] It requires a very unusual mind to make an analysis of the obvious.

景知识也就逐渐丰富。二是借鉴行家里手的例子和数据。借用别人的例子时，首先要判断作者是否在行。

学：还有一个大困难，就是得到仿真或实验结果后，怎么进行分析。

李：**结果分析是学术水平的测试剂，特别能测出学术深度，但不是原创度。** 它需要调用各种知识和理解，包括所有四要素：问题、描述、求解、评估。要想做好结果分析，深刻理解是关键，这与学术直觉大有关系，在 3.4 节讨论过直觉的培养。"莫嫌海角天涯远，但肯摇鞭有到时。"（袁枚《新正十一日还山》）长期努力，积极练习，滴水穿石，就会达到这个层次。《百喻经·欲食半饼喻》说：有个人饿了吃煎饼，吃到六块半时饱了。他很懊恼：饱了是因为最后这半块，前面那六块都白吃了，早知如此，就该只吃这半块。我们虽然都会笑他，其实也常犯这种傻，总是急于求成，盯着最后一步。你们说的这几点，其实都不是怎么写论文的问题，而是怎么做研究的问题。可见，要想文章写得好，先得研究做得好。

教：有人建议，写论文要用足容许的空间，比如，如果会议论文要求不多于 6 页，就得写满 6 页。

李：这便于充分展开，而且有利于录用：审稿人见你已经没有多余的空间，往往更能容忍文中的缺陷。但不该为了凑足空间而加些冗言赘语，啰唆和废话讨人嫌，更会觉得文章不好。记得有人开玩笑说，要想增加篇幅，不妨先说些比较吸引人的过头话，再花些篇幅把它们拉回来。这样就既有篇幅，又吸引眼球。注意，这只是个笑话。

4.3　标题、摘要、引言、结论

学：我们想要写一篇论文时，经常不知道如何下手。各部分的写作顺序如何？先写哪部分，后写哪部分？

李：万事起头难。我建议从简单部分开始，先写容易写或实质技术部分。我往往是先写正文主要技术部分，后写前言、结论和摘要，最后反复斟酌定标题。当然，一开始就该主题明确。

教：有人说论文标题是影响录取率的首要因素，怎么确定标题比较好？

李：是啊，标题确实重要。我说几条。第一，标题必须切合文意，能提纲挈领地反映主旨甚至重要特色。看了标题，大家对主要内容的猜测不应该与实际相去甚远。另外，知道内容的人应该认为它是切题的，而不是文题不符。第二，标题要力争"夺目"。标题又叫题"目"，有画龙点"睛"的作用，所以要尽可能引人入胜、别致有趣，将整篇文章"点"活。吸引力往往有赖于新颖和独创，比如用这种形式："吸引眼球的主标题：更具描述性的副标题"，或者标题就是一个（有争议的）问句。标题中开头的几个词往往比后面的更重要。国人常用 A study of …、Investigation of …、Research on …、Development of …、Analysis of …、Improvement on …、Evaluation of … 之类非常老套、浮泛而缺乏吸引力的标题，理工科中文学位论文则几乎无一例外都是"……的研究"或者"基于……的研究"，要避免。new、novel、innovative 等词也用滥了。modified、revised、improved 的东西也都多少显得新意不足。浏览一下鲁迅杂文集，就会发现标题的花样特别多，新颖别致。他在《莽原》杂志上发表的一组回忆童年和少年生活的文章，初题为《旧事重提》，结集出版时改为《朝花夕拾》，就别有新意和韵味。

标题要精练简洁，自不待言。标题最好含有描述内容的关键字眼，便于检索，从而有更多的读者。关键字眼往往是名词。所以，引人入胜多半靠别出心裁，用不同寻常的结构、形容词或动词。当然，不该盲目地以立异为高。关键词（keyword）和标题最好没有重复，否则是个浪费，有些期刊明确要求不能重复。不过，这不容易办到。为读者着想，标题一般要回避缩写。最好给自己的创新成果起个叫得响的名，既突出新意，又便于引用，利于简洁。

教：我有一个困惑。摘要和结论很接近，引言也要提文章的结论。这三部分有很大的重叠，不清楚应该如何把握。

学：我们也觉得这是个非常头疼的问题。

李：确实，我读过的大部分文章在这方面问题不小，以至于我们往往不太重视读结论，因为它太像摘要了。其实，能否写好这三部分，让它们各司其职，各尽所能，是科技写作高手和庸才的分水岭之一。可以说，当你弄清这三部分到底该怎么写之后，你的科技写作就会"更上一层楼"。下面我们具体说说。

绝大多数人只看标题和摘要，不看其他部分。还可以假设：读者先读摘要，再读正文，最后读结论。这些都是摘要和结论应该有所区别的根源，也是为什么英文摘要一般用现在时，而结论在谈成果时常用现在完成时的根源。摘要的本义是"摘""要"——抽取提炼要旨、要义、要点。它一般是对全文主要内容的简明总结，不加评论和解释，不该有正文所没有的内容；它应阐明论文的目的、性质、范围、要点乃至特点，应尽量突出论文的价值，吊起读者的胃口，易读性、趣味性比精确性重要；它常被独立于正文之外使用，所以要尽量独立自明，不该用公式或引用文献，不用大同行不清楚的术语和缩写。不久前我写一篇论文，摘要写得别出心裁，结果吃力不讨好：不巧遇到一位刻板的副编审，被他指责了一通，质问我为什么要偏离主流写法。

摘要的一个通病是太笼统含糊空泛，缺乏实质内容。比如说：This paper deals with problem A（不说 problem A 的实质是什么），XXX is developed/described/presented/given（不说如何 developed），The problem is formulated rigorously（不说如何描述），Important factors that affect the solutions are considered（不说哪些因素、如何考虑），A new solution is presented（不说新在哪里、实质是什么），Illustrative numerical examples are given（不说何种数值例子、它们意在何为)。

教：听说有些杂志不允许摘要中有第一人称的表述。

李：是有这种情况。在我熟悉的领域中，除了数学外，摘要中的第一人称确实不多见。不过我认为，不必有此约束，哪个更自然合适，就用哪个。

结语是写在篇末的话，可以有多种写法。我觉得，把它写成结论（conclusions）比写成总结（summary）好，因为总结和摘要除字数外，区别不大，而结论可以明显不同。结论不该只是重复摘要，说做了什么什么。它应该简单明了、精确客观地总结正文的重要结果及其价值和意义，最好有所升华和拔高。它对结果的阐述比摘要容量大、精度高，但无须再论及问题和背景，也不必写得很有吸引力，使人读后想看正文。一个重要结果的实质性条件，往往应在结论中说清，但不必在摘要中说清。为了更精确，结论不妨用一些小同行术语。如果主要结果可以用简明的公式表达，那最好在结论中明确给出。对未来工作的展望，可在结语中指出，但不该在摘要中提及。

引言的主要作用是解释背景，引导读者顺利阅读欣赏正文主体，同时要吸引读者想读下去。引言要说清论文的主要价值和贡献，而不是介绍具体结果和内容，要指出跟其他工作的关系，在文献中应处的位置，讲清主要思想和想法，特别强调新意，明确指出新颖之处和价值。内行高手读了引言之后，无须读正文就应该能对文章有个大体正确的宏观把握。评审人大多十分重视引言，论文的成败常常在此一举。的确，作为开端，引言营造了一种氛围，奠定了全篇的精气神。

简言之，摘要提纲挈领，突出吸引力；结论总结工作成果，注重精确；引言指明相关联系、强调想法、新意和价值。还有，摘要的读者群最大，前言次之，结论最小。所以，摘要力求句型简单，避免行话和费解的句子，特别是长句，引言要尽量少用行话，以便更多人看懂。

教：对我个人，最难写的部分是引言。

李：英国著名物理学家爱丁顿说过一句真假参半的风趣话[1]：我认为理论的导引部分更难，因为在此我们老得用脑，……而后面却可以用数学。引言有特殊的要素，包括立题，即论文的动机和目的，为什么要做这个课题，是按什么想法做的，用什么方法解决，课题的背景、历史、现状以及根据和基础，本文的贡献，特别是新意、价值以及应用前景，等等。引言部分要面向更多的读者，而不只是小同行，应能激发读者的兴趣。少用行话，对于专业概念和术语，最好是通过上下文自然流畅地交代清楚，而不是一本正经地加以解释。介绍背景时，要把问题放在至少更高一个层次来说。比如做一个变结构多模型算法，背景至少要在多模型方法这个层次来介绍。概述历史和现状要着眼于密切相关的重要文献，对其利弊做出综合简评，不必涉及不大相关的文献，以避免枝节。简述已有结果时，应注重存在的问题和不足，不该只罗列而不分类归纳概括，也不要浓缩得只

---

[1] I regard the introductory part of the theory as the more difficult, because we have to use our brains all the time… Afterwards we can use mathematics instead!

有专家才看得懂。至于自己的方法，讲清基本思路即可。

我清楚地记得在美国写第一篇文章时，写引言简直难得出奇，差不多写每句话都觉得没把握，幸亏有导师在。有些地方他看后笑笑："你这么说也行。"之所以难，是因为对领域的了解很有限，对已有结果的评判没把握，倒不是难在用自己的语言总结他人的工作。对领域比较了解后，引言也就不难写了。我最快的速度是一天十来个小时写了一篇会议文章，就是关于最优滤波可递推性的那篇，IEEE标准双列格式，共 6 页。一气呵成，赶在截稿前一两小时内投了。那篇文章的水平并不低。不过，写得这么快，就不可能在写作过程中提高了。

教：您说的就是 IEEE-CDC 的那篇？！

李：是的。我写文章的速度应该算快的。反之，改学生的文章真累。框架结构摆在那儿，改动越少越好。"改章难于造篇，易字艰于代句。"（刘勰《文心雕龙·附会》）这比语文老师的一大头疼事——修改作文还难得多，因为结果要发表。但是，**不修改学生论文，恐怕不是好导师；看不懂学生论文，还能无愧当导师**？修改学生论文，是导师的一大职责，是带学生的主要内容和最有效途径之一。对于写得含糊有歧义的地方，我常常让他们认真想想到底想讲什么，解释给我听。然后，他们只要把是如何解释的写下即可。

学：写文章之前要不要有个大纲？

李：有比没有好，新手尤其如此。这迫使你构思条理清晰的逻辑思路，避免脉络不明、轻重失衡、次序混乱、丢三落四，但是在写作过程中可以也应该修改调整提纲。随着水平的不断提高，提纲的作用随之下降。水平越低，提纲要越细。

学：参考文献的引用有什么讲究？

李：所有相关的重要文献都得引用，但只该引用重要而相关的，不要堆砌参考文献。谈及广为人知的知识时，不必引用，如果要引，最好引经典或教科书；谈及小同行熟知的内容，最好引经典或综述文章；谈及重要结果时，最好引原始文献。在网络时代，引文和被引文往往有相互链接，便于顺藤摸瓜，所以引用经典论文可能得其"润泽"。这是"绿叶扶持的红花格外艳丽，扶持红花的绿叶倍显青翠。"为方便读者，引用要有针对性，而不是[1]～[12]，这种引而不用往往体现了写作的懒散。引用书时，最好注明章节或页码，除非所引内容可以直接由索引找到。还有，不该引不相关的文献。引用引用，不该只引不用——引的文献要起作用，比如要把自己的新结果与参考文献的结果相比较，缺乏这种比较可能会惹恼审稿人，只引不用有学风肤浅之嫌。

慎重公允地评论他人工作

教：在引言中，要对他人的结果进行评论。这个分寸也不好把握。

李：在批评他人的东西时，要慎重，不说无把握之话。古人有名言："观天下书未遍，不得妄下雌黄(改文字)。"（《颜氏家训·勉学》）首先要保证正确理解他人的东西，其次要确保批评是正确中肯的，别太苛刻、言过其实。对事不对人，指出不足而不贬低作者。比如，可以说某个观点的论证有逻辑缺陷，但不该说某人思维不严谨。最后，语气要温和，实事求是，充分肯定他人的成绩。批评他人时要设身处地，想想他人也如此苛责你时，你有何感想。失礼说明不够成熟，甚至有违职业教养。对他人的工作太苛刻是年轻人的常见病，我也一样。早年听学术报告时，我提问题太冲，直愣愣地不留情面。有一次，一位教授报告他的成果，我在大庭广众之下说，他的工作从根本上错了，严重冒犯了他，以致他一两年内都不理我。后来还是我又见到他时，因忘了此事而跟他打招呼，才逐渐恢复正常。有人教我说，批评他人时应采用"三明治法"：批评部分夹在前后的溢美之词之间。这很有道理，但我一般做不到这么完美，不太会说那些溢美之词。不少新手在评论他人工作时，理解片面，措辞激烈，甚至歪着脑袋看人——把人看斜了。当然，我有时也如此，特别是年轻时。有一次，我认识的一位学者打电话给我，指责我评论说前人（包括他）的方法缺乏系统性，强调他的方法是严谨的。其实，系统性和严谨性是两码事，但我在文中恐怕没说清。这种责人过于苛刻的过失，即便是大学者也未必能免。钱锺书苛责前贤的故事（见下框），就是一例。

在强调自己工作的价值时，不要把别人的工作批倒批臭，主要应强调自己工作的长处和新颖。我过去所在的电力领域，对他人的批评，用词比较苛刻。多年前，我刚从电力领域转到信息处理领域时，由于惯性,我在一篇文章中说一位名人的某个相关工作很"原始粗糙"(primative)。结果同领域另一位名人打抱不平,对我的话表示不满。我得知后特地打电话感谢他的指出。他被我的诚意打动,后来还主动找我合作,坏事成了好事。这主要是心诚所致。

教:如果有个现成的方法是你的方法的竞争对手,而你的方法又没有明显的优势,那怎么办?

李:当然得实话实说。承认其他方法的存在和价值,会提高读者对你的人品和文章可信度的评判,尽管文章的重要性可能会下降。还有,对于你的结果中个别并不十分重要而出乎意料的现象、结果或数据中的卡壳之处,不要强作解人,给出牵强的解释,那是自愿露怯、自讨苦吃,会贻笑大方,不妨直接说明你正在设法弄清为什么。

钱锺书苛责前贤

严复对于西学东渐功不可没,有"西学圣人"之名。钱锺书在其成名大作《谈艺录》中却说严复"本乏精湛之思,治西学亦求卑之无甚高论者,如斯宾塞、穆勒、赫胥黎辈;所译之书,理不胜词,斯乃识趣所囿也。"还说清末著名诗人黄遵宪"差能说西洋制度名物,特撷声光电化诸学,以为点缀,而于西人风雅之妙、性理之微,实少解会,故其诗有新事物,而无新理致。"又说"才若黄公度,只解铺比欧故,以炫乡里,于西方文学之兴象意境概乎未闻,此皆眼中金屑,非水中之盐味,所谓为者败者是也。"后来者容易居上,这些评价虽有道理,但"狂妄至极",全然不顾时代、环境的不同,轻视先驱的作用,苛责前贤。钱锺书从小就喜欢随意臧否人物。为此,其父钱基博特此将其名字中的字改为"默存",告诫他缄默无言,存念于心。

4.4　作学术报告

四点建议

学:对于在学术会议上宣读论文,我们都很犯憷。您能不能指导指导?

教:我们年轻教师对作学术报告也不很自在。

李:第一,充分准备,肯花时间。这非常值得,也不会后悔。西班牙大作家塞万提斯说,充分的准备是成功的一半。古人云:"凡事预则立,不预则废。"充分准备比经验、知识和能力更要紧。报告的准备时间至少应该等于所有听众听报告时间的总和。比如给 30 个人作 20 分钟的报告，至少应该花 30×20 = 600 分钟的时间准备。这个"时间对等原则"比较适用于有经验者，经验不足者应加倍努力。有人建议，每一分钟的报告平均要花半小时准备。尽早开始构思怎么作这个报告、收集材料。不是老手，就得事先演练。听众不一定记得住所讲的内容，但对讲得好坏印象深刻。所以说，**作报告都是面试**。（Every talk is an interview.）何毓琦先生 1999 年的 IFAC 大会特邀报告很成功。2000 年我应邀到哈佛讲学时向他请教过此事。他说，那大半年，他差不多每天都花一点时间准备。他如此久经沙场，还这么一丝不苟，令我印象深刻，感触良多。更有甚者，据王浩说，哥德尔曾经花一整年中的大部分时间，准备一场报告。怪不得他们会成为大家。

教：据说，何先生对作报告如此重视事出有因。他说[1]：学生后来告诉我，他们在哈佛学到的最有用的东西是报告技巧。

李：第二，了解听众，因人制宜：听众是些什么样的人，大约有多少？了解他们的整体学术背景，判断他们对报告的期待、最想从中得到什么，并考虑他们可能的偏好和先入之见。以便有的放矢，确定技术深度，特别是起点，既提供必要的背景知识，又避免不必要的技术细节。成功的报告都有针对性，要考虑听众想听什么，而不是只顾讲自己想讲的东西。

教：对此我有特别深的体会。今年夏天我去波士顿的一个公司作报告，事先把幻灯片传给他们。他们的头儿说：我们这里大多是做具体编码工作的，你的报告太数学化，要尽可能增加文字说明。我改了以后做的报告，他们觉得效果不错。所以，对听众的定位很重要。

李：对。一定要清楚听众是谁。如果不清楚，就该问，这样才能有的放矢。实在不行就求其次，当场问。当然，这样机动性小，幻灯片已经无法改变，只能在说的时候调整一下。

教：您是指大会报告。如果是分组会的话，是不是也要这样？

---

[1] Students return to tell me that the most useful thing they learned at Harvard was the presentation skill.

李：我讲的是在外面作报告。如果是会议报告，对听众的定位比较容易，一般可以假设分组会的听众对你的报告有兴趣，有一定的背景知识，但不太熟悉。

第三，我想特别强调如下的

黄金定律：少而精，少才好。

包含太多不必要的细节是大多数报告的通病。源于英国大诗人勃朗宁（Robert Browning）的西方谚语说：少即多。（Less is more.）少可洗练，多则庞杂。学而优则通，少而精则明。少而佳则倍加好。（《智慧书》: Little and good is twice good.）每一个报告一般只该有一个主题，多主题即无主题，多中心则无中心。借用林语堂的俏皮话，演讲应当像女人的迷你裙，越短越好，而不应像懒婆娘的裹脚布，越长越臭。要突出主旨重点，强调原理思路和直觉，而不是公式。对报告主旨帮助不大的应该略去。有些人想尽可能多讲，以显示和炫耀自己的学识。其实往往适得其反。《道德经》说得好："少则得，多则惑。"意多乱文，内容太多就讲不清，因而显得水平不高。定位最要紧，会议报告最希望达到的目的是什么？

教：把文章讲清楚，让人家知道文章里面是些什么东西。

李：未必如此。会议报告时间都很短，难以讲清，除非听众对你的课题很熟悉。我觉得重要的是点燃火种，唤起好奇，引起关注，觉得这文章值得一读。这有点像国画和诗词靠简括的几笔，就能勾画出空灵致远的神韵。所以，传神达韵胜于精描细摹，激发兴趣重于传递信息。最好是听众对你这个课题有兴趣，但不熟悉，你讲后他想要仔细读。要讲这个东西大致是什么，有什么好，细节不清楚没关系。与治学一样，讲的时候也要注重"问题、描述、求解、评估"四要素。作会议报告这种短报告，只能围绕一个要点，宏观把握，不要讲得太细。一旦太细，大都听不懂，因小失大。想把细节讲清楚是奢望。这使我想起波利亚戏称的"策梅洛法则"[1]：听众之蠢实难以低估，显然之事须浓墨重彩，关键之处应点到即止。这是波利亚总结公理集合论的开创者策梅洛关于如何作报告的一些针砭之言、经验之谈。

---

[1] You cannot overestimate the stupidity of your audience. Insist on the obvious and glide nimbly over the essential.

这夸张的手法所表达的意思和我上面所说的差不多。思想、主意往往显得很显然。

喝得微醉壮胆，才敢去作报告

第四，吸引听众，尽可能抓住听众的注意力。古希腊谚语说得好：良好开端，事成一半。（Well begun is half done.）先声夺人：准备好开场白，开宗明义，及早切入主题，讲清工作的背景和价值、待解问题及其重要性，以便听众有的放矢。讲问题时，力争具体而不抽象。亮点靠前：在结构合理的前提下，尽可能将最有价值、重要而又新颖的内容靠前。选用新颖的讲述次序。比如有一次我作会议报告，主题是我所研发的一个算法。我打破常规，先讲仿真结果，后讲研发的算法，因为仿真结果好得出奇，这样更吸引人。重点之处，尽量生动，甚至可以适当夸张，最好用比喻、类比、例子、故事或幽默，加深听众的印象。当然也得适当注意。比如有一次我在一个国际大会上，指出作为动态滤波主要基础的卡尔曼滤波的种种局限，并报告我对它的重要拓展和推广。为了加深印象，我在结束时故意"危言耸听"地问：既然有我的结果，是否应该禁止使用卡尔曼滤波？会后有人很严肃地表示"抗议"，在场的另一位知名朋友、IMM 算法的研创者 Henk Blom 解释说我这是夸张，他还难以接受。应尽可能激发听众的兴趣，比如欲擒故纵，诱导听众提问，而不是平铺直叙地给出重要结果。培根说[1]：任何事情，像是被问出来的都比主动提出来的，效果更好。因此，不妨设下诱饵，让人提问。还应对内

---

[1] Francis Bacon, *Of Cunning*: Because it works better when any thing seemeth to be gotten from you by question, than if you offer it of yourself, you may lay a bait for a question.

容表现激情和自信，感染听众。与听众互动：注意听众的表情，向听众提问，邀请听众猜想、提问。总之，赢得听众注意的关键是，让他们开动脑筋、主动参与，不被动听讲。

学：说到激情，有时我们害怕听众并不觉得咋样，而自己显得太激动，这样似乎不好，不像学术报告。

李：还是应该用激情去感染听众，与听众分享你对课题的热爱，对学生这有百利而无一害。学术报告也应表现激情，这恐怕或多或少就是国内常说的"气场"。

还有一些次要的注意事项。要结构合理，条理清晰。跟写文章一样，如果讲不清，就尽量避免；提出并解答听众很可能会有的问题。要注意宏观把握，多解释用意和理由，前后呼应，时常回顾和总结。政客演讲的古训提倡"三明治结构"[1]：先预告要讲什么，再讲，然后回顾所讲内容。这样便于突出重点。深入浅出，举一反三。善于用例，比如何毓琦先生说，屡用同一个经深思熟虑之例大有裨益：既经济（无须多做解释），又有效（便于强化理解），这确实很有道理。多用视觉效果好的方式，同时加以口头解释。千万别照本宣科。语调要有抑扬顿挫，有强调有带过，切忌平稳不变或强始弱终，那样容易催眠。不要在开场时致歉，比如说"我的英语不好""我没有足够的时间，是草草准备的"，这给人第一印象不好。实在要说这些谦词，不妨留到最后。

幻灯片制作

李：制作幻灯片，总原则是"设身处地，换位思考"：你听报告时，喜欢什么样的幻灯片？要牢记这一点，时时记着听众。内容要尽可能一目了然，少用公式、记号、文字，多用视觉效果好的方式，比如图表。幻灯片要精简、精简、再精简。不要太细，更不可充斥着数学。数学公式太多是个通病，要另辟蹊径把思想讲出来，包括打比方。要尽量少用数学和文字。美国数学家哈尔莫斯说得对，虽然有些夸张[2]：数

---

[1] Tell'em what you're going to tell'em. Tell'em. Tell'em what you've told'em.

[2] Paul Halmos, *How to Write Mathematics*: A good attitude to the preparation of written mathematical exposition is to pretend that it is spoken. Pretend that you are explaining the subject to a friend on a long walk in the woods, with no paper available; fall back on the symbolism only when it is really necessary.

学论文的写作态度最好是把它当作口语，当作在林中散步时向朋友解释它，没有纸张，除非确实需要，决不用符号。在作报告时不要太追求严谨，便于直观理解远比严谨重要。如果能用图表或视觉效果好的东西表示，绝对比用数学或文字好多了。这就要求宏观把握：它到底是个什么东西。比如，如果写一个复杂定理，没几个人能看懂，如果用图，就容易说清。千万不要以你不眠之夜的辛劳换来听众的昏昏欲睡。一般不需要推导证明之类的细节。不要将过多的内容塞入一张幻灯片，更不该直接复制论文中的东西。不要想讲太多的幻灯片，应计划足够的时间，比如会议论文的一张幻灯片平均花至少一分钟讲解。

教：到底是用图呢，还是用表呢？有时不容易确定。

李：图往往远比表更好、更直观。折线图适合于表示动态关系，比如趋势等。直方图和表比较适合于表示静态关系。如果数据点不多，最好在折线图中标出，如果很多，就不应标出。如果不清楚哪种方式（比如图或表）更好，不妨先都制作出来，看了之后再做决定。

教：对英语的使用有什么特殊要求或讲究？

李：用语应尽可能简洁、醒目，越简练越好。不必拘泥于语法正确，不会被误解就行。不求说话完整，即便不合正规语法，也没关系，只要几个关键词。多用动词，少用动作名词，尽量省掉介词和冠词。想想听报告时，你希望是什么样的：你肯定希望简单的几条、几个词就行，最好是根本不用读就知道是什么意思，而不是一段话。尽量删除不必要的细节。保持表述、记号、术语的一致性，避免追求花哨和多样化，平行结构虽显单调，但可以突出重点。

教：为什么要避免追求多样化？

李：不必要的花样，会给人带来无谓的困难。口述与幻灯片内容应有重复、有补充。选用醒目、易读的字体、色彩和幻灯片设计，字体要足够大。英文大写不如小写易读，所以要少用大写。不要缩写泛滥，要解释听众不熟知的缩写和记号，因为研究表明一般人平均只能记住 7 ± 2 个新记号的意义。尽量采用"标准"记号和缩写，以免给听众带来无谓的额外负担。比如，人们习惯用英文字母表中靠后的字母表示变量，最初的几个表示常量，居中的表示整数，线性方程的"标准"形式是 $Ax = b$，而线性回归的"标准"形式是 $y = X\beta + \varepsilon$。对不同的听众，要有的放矢，用相应的"标准"形式和记号。如果是答辩，最好先弄到打分表，有的放矢地设计报告。

作学术报告大忌

起点过高，如听天书。进展神速，目不暇接。小处着眼，枝节纷繁。
杂乱无章，条理不清。舍本逐末，轻重失宜。照本宣科，死板背诵。
蜻蜓点水，隔靴搔痒。尺幅千里，莫知所云。紧张怯场，手抖语颤。
眼高于顶，目不正视。背众而述，咫尺天涯。四平八稳，味同嚼蜡。

回答问题

教：我作报告最害怕的是回答问题。有没有什么好办法能提高这方面的水平？

李：回答问题的水平很能体现一个人的学术水平。我觉得有几条注意事项。

第一，在报告结束前回答问题的过程中，不要放空白幻灯片或者"Any questions?"之类的幻灯片，最好放谈"结论"的幻灯片，以便大家有更多时间记住、消化主要结论。

第二，如果没听懂问题，就该请提问者再说一遍，如果还是没听懂，最好请他换个角度说明，或者说出你的不解之处，以便他有的放矢进一步阐明观点。即便你还是没听懂，也比胡乱回答一气要好。

第三，不要急于回答，要等人问完，不妨思考片刻后再答。

第四，回答之前最好先用你自己的话复述一遍问题，这有多方面的好处：①避免误解，以致答非所问，②听众更清楚问题到底是什么，③给自己更多的时间考虑。此外，回答之后不妨问提问者你是否回答了他的问题。

教：如果不知道答案，有什么好办法答复？

李：可以像马克·吐温那样说[1]：很高兴我能马上回答——我不知道。如果确实不知道答案或者只知道部分答案，应如实说，这一般只会给

---

[1] Mark Twain, *Life on the Mississippi*: I was gratified to be able to answer promptly, and I did. I said I don't know.

人好印象，比勉强作答好得多。如果问题有意思，可如实说会进一步考虑。有些争强好胜之人从不肯公开承认错误或无知，这有点可笑。要知道，只有傻瓜才永远正确。(None but a fool is always right.)孔子和苏格拉底都说，不知为不知，是"智"也。反之，也不该轻易附和提问者，以免显得缺乏主见。回答问题最好像撞钟，"叩之以小者则小鸣(问小答小)，叩之以大者则大鸣(问大答大)。"(《礼记·学记》)换言之，对于能够回答的问题，也不要卖弄，择要清晰地讲几点最相关的即可。回答问题时，显得自信有好处。说到底，要回答得好，关键在于博观约取、厚积薄发，报告的内容有很多支持材料。积累铺垫不够，对课题不够熟悉，就答不好问题，好比堤坝不够高而坚实，就不足以抵抗洪水——各种提问。巧妇难为无米之炊，力士岂能掷发有声。

4.5　期刊和会议选择

李：现在谈谈如何选择期刊和会议。可以认为，开创性论文大都在顶级杂志上发表，优质论文多半在一流杂志上发表，二流杂志上发表的大多是一般论文，三流杂志发表的是低劣论文。所以要回避三流杂志。你们是怎么选择的？

教：选择的关键是录取的可能性。录不了，全都免谈。一篇文章应该尽可能在最好的杂志上发表。

李：我觉得，应尽量选取最对路的杂志，也就是读者群最合适，因而文章发表后影响最大的杂志。对于一篇文章，最对路杂志的相应读者群最大、最合适、最有兴趣、档次最匹配、背景最吻合，因而阅读效果最好、实际影响最大。其他考虑因素包括发行量、声誉、录用率、审阅周期、页数限制、是否被著名数据库收录等。争取在构思时就选定。国内考虑最多的是被录用，追求在最高档的杂志上发表。其实，不见得越高越好，可能那个杂志的读者不很吻合，所以还是应该读者第一。举个极端的例子：在我们的领域没人看《自然》《科学》等杂志，如果在上面发表文章，就毫无影响，根本没人知道。还有，双盲的杂志对新手有好处。除了得考虑会议地址外，会议选择与期刊选择大同小异。

教：从录用的概率来讲，我也觉得应该找跟这篇文章的课题最相关的。国内很多期刊，找的都是所谓的大领域专家，不太懂这个课题，回来的审稿意见都很含糊笼统，甚至有些哲学问题，很难回答。往往关心这个课题新不新，比如说，解决这个问题有没有用到粒子滤波？没有，就不能录。所以，要找最吻合的杂志来投。

李：对，投给一个不对路的杂志，会带来很多问题。例如，评审人不大在行，往往要求大改动，有些意见文不对题，让你很难办，徒劳无功不说，甚至可能有害——让文章质量下降。而且，录用率不见得高，发表后影响甚微。还有，审稿周期可能更长，因为它找审稿人困难。国内有些人就是这样瞎折腾，比如说投一个比较偏的杂志。

学：对一些著名杂志，我们知道它们的档次。对于不太有名的杂志，怎么判断它们的水平？

李：我觉得，判断杂志优劣之准绳包括：已发文章的质量、声誉、发行量、可获取性以及是否由专业协会或著名机构主办或赞助，等等。一般来说，应避免新发行的，特别是没有专业协会支撑的杂志。如果 SCI 不收录，这个杂志大概水平不行，除非它是全新杂志；SCI 收录了，水平也未必高。当然，如果录用概率不大，是得考虑投其他期刊。比如，卡尔曼知难绕道发表卡尔曼滤波的开山之作（见下框），就是一个佳例。

卡尔曼知难绕道发文章

卡尔曼滤波的开山之作，发表在美国机械工程师学会（ASME）的期刊上，而不是在电类的期刊上，比如 IEEE 汇刊的前身。后来有人问卡尔曼是怎么回事，他回答说：走路时发现某处空而不实，当然就绕着走了。当时卡尔曼自认为结果很重要，去各处作报告讲，但大多数电类的工程师都不以为然。所以他怕投往电类的期刊会有问题，就投了 ASME 的期刊。

总的来说，我认为杂志太多、会议太多，浪费研究人员的精力去写、去读、去听。如果把期刊、会议砍掉一大半，大家就不会这么疲于奔命，就更有心思做好的工作，写好的东西，不像现在这样急匆匆地赶写发表。据说著名计算机科学家 Donald Knuth 拒绝使用电子邮件，恐怕就是不想被信息爆炸影响吧。

教：如果减少杂志和会议的数量，那我们发文章就更难了，晋升更是难上加难。

李：如果那样，自然就会调整绩效评价指标，作者中真正热爱学术的学者的比例就会增加。国内高校的体制应该改革。应该大幅度减少原创科研的人数，让他们在宽松的环境内著书撰文，带博士生和硕士生，绩效的评定不靠量化指标。他们的待遇应明显提高，但不能太高，以免不爱学术之人也挖空心思，想滥竽充数。另一部分人教本科生，现在的本科教育已经相当普及。还有一部分人应去研究所，以做应用研究和项目为主。后两类不要求著述，以免赶鸭子上架——强人所难。

什么？这就是评审？

4.6　与编审人员打交道

教：我们绝大多数人都认为，如何答复好评审意见是件头疼事。

李：先决条件是对自己文章的要求不能低。如果你的文章粗制滥造，当然不可能对评审意见给出满意的答复。**答复技巧的关键是设身处地、换位思考，多尝试站在编审者的立场看问题。**有个真实故事。有人在答复编审的信中说[1]：我们的投稿并未授权你可以在发表之前让其他专家看，我不觉得有任何理由采纳匿名评审人的意见（它们恰巧是错的）。鉴于此，我将考虑在别处发表。谁会如此冒犯编审？

---

[1] We (Mr. Rosen and I) sent our publication to you without the authorization that you may show it to other specialists before it is printed. I do not see any reason to follow your anonymous reviewer's recommendations (which incidentally are erroneous). In view of the foregoing, I will consider having the work published elsewhere.

教：……

李：这是摘自爱因斯坦给 *Physical Review* 编审的信。等到你有了他的声誉地位后，再这么做。后来，这篇文章 On Gravitational Waves 果然发表在 *Journal of the Franklin Institute*，而不是在 *Physical Review*。

教：关于这件事，据我所知，详情如下。爱因斯坦的合作文章投到 *Physical Review* 后，编辑部约请了一位物理学家评审。评审人仔细阅读后，写了 10 页的评审意见，编辑部将评审意见寄给爱因斯坦，请他们修改。爱因斯坦感到受辱，去信问发表文章为什么还需要评审？编辑部回复说是期刊的规定，这使爱因斯坦很不高兴，但是，编辑部坚持让爱因斯坦修改。僵持一段时间后，合作者同意修改，而爱因斯坦不同意，表示另投其他杂志。编辑部表示遗憾，声明这是期刊的规定，希望爱因斯坦能够理解，并注意评审人的意见，修改文章。而评审人认识那位合作者，合作者提起这件事，评审人力劝他们修改（但没有透露评审人的身份）。后来在其他杂志上发表时，已按评审意见做了修改。编辑不怕权威的认真与坚持的态度令人敬佩。

李：我认为，①爱因斯坦认为编辑部不该找人评审，当然不妥。但他拒绝修改，并没错，因为作者有权决定是否修改。编辑部有权拒录，但不能强迫作者修改。②同行评议的目的是保证质量。既然爱因斯坦的声誉和高标准毫无疑问，编辑部大可不必坚持要爱因斯坦修改。他们不畏权威的态度令人敬佩，但不知变通的迂腐也让人可怜。注意，我并不是说对名人就该变通。我是说，对有极高声誉和极高标准之人，可以变通，绝大多数期刊确实也都变通。如果爱因斯坦滥发文章，那当然不该变通。

教：那么，一般应该如何答复评审意见？

李：首先，认真仔细阅读评审意见，区分必须采纳和最好应采纳的修改意见。努力遵循两条基本原则：①**编审人员关于某处不清楚的意见总是正确的**——他们是读者，对此最有发言权，我们只能修改，使之更加清楚，别无选择。②**他们关于如何修改的意见，仅供参考**——我们是作者，对此有最终权，我们决定如何修改。所以，评审好比产品检验，主要作用是判定是否合格，对于产品生产，至多只能提建议，不该让他们越俎代庖，指挥生产。

教：这两条原则挺别致的，也蛮有道理，它们的出处在哪里？是谁提出的？

李：是我，当然难免与人不谋而合。回复时，不要显得是避重就轻或闪烁其词，要逐条回复评审意见：或者做相应修改并在回复中加以解释；或者尽量令人信服地、有理有据地驳回修改意见，但仍要在论文中做适当修改，论据要有足够的材料支持，包括引用参考文献。不论哪种情况，都应解释、答复和修改正文，讲清、注明在哪里做了哪些相应的改动。不能只答复，不修改。答复中的实质内容、特别是排疑解难的解释都应在正文的修改中体现出来，因为一般读者看不到你的答复。注意，千万不要为了迁就迎合编审人员而遵循错误的意见。这是人格问题。如果迎合了，一旦他后来意识到自己的意见不妥，你的处境就尴尬了，他可能会因此看不起你。国内不少人为了能被录用，即使并不同意，也常常迁就评审意见。这使我想起幽默小品《绘图双百喻·二毛》。大多数审稿人不见得非要你按他的意见改，只要你尊重他、理由充足就行。回复要直截了当、真诚自信、表示敬意。最好沿着审稿人的思路来答复，不只从你自己的角度出发。

《绘图双百喻·二毛》：有个年已半百的乡试考生，风闻考官年轻，肯定只让年轻考生过，就拔光了自己的白发。不料，原考官因故被罢免，新考官年老，传闻他只让年老考生过。这一考生只得把黑发也拔光了。进了考场，才听说那位考官生病，代之者拒斥佛教，厌恶僧尼，殃及秃子。这一考生吓得写不出文章来。投时好者，当以为戒。

（本书所用《绘图双百喻》的图文若有版权所有者，望与本书出版社联系，洽谈相关事宜。抱歉，我们尽力了而仍未能联系上。）

教：如果我认为评审意见是错的，怎么办好？

李：还得尊重编审人员。应做三件事：①提供尽量有说服力的证据，透彻地说明你是正确的，不必点明他们是错的。②即使认为某条甚至大部分意见不对，也要诚恳地答复：我没说清，造成误解，是我的责任，我现在做了如下修改，使之更清楚。不能说：你搞错了，所以我不用做任何修改。确实，在绝大多数情况下，

审稿人误解文章，作者最好自责。

经常听到有人抱怨运气不好，审稿人没看懂他的文章。其实，他并不比别人运气差。这种心情很自然，但虽然心里不快，也应尽可能追究自身的责任——自己没把文章写好，没有清楚得让审稿人没法看不懂。总的精神是：行有不得，反求诸己。即使是他们搞错了，也要追究自己的责任，没写清楚，所以要修改。至少要给他们一个改变看法的理由，给一个台阶下。不应指望他们沙里淘金，在含混不清的表述中发现宝贝。更不该咄咄逼人，让审稿人认错。要人认错很难，往往适得其反。③观点一致的错误意见较少见，所以有时还可以含蓄地指出审稿人对此观点不一致。比如一位审稿人说这个东西不好，而另一位说它好。不过，这时要特别小心，尽量避免冒犯审稿人。注意，即使评审意见错了，也不说明你是对的；即使评审意见过于苛刻，也要尽量以平常心对待。审稿旨在淘汰不合格的论文，难免"伤及无辜"。有道是[1]：只要去除不平之心，事事都会更易忍受。如果几个审稿人都没看懂论文，那更说明是你有问题，至少写得有问题或者投错了杂志。如果是后者，那应改投别处。不过，一般不该不加修改就投别处，你的论文有可能落入同一审稿人之手，他可能会因为你不做修改而恼怒。认真的作者不会对评审意见置之不理。另外，不同期刊风格不同，你也应该有针对性地做些变动。

教：您是说，要坚持自己的观点，改进表述，以免误解？

李：既是又不是。改进表述以避免误解是责无旁贷的。是否坚持，要看情况：大理莫让，小事勿争。要坚持重要观点，但非原则性的、不重要的、没有对错的，就没必要坚持己见而跟编审人员争辩。要学

---

[1] Once we lose our sense of grievance everything becomes easier to bear.

会做非原则性妥协让步，让编审人员觉得你是合乎情理的。

教：您能不能说得具体一点？

李：比如说，有些习惯的表述，没有对错的问题，就没必要坚持。再如，记号的选用、参考文献的顺序，等等。

学：如果你发现自己真的错了，怎么办？

李：那当然得承认错误。勇于承认错误，是一种大智慧。发现和放弃错误的快慢可能是测定智力的最佳度量。

学：有时收到评审意见后，觉得没有得到公平的待遇，很沮丧，真不知该怎么答复。

李：在大多数情况下，你这种感觉是错误的，

你并没有受到不公平的对待。

归根结底，多半还是文章内容欠佳或者写得有问题。当然有例外。多年前，我跟手下的一位老师合写一篇文章，投到《IEEE 信号处理汇刊》，一审意见是"条件录用"（conditional acceptance）。改后投去，二审意见居然是"大改"（major revision），副编审恐怕是个新手，太认真了，竟然又找了五位审稿人，其中三位是新的。我写的答复就不客气。我说，我当 Editor、审稿人、作者，经手的文章好几百篇，从没见过这么干的。怎么会在"条件录用"后还去找多位新的审稿人？没有几个新的审稿人会马上接受一篇稿子的，这不公平。何况，新的审稿人中有一位还特别苛刻。怎么证明他苛刻呢？我把各审稿人的意见列一个表，他对所有方面的评语都明显最苛刻，所以我说根本不能太多考虑他的意见。我的合作者看后非常担忧，说这样回复，文章会不会被枪毙了啊？我说他没道理，我们有理。修改稿寄去后不久收到决定，没有直接回应，副编审只说[1]：祝贺你——我认为你的文章非常好，就发表了。

还有，很多评审意见不斟酌字眼，显得草率、武断、随意，甚至前后矛盾或反复无常。这时尽量不要动气：审稿人为什么要这么"无知""傲慢"，"故意"跟你过不去？要反躬自问，休怪他人，尽

---

[1] Congratulate you on what I believe is a very nice paper.

可能在自己这一方找原因，做相应的改动，避免其他人有类似的反应。

答复评审意见：即便满腔愤懑，也要出口谦恭

教：如果被拒，是不是还可以再投原期刊？

李：这要看期刊的规则以及拒录信的内容和措辞。拒录有不同档次。如果拒录得十分简短干脆，那不能（至少不该）再投。如果留有余地，那可以考虑。不过，这时你得有相当把握，不利的审稿意见会被你的修改稿和答复说服。如果一个相当负面的审稿意见都集中在文章的前面部分，那不是好兆头。这说明他很快就得出拒录的意见，没读完文章。如果你修改后再投去，他很可能又会在后面部分发现一堆问题。

教：有时候评审意见给的好像是个哲学的说法，比如说你的方法提高了精度，但增加了计算负担，为什么不用简单的。如何看待这一点？像这种不疼不痒，对文章没什么帮助，而又非回不可的意见，怎么答复才好？

李：对于见仁见智的问题，可以客气地暗示：你可以有你的观点，但请不要把它强加于我，比如说[1]，希望大家都同意：对此可各自保留

---

[1] We hope that we can all agree to disagree on this matter.

意见。如果纯粹是观点不同，他当然可以有自己的观点，但你也有权不予采纳。无论如何，还是应该尊重评审意见，最起码让人相信你确实认真对待这些意见。如有疑问，可以向编审咨询。我想强调一点。编审人员、特别是 Editor 和 Associate Editor 都不容易。他们往往都是大忙人，处于上升期，时间很少。他们要为学科领域做一些贡献，同时扩大知名度。到一定地位之后，（对这种工作）一般都辞掉这种工作，因为很花时间。有一个"编审进天堂受礼遇"的笑话（见下框），道出了他们的无奈和苦衷。

编审进天堂受礼遇

一位编审和一位主教去世后都进了天堂。主教发现分给他的住房远不如分给编审的，大感不解，认定是哪里弄错了，就去找上帝。你猜怎么了？上帝说：没错，已经有几百名主教到天堂来了，而这位编审是唯一升天堂的编审。可见，当编审而又能上天堂有多难，上帝也以稀为贵。

关键是设身处地，换位思考。

要尽量按他们的方式思考，从他们的角度来看问题，理解和谅解他们的误解，给他们提供方便。与人方便，自己方便。比如在回复时引用审稿意见原文，在修改稿上要用不同颜色标出修改部分，等等。如果你考虑得比较周到，他们对你的感觉就好，觉得你比较认真，因而结果可靠，而且比较体贴，替人着想，不错。

教：如果不同的审稿人的意见直接矛盾怎么办？一个说这个东西没什么意思，一个说它不错，怎么办？

李：这种情况往往是观点不同。"学问者天下之公，见解者人心之异。"（张相《诗词曲语辞汇释》）先判断哪个审稿人对你的文章更了解，有的审稿人可能不太懂。当然，关键在于你自己的观点，怎么做对文章更好。经常是这样，我持某个观点，觉得某个评审意见没太多道理，而又有另外一个支持我。这时可以说，这东西有不同的看法，言下之意是我不同意你的观点，另一个审稿人支持我，你不能强加于我。这时可以适当地改动一点，吸收其意见的合理部分。如果需要改动而不能完全接受，那你既要解释，又要改动。在答复里要一分为二地说，这部分我觉得合理，所以我这么改。

教：关于评审意见，回复时有没有必要这么客气。我在网上看到一个模
　　板，才知道英文对于表达感谢有这么多种方式。要是我的话，就不
　　好意思提意见了。

李：这因人而异。一般在答复每个审稿人的意见之前，先表示感谢，写
　　得最好有针对性，让人觉得你确有诚意。如果一个审稿人确实提出
　　了不少建设性的意见，我就特别强调一下。如果都是千部一腔，人
　　家就知道是套话。所以，最好有所区别。如果真心实意想要感谢，
　　就会说得比较具体。把你想感谢的地方具体地写出来，人家是会感
　　受到的。

教：期刊允许作者推荐审稿人，但未必用。针对某人的文章做的工作，
　　当然希望他来审。所以应该推荐什么样的审稿人，推荐的审稿人有
　　多大的可能性会被用到？

李：这有各种可能。我当 Editor 时，都不直接用作者推荐的审稿人，往往
　　把某人推荐的用来审别人的稿子。一般来说，要推荐相当熟悉你这
　　篇文章相应课题的。当然，他最好比较客观，不太苛刻。不要推荐
　　自己的好朋友，一旦发现，编审对你的人格就有疑问，对你不利，
　　特别是你的文章在可录和不录之间时，而这样的文章相当多。我一
　　般都在投稿信中明确说明推荐这些审稿人的理由，以及与他们的关
　　系。这样明确说明，便于排除荐人唯亲的嫌疑。有时运气不好，这
　　样推荐的审稿人中有些可能比较苛刻。即便如此，也可能吃小亏占
　　大便宜，因为编审因此信赖我的推荐。有几次，我认识的编审就主
　　动告诉我，说我的推荐的信任度很高。

教：要是推荐天尊，肯定是想挨批！

李：这时你得非常自信才行。文章质量好、水平高、贡献大，那可以推
　　荐天尊。一言九鼎，容易产生影响。问题是：在天尊的层次上，你
　　这自认为好的东西到底好不好？如果你对某篇文章很自豪，不妨直
　　接送给一些专家学者，扩大影响。

教：有些期刊问这篇文章是不是引用了本期刊的文章，编审最终在决定
　　的时候对这条有多大的考虑？

李：一般不太重要。主要有两方面的考虑。如果你引的文献里某个期刊明显比本期刊的多得多，我就会觉得你恐怕应该投另外那个期刊。如果比较分散，那关系不大，说明这个论题基本上没有哪个杂志特别对路。只要你的文章确实引了一些本期刊的文章，而且你的论题在本期刊的覆盖范围内就行。另一方面，期刊也希望被引量大，以提高影响因子。

教：有时编审和审稿人要求作者引用他们的参考文献，而那些文献与这篇论文关系很小。这合理吗？作者应该怎么办？

李：如果关系很小，那不合理，不该引。这时，明确解释说明你认为关系很小即可。大多数编审人员不会也不好意思坚持这种要求。如果确实有关系，那不妨引用，以示尊重。

学：审稿人收到修改稿后，是重新看全文呢，还是只看修改部分？

李：这因人而异。有些人只看修改部分，有些人会看全文。一般来说，如果他们还记得文章的主要内容，更有可能只看修改部分。如果需要看全文，复审周期就较长。所以，在确保修改和答复质量的基础上，要尽快递交修改稿，除非你真的很希望审稿人再看全文，比如你做了大改，文章质量大幅度提高。

学：文章投出去之后，我们往往急于知道评审结果，但不知道编审对询问进展有何看法？

李：不妨询问，但不应太急。不必过于迟疑，不敢查询评审的进展，但要合理。举个例子，某个杂志正常情况下三个月能回复，那一般要多等个把月，比如说四个月，再去询问。刚满三个月就去问，人家会觉得你太急迫了，没太替他考虑，不给他裕度。太长时间不询问也不好，有可能是卡在哪里或者出了问题。而且，时限过后的询问会产生一定的压力，能使评审加速。时限明显过后的询问，编审一般不会有不好的印象，除非你的语气不好。

教：如果时间太长了，是不是要撤稿？

李：遇到这种情况，那不妨问得更具体点，比如有几个评审意见已经回来，还要再等几个、大概多久？然后再做决定。

教：有时候就倒霉。上次我投稿，拖了三个月才收到回信，人家说邮件服务器坏了，没办法。

李：还有更倒霉的。多年前我投一篇文章到《IEEE 自动控制汇刊》。因故过了一年左右，才去问副编审，他就一直搪塞，拖了两年多，毫无结果。我的合作者很气愤，说了一句我至今记忆犹新的话[1]：他连屁股都不会挪！我直接找主编，主编说：你告诉他，你已经跟我联系过，再无进展，我们就会采取其他措施了。我再问，他还是不理我。事后他说，他当 CDC 大会主席，忙了很久。可是，他忙完以后也没理我。痒多不痒，债多不愁，他可能觉得反正已经拖了很久，再拖也无所谓。我只好又跟主编联系，主编另找了审稿人，三四个月后评审结果回来，直接一步就录用了。录用以后，叫我们把最终完稿还寄给那个副编审。结果又泥牛入海，半年没消息。我又跟主编联系。主编说：他连我也不理了。那篇文章一审就录用了，但前后竟然花了快四年，实在够惨的。就这，发表时主编为了补救，还让我们插队了。幸亏主编不错。这篇文章就是我的变结构多模型方法系列的第一篇。更有甚者，我当《IEEE 航空航天与电子系统汇刊》的 Editor 时，一位副手在一两年内，居然搁置收到的几十篇投稿，没做任何处理，害苦了作者。他编造各种借口，答复作者的询问。

教：后来是怎么处置的？

李：他当然被免职，信誉扫地，恐怕永无翻身之日。奇怪的是，他平时待人接物相当不错，否则我也不会选他当副手。我至今也不能肯定他到底是怎么回事，缺乏时间想必是主要原因之一。

教：修改稿和初稿不同，比如方程的号码就不同，答复时是引用修改稿好呢，还是初稿好？

李：当然是修改稿，因为审稿人更感兴趣的是修改稿，而且复审时更容易得到修改稿。

教：您说的这些体会，是不是都是针对国际知名期刊的？

李：是的，我在国内期刊的文章寥寥无几，几乎全是出国前发表的。我在国外的文章差不多都是在 IEEE 的各种汇刊上。所以，我的体会

---

[1] He doesn't know how to move his ass!

大都是针对 IEEE 汇刊之类的。不过，隔行不隔理，这些体会大都应该是通用的。

科研输出举要

立志当存高远，劣文损人害己。确保优质：正确新意价值并立。

问题描述清晰，结论明确合理。尽心理顺：作文之时升华之机。

突出主旨要义，每每设身处地。读者定位：选的放矢深长相宜。

逻辑明条理清，言成理持有故。结构严谨：层次分明前后有序。

亮点尽量靠前，初稿不妨稍长。语言叙述：准确简洁紧凑流畅。

避免含糊歧义，少用行话冗词。主动释疑，无法讲清只得舍弃。

人怨总是有理，修改却需自酌。尊重编审：真诚回复妥协自责。

充分准备报告，了然听众档次。少精则明，激发兴趣吸引注意。

岂能只顾录用，莫求高攀贵枝。选刊择会：最重读者听众适宜。

第 5 章
道德规范

李：科研道德规范的根基和关键何在？我认为有几条重要原则：实事求
是、尊重原创、论功行赏（合理记功，give due credit）、妥用资源等。
学术不端是指蓄意违反这些原则的行为，包括伪造、篡改数据，剽
窃、虚构、夸大研究成果，贪人之功为己有，以及其他形式的明知
故犯。常见例子有：造假、剽窃、独自发表合作成果以及一稿多投
等。首当其冲的是伪造、篡改和剽窃这"三大重罪"。作奸犯科者身
败名裂、恶名远扬，自不待言。最典型和恶劣的学术不端是伪造、
篡改数据或结果。咱们先谈这一点。

5.1 何谓弄虚作假

李：性质极为恶劣的造假是伪造数据，其中有些非常著名（见下框）。

著名造假案

多年前美国的巴尔的摩（David Baltimore）事件相当轰动。他是
诺贝尔奖得主、洛克菲勒大学校长。他们在权威期刊《细胞》上发表
的一篇论文，其中由一位合作者提供的实验数据是伪造的。一个博士
后发现后提出质疑，后来的遭遇令人悲哀。事发后，巴尔的摩企图压
制事件的处理，以致最终在大多数教授的压力下不得不辞职。

几年前有个轰动的舍恩（Jan Schön）造假案，其造假"胆识"之
大、规模之巨、数量之多、影响之深罕有先例。舍恩是贝尔实验室的
青年研究人员，在《科学》《自然》等杂志上发表了几十篇文章，取
得了一个又一个激动人心的重要突破，成为一颗急速飞升的耀眼新星。
其实，他不仅伪造实验数据、伪造实验，甚至还伪造实验设备——他
根本没有在文章中所描述的一些装置！究其根源，还是在好大喜功的
科研压力和氛围中，心为物欲所役，扬名立万心切。这是**不著则亡**
（Publish or perish）的压力所造成的**因著而亡**（Publish and perish）的
悲剧。

还有臭名远扬的韩国"克隆之父"黄禹锡的丑闻。黄因此被判刑
二年，缓刑三年，"民族英雄"变成科学败类。

美国知名生理学教授珀尔曼（Eric Poehlman）大量虚构伪造，向
美国联邦政府机构申请经费科研,他因此犯法而被判监禁一年零一天,
终身不得参与联邦政府项目。

教：国内有汉芯事件。

李：《背叛真理的人们》（W. Broad and N. Wade, *Betrayers of the Truth*）有一章指责古今一些大科学家的学术失范行为。著名统计学家劳在《统计与真理》（C. R. Rao, *Statistics and Truth*）一书中也言之凿凿，很信这些指责。这有严重的不良后果：如果那么多大科学家有如此严重的科研道德问题，凡人又如何？但我觉得这有哗众取宠、追求轰动之嫌。我读后并不认为证据确凿，而是疑点重重。要不是这种结论具有轰动效应，为什么草率下结论？这本身可能就有科研道德问题。《大背叛：科学中的欺诈》（H. Judson, *The Great Betrayal: Fraud in Science*）要好些，但我仍有保留。

科研道德规范与时俱进，不能完全以今天的标准去苛责前人。反之，今天视为正当的某些行为也许为前人所不耻。我觉得，**一个重要评判准则是：当事人是否刻意掩饰其"失范"或"有争议"的行为，这可称为**

"掩饰判据"。

做了不该做而不知其不该做之事，那是无知不慎，不是缺德失德；如果加以掩饰，说明是明知故犯，那就是不道德；如果知其不该做而不加掩饰，那比缺德更糟，是无耻。

做了违规失范或不道德之事被发现后，不少人常辩解说：其他人也是这么做的。为此，英语有句典型辩解谚语：情场和战场对人人公平。（All's fair in love and war.）言下之意是：像爱情和战争这样重要之事，可以不择手段，你也不妨这么做。还有不少这类关于谎话和虚假的巧言妙语，在附框中我撷取翻译了其中精彩的一些，以开眼界。我们还可以编出一些，比如：科研是对无知之战，兵不厌诈，为啥不能使诈？假如人人都诚实，岂不千部一腔、单调乏味？小骗说谎，中骗吐实，大骗不语；醉过才知酒浓，爱过才知情重，假过才知真好（前两句出自胡适）；撒谎好过偷窃，偷窃胜于抢劫，抢劫不敌行骗，行骗逊于霸占；撒谎行骗，可增强想象力；文明离不开虚伪；虚伪狡诈，将自食恶果，我们牺牲自己这么做，来反衬诚实的可贵；等等。我们历来教育"不可说谎"，（You shall not lie）这是一大误区。因为：无人不撒谎，谎言充斥于世；事实是，谎言有好有坏，社会关系的维持有赖于好谎言，否则社会就会崩溃。著名文学家梁实秋说："世间最骇世震俗之事莫过于'说老实话'。最滑稽可笑者亦莫过于'说老实话'。"因此，要学会妥善对待和运用谎言（在适当的场合说适当的谎，掌握说谎的分寸，面对谎言，何时该拆穿、何时该装傻、何时该附和）。我觉得，应该建立"说谎学"，研究与说谎有关的各种问题，比如，区别谎言的好坏，什么场合允许而且应该说什么样的谎、什么场合不允许。关于虚伪和欺骗，也如此。对于我们的讨论而言，关键是，在科研中，撒谎、虚伪和欺骗，都是不能容忍的。

掩饰判据：狼披羊皮

关于真假——西方趣言集锦

- 真实是我们最宝贵的所有，省着用吧。[1]（美国大作家马克·吐温）
- 要不是有附庸风雅的小人买单，艺术家早已饿死，艺术早已灭绝。感谢上苍，有这些虚伪。[2]（英国著名作家赫胥黎）
- 真实如强光会致盲。反之，虚假美若晨曦暮光，令万物增色。[3]（法国哲学家、诺贝尔文学奖得主加缪）

---

[1] Mark Twin, *Pudd'nhead Wilson's New Calendar*: Truth is the most valuable thing we have. Let us economize it.

[2] Aldous Huxley: If it were not for the intellectual snobs who pay, the arts would perish with their starving practitioners—let us thank heaven for hypocrisy.

[3] Albert Camus, *The Fall*: Truth, like light, blinds. Falsehood, on the contrary, is a beautiful twilight that enhances every object.

- 生硬的真实比出色的虚假更有害。[1]（英国大诗人蒲柏）
- 真中有假，假中有真。[2]（英国大诗人勃朗宁）
- 每个人、每种艺术都含有虚伪。喂养世界的是寥寥实话和累累谎言。[3]（法国文豪罗曼·罗兰）
- 像罂粟汁一样，少量真实使人平静，大量真实使人躁怒，过量真实使人丧命。[4]（英国诗人作家瓦特·兰德）
- 世上的虚假比真实作用更大。[5]（英国作家托马斯·奥弗伯里）
- 真相实情会伤人。[6]（英语谚语）
- 不合时宜的真实，跟谎言一样恶劣。[7]（德语谚语）

学：删除野值是不是不道德呢？

李：这要看情况。以诺贝尔物理学奖得主密立根（Robert Milikan）测定单电子电荷的著名实验为例，《背叛真理的人们》说，他在此大量篡改结果。物理学家、科学史学家霍尔顿（Gerald Holton）和富兰克林（Allan Franklin）研究密立根。根据他当年的实验记录，他的确只用了 140 次实验中 58 次的结果。假如他是为了得到好结果而故意从 140 次实验中选出 58 次的结果，那当然是篡改数据。但是密立根恐怕真的认为只有这 58 次实验是成功的，其他的都失败了。所以，这不像是蓄意欺骗或篡改数据。至于他为什么认定只成功了 58 次，与科研道德关系不大。其实，密立根花了十年时间检验他很不喜欢的爱因斯坦光量子假说，虽然精确测量结果与他的期望完全相反，但他尊重事实，不阿其所好。这完全不像一个会篡改数据之人的行为。这是我不全信《背叛真理的人们》的一个例子。

有个真实故事。1919 年爱丁顿勋爵领队做了星光光线弯曲观测实验。实验完成后，他给爱因斯坦发电报，说实验结果支持广义相对

---

[1] Alexander Pope, *An Essay on Criticism*: Blunt truths more mischief than nice falsehoods do.

[2] Robert Browning, *A Soul's Tragedy*: There is truth in falsehood, falsehood in truth.

[3] Romain Rolland, *Jean-Christophe*: Every man, every art, has its hypocrisy. The world is fed with little truth and many lies.

[4] Walter Savage Landor, *Imaginary Conversations* "Middleton and Magliabecchi": Truth, like the juice of the poppy, in small quantities, calms men; in larger, heats and irritates them, and is attended by fatal consequences in its excess.

[5] Sir Thomas Overbury, *News of My Morning Work*: Falsehood plays a larger part in the world than truth.

[6] The truth hurts.

[7] Truth ill-timed is as bad as a lie.

论。爱因斯坦收到后说，但我**知道**这一理论是正确的。在场的一位学生问，假如实验结果不支持相对论怎么办？爱因斯坦回答说[1]：我会为可爱的勋爵遗憾——理论还是对的。这只表明他对相对论极度自信，他说过[2]：这一理论美得无与伦比。……真正理解之人几乎个个都难逃其魅力。即便我们认为这种自信是病态的，也不能说他不道德。

关于谎言——西方妙论撷英

- 撒谎增强创造力，扩展自我心，减少社交摩擦。……只有全心全意勇于说谎，人性才能经由语言文字而通达克制容忍、高尚尊贵、浪漫多情和理想主义，这是事实和行动远不能及的。[3]（美国女作家、政治家卢斯）
- 不会撒谎，就不懂什么是真实。[4]（德国大哲学家尼采）
- 心存歹意所说的实话 / 恶于所有能编出的谎话。[5]（英国著名诗人布莱克）
- 傻瓜个个都会讲实话，只有明白人才有本事撒好谎。[6]（英国著名诗人巴特勒）
- 真理不难被扼杀，谎言编得好则永垂不朽。[7]（美国大作家马克·吐温）
- 艺术是揭示真理的一种谎言。[8]（西班牙大画家毕加索）
- 撒谎，即所言美而不真，是艺术的正旨。[9]（英国著名作家王尔德）

---

[1] 见 Rosenthal-Shcneider, *Reality and Scientific Truth*: Then I would feel sorry for the dear Lord. The theory is correct anyway.

[2] The theory is beautiful beyond comparison. …Hardly anyone who truly understands it will be able to escape the charm of this theory.

[3] Clare Boothe Luce, *Vanity Fair*, October 1930: Lying increases the creative faculties, expands the ego, lessens the friction of social contacts. … It is only in lies, wholeheartedly and bravely told, that human nature attains through words and speech the forbearance, the nobility, the romance, the idealism, that—being what it is—it fails so short of in fact and in deed.

[4] He who cannot lie does not know what the truth is.

[5] William Blake, *Auguries of Innocence*: A truth that's told with bad intent / Beats all the Lies you can invent.

[6] Samuel Butler, "Truth and Convenience," *Notebooks*: Any fool can tell the truth, but it requires a man of some sense to know how to lie well.

[7] Mark Twain, *Advice to Youth*: A truth is not hard to kill and a lie told well is immortal.

[8] Pable Picasso: Art is the lie that reveals the truth.

[9] Oscar Wilde, *The Decay of Lying*: Lying, the telling of beautiful untrue things, is the proper aim of Art.

- 撒谎是孩子的过错，情人的艺术，光棍的成就，有夫之妇的第二天性。[1]（美国幽默女作家海伦·罗兰）
- 会说话的一大要素是会说谎。[2]（荷兰学者、哲学家 Gerard Didier Erasmus）
- 要是富于想象的传奇的作者个个都背负"说谎者"的恶名，这个世界会是多么乏味无趣！[3]（美国记者海伍德·布鲁恩）
- 最残酷的谎言常由沉默完成。[4]（英国名作家斯蒂文森）
- 诬骗术本身最有力地确认了真理的威力。[5]（英国作家哈兹里特）
- 始终如一地撒谎，远比说实话更难。[6]

不清楚时，决不能想当然地剔除野值或异常数据，应该拿出全部或至少是典型的。有初一就有十五，顺手牵羊未受罚，就更可能蓄意行窃。英语谚语说：我们轻信渴望之事。（We soon believe what we desire.）尽管如此，诚实的研究者尽可能不受偏见的影响，道德有损的则曲解数据，使之支持自己喜好的观点。只报告有利于己的结果，是不道德的。很遗憾，这类犯规行为并不孤立。据《纽约时报》报道，在对 2000 多名美国心理学家的匿名调查中，竟有约 1% 的人承认伪造过数据。还有很多其他数据处理上的不道德行为，比如故意选用对自己期望的结果特别有利的统计方法来处理数据。

要清楚道德规范到底是怎么回事，清楚后做到问心无愧，确实觉得没做错什么。至于把握不准的地方，真正做到问心无愧就行了。所以，

总原则是：问心无愧。

其实，问心无愧还应该是人生信条，也就是：我们的一生、我们的行为，当然包括做科研，要对得起自己，要自爱自重。"人不自爱，

---

[1] Helen Rowland: Telling lies is a fault in a boy, an art in a lover, an accomplishment in a bachelor, and second nature in a married woman.

[2] Gerard Didier Erasmus, *Philetymus et Pseudocheus*: A good portion of speaking well consists in knowing how to lie.

[3] Heywood Broun: What a dull world this would be if every imaginative maker of legends was stigmatized as a liar!

[4] R. L. Stevenson: The cruelest lies are often told in silence.

[5] William Hazlitt, "On Patronage and Puffing," *Table Talk*: The art of lying is the strongest acknowledgement of the force of truth.

[6] It's a lot more difficult to be a consistent liar than to tell the truth. 不知出处。

则无所不为；过于自爱，则一无可为。"（吕坤《呻吟语》）英国大诗人蒲柏说[1]：自爱是众多良好行为之源，而非任何荒唐行径之因。

白带交汇处可有若隐若现的污点？只要问心无愧即可

还有一种情况。有一次我与国内合作，合作者完成的部分仿真结果与我的理论预期有本质的不同，合作者急于发表论文，想隐而不报那部分仿真结果，我不允许。后来终于搞清，根源是：对于含有极小概率而后果极为严重事件的情形，正确的仿真结果与正确的理论预期会大相径庭——如果这一严重事件在仿真中从未发生，其结果与理论预期差别很大，而一旦发生，差别也会很大；只有在海量仿真中它一再发生，差别才会小。所以，仿真量不够大得使这种极小概率事件一再发生时，这种"理论与实践之间的鸿沟"不会消失。

学：有时要跟人对比，明显发现他错了，而那个人的文章已经发表很久，多次被引用。这时是剔除他的错误数据，还是明确指出他的错误？

李：除非铁证如山，不要咬定他错了、指责他的错误，特别是他的品德，因为你不了解他的实际情况。在证据不足时指责他人的诚信，有失公允。要预设无辜。（Give him the benefit of doubt.）比如不妨询问了解情况，解释为什么你认为他的结果不对。不要疑人窃斧，除非证据确凿，不得怀疑别人的品德。只要宣布自己所得结果，指出不一致即可。对错自有公论，时间会做出最终裁决。另一方面，如果某人的恶行铁证如山，特别是我们很了解的惯犯，见蛇不打三分罪，打蛇不死罪三分。检举揭发在国内很少见，即使知道，最多私下说说，很少正式告发，唯恐被蛇咬。其实，城门失火，殃及池鱼。如

---

[1] Self-love is the spring of many good actions, and of no ridiculous ones.

果学术不端盛行，哪还有正直学者的天地？见蛇不打，蛇蝎泛滥，终受其害。

教：见蛇不打三分错，这要求太高了，我们大多数人是见蛇就躲。

李：我并不提倡你们以"打蛇"为业，四处找蛇打，但见蛇要打。锄一恶，长十善。首先必须有绝对把握这确实是一条蛇，是蓄意的、严重的学术欺诈，而且还以此为荣。能够如此肯定，绝大多数是身边的。如果大多数人都能保持周围环境的清洁，环境也就改善了。而且，要讲究打蛇策略，注意保护自己，避免无谓的牺牲。

教：关键是大环境，毒草要除，毒草生长的环境更要改造。否则毒草"野火烧不尽，春风吹又生"。可没有几个人敢站出来指责大环境。大环境不改，铲除再多的毒草也是做无用功。这就像你家门前有个茅缸，导致你家有好多苍蝇和蚊子，你是一天到晚忙着去拍苍蝇和蚊子呢，还是去端了这个茅缸，把它改造成花圃呢。

李：说得很对，大环境确实是关键。不过，大环境不好的根源主要不在科研道德。所以，现在只说小环境。何况，"欲治其国者，先齐其家。"（《大学》）一屋不扫，何以扫天下？当然，最好是双管齐下，大小环境兼治。

教：做生物做材料的介绍完实验后，要提供数据，包括《科学》和《自然》上的文章。那是面向实验的，没有多少推理过程。别人发表的结果，我用同样的实验平台，老是重复不了，就可以写文章质疑这个实验可能是错的，甚至有可能是假造的。我也有类似的体会，比如读一篇文章，我用的参数与他的完全一样，就是调不出他的结果来。这时我是不是也应该有勇气去怀疑他？

李：这时可以怀疑其结果，而不是人品。英国科学家巴比奇（Charle Babbage）说得好："品德就像妇女的贞洁，一旦受到怀疑就等于被毁灭。"而且，一旦失节，难以换回。除非极有把握，也不要公开质疑其结果。公开发表影响大，要慎重。只有一再遇到这种情况后，量变成了质变，才可以怀疑其人品。

教：在生物学科，文章发表之后，要求把程序上传到期刊的网站上，以便他人验证结果。在我们的学科里，没有这个。

李：这说明对他们来说，数据结果可靠特别重要。我们的仿真结果没那么重要，这是一个重大区别。所以生物学界医学界伪造、篡改数据的案例最多，因为在这些学科数据最有发言权。反之，数学界的数据造假，闻所未闻，因为数据在此无足轻重。用图像处理来美化图像数据，恐怕是工科中最常见的有意或无意的数据篡改的一个例子。生物学界医学界的其他科研道德问题也最尖锐，包括人类受试者和实验动物等我们工科不大有的问题。而且，它们的利益冲突问题也比我们的严重多了，因为他们的科研与巨大的商业利益直接挂钩。

教：还有些人防着别人验证。很多关键性参数他们不写，或者试验方法是用留一法或交叉验证法，参数不一样，实验方法不一样，结果也不一样，根本没法重复。

李：在有些情况下，作者确实有问题，但也有例外。比如有位我挺熟悉的著名学者，有些人抱怨说，没法复现他的实验结果，他总是闪烁其词，隐瞒必要的细节或条件。我觉得他学风不错，恐怕是因为他要保护成果的商业利益，这跟学术出版是有矛盾的。他的一些成果确实在不少机场用上了，如果公开，就难卖了。同理，据说不少日本学者故意在论文中隐去一些关键内容，以免别人直接将他们的科技成果转化为技术产品。

5.2 何谓剽窃

李：什么是"剽窃"？从字面上看，应该知道是指偷东西。

学：我觉得剽窃有两个层面，深层次的是窃取别人原创性的思想，浅层次的是抄袭别人的文字。

李：剽窃是将别人的东西冒充成自己的拿来骗人。只是自己用，那是参考借鉴，不是剽窃。抄袭别人的文字叙述，还违反版权法。不道德往往指有损他人的言行，而违法是指严重损害他人利益，会有惩罚。他人的东西，我写得含糊其词，不分他我，会误导以为这东西是我的，就可能被认为有变相剽窃之嫌。

教科书没有嫌疑，除非特别注明，都是别人的成果。在专著中，自己和他人的成果需分清。问题是，教科书式的"专著"在国内比比皆是。到底是教科书呢，还是专著？其中不少结果他我不分。这些作者大多不是明知不妥而有意为之。虽然这在国内很常见，不妥还是不妥，并不因其常见而改变。这类著述不该模棱两可，不分他我，瓜田李下，以免读者怀疑作者想浑水摸鱼、有剽窃之嫌。

另外，并不要求被剽窃的东西是已发表的。那是否一定要形成某种书面的东西，比如已经成文了？

教：听报告，听到别人的思想就自己弄，应该也是剽窃。

李：对，凡是别人有价值的东西，包括想法，冒充是自己的拿来蒙人，都是剽窃。即便别人的东西还没发表，甚至没有形成任何书面的形式，即便把它改头换面，还是剽窃。假使有朝一日，能用一种设备来读取别人的思想，冒充是自己的，也是剽窃。小到什么东西才算剽窃呢？比如说抄一两句话，是不是剽窃？

学：主要看内容吧。剽窃和抄袭的区别何在？

李：抄袭往往指原封不动或稍加修改地复制全部或部分内容，略有"明目张胆"之意，它像抢劫；剽窃可指乔装打扮、改头换面、精心刻意地窃取使用，它不限于抄袭，也可以是窃取无法抄袭的东西，比如想法，它更有可能是暗中窃取。盗用思想、观点和方法而冒充是自己的是最阴险恶劣的剽窃。一般来说，剽窃旨在欺世盗名，贪人之功为己功。内容没有多少价值的抄袭也许算不上剽窃，但是可能侵犯版权。如果用自己的话说，就无大碍。不过，如果只是稍加改动、增删、调整次序，还是会被当作抄袭。所以，不要过于追随原文的写法。

学：我有一个问题。有篇博士学位论文没发表，没有继续往下做，别人把它改进或者直接拿来发表，算不算剽窃？

李：公然发表人家的东西，占有他人的成果，这比剽窃还坏，就像恶霸强盗比小偷更坏一样。没改进，那是性质极其恶劣的霸占和剽窃。改进了，如果不讲清这部分是别人的东西，也是（有意或无心的）剽窃。未经同意而发表别人的东西还侵犯版权。如果明确说：这部分出自某某人，这是我的转述，不写出来，不容易看懂后面的内容，那没有道德问题。人家判断文章的价值，是看其他部分。

剽窃由来已久，晋人郭象的《庄子注》，可能是《庄子》的众多注释著作中最富盛名的，是那个时代最伟大的哲学著作，现在仍是一部重要的哲学著作，但据说他把向秀所著部分窃为己有。

IEEE（国际电气与电子工程师学会）定义剽窃为[1]：再用他人的想法、过程、结果或文字，而不注明原作者和出处。这一定义有明显缺陷，比如他人广为人知的东西，就不必注明，因为不存在误导之嫌。

教：我有个困惑，就是：

拿别人未发表的想法来做研究，是否道德？

李：问得好，这个问题比较微妙。如果你是从旁人那儿得到这个想法进而做研究的，这不太道德，好比某人要写一部小说，已准备了大纲，你从旁人手里得到了这个大纲，就去写这部小说。如果是这个想法的本人直接告诉你的，这好些，不过还是不好，特别是不该瞒着他去做这个研究。既然要瞒着，就是于心有愧。不要去做基于别人的原始想法的东西。万一要做，比如太喜欢这个想法了，也应在做之前，问他是否在乎，并在发表时注明想法的出处。

要特别尊重原始想法和启示，指出来源或出处。未经同意而发表别人的想法，注明来源，虽不算剽窃，但也不好，要事先征得同意才行。也许他不愿意这时发表，因为发表了的想法，人人可用。无论如何，在这种情况下，发表成果时得明确说明原始想法是谁的。而且，如果这个想法很重要，就该邀请他联合署名。未经同意而发表别人的结果或者其他已经成形的东西，还侵犯版权。

一般来说，未经许可，不得私自发表、公开或私下泄露他人未公开的科研想法或结果。比如，一个团队讨论自己的新东西、新想法，外人问起，该不该告诉？从有利于科技发展来说，似乎应该；可是从尊重原创性来说，似乎不该。你要是告诉了他，他私自拿来用是不道德的，而你也要负一定责任。利用了解来的想法，抢着做研究，是不道德的。

在研究初期，要求对研究工作保密无可厚非。凡是有过绞尽脑汁、终于得到原创想法的人都能体谅这一点。我对我的团队说，队内应自

---

[1] The use of someone else's prior ideas, processes, results, or words without explicitly acknowledging the original author and source.

由讨论，但不要将讨论的内容告诉外人。如果是你的东西，你当然有权做主。如果你不愿意告诉外人，我们应该尊重，不能苛求。这是尊重原创性，给原创者充裕的时间去发展完善。万一真的很想做，也应该跟他交流讨论，合作研究。让我举个"吴健雄痛失诺贝尔奖"的例子（见下框）。

吴健雄痛失诺贝尔奖

　　李政道和杨振宁提出宇称不守恒之后不久，李的同事吴健雄领导的实验小组证实了他们的结论，在为确保实验的正确而做最后检查期间，吴把此事告知了李和杨，并要求不外露。年轻的李政道不以为意，在所在的物理系随后的"星期五午餐"聚会上，宣布了这一轰动一时的结果。他的急迫心情当然容易理解。年轻的实验物理学家李德曼和加文得知后，巧妙地改造了他们正在做的另一个实验，只用四天时间就捷足先登，证实了宇称不守恒。消息不胫而走，吴的小组顶着压力，认真彻底地完成了检查工作，一两天后正式宣布了结果。李德曼和加文"不够君子"的介入，恐怕是吴未能与杨和李分享诺贝尔奖的一大因素，虽然未必是主要因素。吴对李"泄密"不满是可以理解的。假如李能预知这种情况的发生，肯定不会那么急切地宣布了。披露他人未发表的东西，更是可能有这样的恶果。

学：这么说，是李德曼和加文首先证实了宇称不守恒，功劳其实比吴健雄更大，而我们都只知道吴证实了宇称不守恒。

李：不对。吴健雄的功劳无疑比李德曼和加文的大得多。吴有首创之功，后者是在得知前者业已"成功"之后才跟进做出的，其价值大打折扣。没有他们的工作，吴照样成功，没有吴的工作，就没有他们的成功。何况，他们这么做是"君子所不为"，也把水搅浑了。不过，他们的报告论文等到吴的论文完成后才同时寄出，两篇论文同时发表在《物理评论》上，他们在文末坦承是在得知吴的肯定结果后才开始的。李德曼（Leon Lederman）在 31 年后因其他贡献也获得了诺贝尔奖。

更进一步，知道某事可成和不知道可成时去做，有天壤之别。对此，有个"丹茨格歪打正着解统计学难题"的佳话（见下框）。此外，高斯解决正十七边形的规尺作画问题，流传的故事（见下框），也彰显了这种无知之福。

丹茨格歪打正着解统计学难题

"线性规划之父"丹茨格在攻读博士期间，修大统计学家奈曼（Jerzy Neyman）的一门课。有一次他上课迟到，以为黑板上的两道题是家庭作业。虽然觉得这两道题比平时的作业难，花一段时间做好后他交给奈曼，还为迟交而抱歉。几周后的一个星期天，奈曼兴奋地一大早就到丹茨格的住处，把他从睡梦中叫醒，说他的"作业"解决了两个统计学著名难题。这个"作业"后来成为他的博士论文的主要内容。假如奈曼是国内当今的某些学者，就可能私吞了丹茨格的结果。

无知之福：高斯规尺作画得正十七边形

高斯上大学时，有一次老师失误，在布置的作业中，有一道题要求用圆规和无标度直尺画出一个正十七边形。高斯通宵达旦才解出，交作业时惭愧地说，自己竟然花了整整一个晚上才完成。老师在确认高斯是独自求解并且解法正确之后，激动地说：你解决了一个悬而未决长达二千多年之久的大难题。阿基米德没有解决，牛顿也没有解决，而你竟然一个晚上就解决了！这一成功，促使高斯作出决定，献身数学。高斯晚年回忆说：如果我事先知道这是一个两千多年的大难题，恐怕永远都没有信心解决它。高斯一生硕果累累，对此却情有独钟，临终时要求把正十七边形刻在自己的墓碑上。他去世后，其出生地给他竖立了个雕像，底座正是正十七边形。

学：有人提倡大家对科研想法不保密。

李：可以**提倡**，但不该**要求**大家都不保密，不能指责想保密的人，更不能故意泄密。这好比可以提倡无偿献血，但不该指责某人不献血，更不能在他不知情或未同意时，抽他的血。创意对于原创科研，胜于血液对于身体。

教：科技部诚信办编的《科研活动诚信指南》也明确说，"对于在学术交流或合作研究中获得的数据或研究成果，不应当未经对方同意私自发表、出版或泄露给第三方。"

学：你在作报告时，有个高水平的听众，指出你的错误，并提出改进建
　　议或更好的办法，你采纳他的意见，后来发表了，这算不算一种违
　　规或不道德？

李：你在文章中应该给他记应得之功，一般在一个脚注或致谢里面说明
　　这个想法是他建议的，即使他提建议时看似轻描淡写。如果这个建
　　议至关重要，就应该邀请他联合署名。

学：国内的剽窃问题严重，您认为主要是什么原因？

李：我觉得有两方面的根源。与国内其他学术不端问题一样，主要根源
　　是科研体制带来的压力所造成的急功近利之风。次要根源是对剽窃
　　问题的恶劣性认识不足：中国历来不重视反对剽窃抄袭，古人赞赏
　　"化用"而不是引用前人结果，把抄袭说成不痛不痒的"掠人之美"，
　　往往只讥讽为"文抄公"，而不痛加谴责惩罚。此外还有诸如"千古
　　文章一大抄""诗家三偷"（偷语、偷意、偷势）等说法。江西诗派
　　等文学流派甚至标榜"无一字无来历"。不过，剽窃与否要看领域和
　　场合，比如在幽默界，就没有剽窃官司——没有人有产权，因为没
　　有全新的幽默。西方也有各种关于剽窃的奇言妙语，值得深思。我
　　收集引译了一些（见下框），不仅以博一笑，而且披露剽窃与否的微
　　妙之处。正像打扮漂亮的女人更引人注目一样，巧言妙语所披露的事
　　实和道理更受人关注。比如，"偷比抢好，骗较霸佳"，"球场上的精
　　彩偷球会赢得满堂喝彩，学术殿堂上为什么不能剽窃？""只有天才，
　　才能贪人之功为己功，并广受称赞。"国内当下不乏这类"天才"。

> **关于剽窃——西方奇谈荟萃**
> - 原创常常不过是未被觉察和不自觉的剽窃而已。[1]（现代英国作家、
>   牧师英奇）
> - 只偷一人是剽窃，广偷众人乃研究。[2]（现代美国作家威尔森·米兹勒）
> - 盗想于今人，则贬为剽窃；偷思于古人，便捧为博学。[3]（英国作
>   家科尔顿）

---

[1] William Ralph Inge, *Wit and Wisdom*: Originality is too often only undetected and frequently unconscious plagiarism.

[2] Wilson Mizner: If you steal from one author, it's plagiarism; if you steal from many, it's research.

[3] Charles Caleb Colton, *Lacon*: If we steal thoughts from the moderns, it will be cried down as plagiarism; if from the ancients, it will be cried up as erudition.

- 稚嫩的诗人学舌，成熟的诗人掠美。[1]（现代英美著名诗人艾略特）
- 剽窃者起码有保全维护之功。[2]（英国政治家、作家本杰明·迪斯雷利）
- 据人之所有为己有，是人所共有的欲望，只是践行方式不同而已。[3]（法国作家勒萨日）
- 借用而未加改进，则是剽窃。[4]（英国大诗人弥尔顿）
- 见到灵言妙论，别犹豫，抄吧。引注出处？为什么？如果读者知道出处，那就没必要；如果不知道，那就是对他们的羞辱。[5]（现代法国著名作家法朗士）
- 他们先得我心——我们的思想被他们预先窃取而写出。[6]（法国剧作家比隆）
- 那些抢先说出我们之妙语的人，真该死。[7]（古罗马诗人 Torence）
- 剽窃，当美国总统要做演讲时，不就是这么做的吗？[8]（美国应用数学家 Philip Davis）

其实，虽然不同于一般的盗贼，剽窃者仍是盗贼，他们的辩解就像孔乙己的"读书人窃书不能算偷"一样可笑。在国际学术界，

剽窃是学术重罪，将自食恶果。

教：听说有取消文章的。

李：如果还没发表，就取消，往往还有更严厉的惩罚。以 IEEE 为例，它定义五个剽窃"段位"：①逐字抄袭过半；②大比例（20% ~ 50%）逐字抄袭；③相当比例（≤20%）照抄某些段落、句子、图表等，

---

[1] T. S. Eliot, "Philip Massinger," *The Sacred Wood*: Immature poets imitate; mature poets steal.

[2] Benjamin Disraeli: Plagiarists, at least, have the merit of preservation.

[3] Alain René LeSage, *Gil Blas*: All men love to appropriate to themselves the belongings of others; it is a universal desire; only the manner of doing it differs.

[4] John Milton, *Iconoclastes*: Borrowing, if it be not bettered by the borrower, is accounted plagiary.

[5] Anatole France: When a thing has been said and well said, have no scruple; take it and copy it. Give references? Why should you? Either your readers know where you have taken the passage and the precaution is needless, or they do not know and you humiliate them.

[6] Alexis Piron, *Epigram*: Their writings are thoughts stolen from us by anticipation.

[7] Perish those who said our good things before us.

[8] Philip Davis, *Plagued by Plagiarism*: Isn't this [plagiarism] what the president of the United States does when he needs a speech?

未引出处；④大段不妥转述（语句的些微改动或重组），未引出处；⑤相当大比例逐字照抄，虽注明出处，但未分清哪些是来自出处的。一二类中的比例可以是同一剽窃者多篇文章的总和。不可引而不注或成段整句照抄，应注明出处并加引号或用自己的话转述。明确引用并注明出处就不是抄袭了，是促销。IEEE 对于严重的剽窃，特别是惯犯，惩罚严厉。对于恶性剽窃或拒不认错者，如果文章已发表无法收回，就在电子文档上注明剽窃之事或在剽窃处加"剽窃"水印，将违规行为记录在案，上黑名单，几年内乃至永远（对于惯犯）拒收投稿，包括与他人合作的所有稿件，并退回所有在审或已录的文章。这样，作者名誉扫地。对其他类的过错，惩罚要轻些，包括通知作者的上司、责令正式向被剽窃者道歉，等等。国内有些人因无知而犯错。由上可见，转述他人时未引出处或致谢，把人家的东西改头换面写出来，无意中剽窃他人的思想和主意，都不行。最近，德国国防部长古滕贝格的法学博士学位被其德国母校取消，因其博士论文中有些引文没有充分标注出处。古滕贝格承认犯有"严重错误"，表示"不再使用博士头衔"，并最终被迫辞职。

关于欺骗——西方警句精选

- 童言无欺，蠢人不骗。[1]（英语古谚）
- 狡诈者想靠真相本身来蒙蔽，不欺不诈以达行骗目的，基于至诚以成骗局。[2]（《智慧书》）
- "不许偷盗"是空洞杰作，/ 因为行骗能获益良多。[3]（英国诗人克拉夫）
- 写小说靠编谎来求真，而记者靠讲真话来行骗。[4]（当代英国童话作家 Melvin Burgess）

---

[1] Children and fools speak the truth.（大概源自 John Lyly, *Endymion*: Children and fools speak true。）

[2] Sagacity …tries to deceive by truth itself, …cheats by not cheating, and founds deception on the greatest candour.

[3] Arthur Hugh Clough, *The Latest Decalogue*: Thou shalt not steal: an empty feat, / When it's so lucrative to cheat.

[4] You arrive at the truth by telling a pack of lies if you are writing fiction, as opposed to trying to arrive at a pack of lies by telling the truth if you are journalist.

- 己欲被欺则欺人。[1]
- 诚实者都是幼稚儿。[2]（古罗马警句作家马修）
- 要想愚弄世界，就讲真话。[3]（德国"铁血宰相"俾斯麦）
- 毫不掩饰，则无事可成。[4]（切斯特菲尔德爵士）
- 不信任，即证骗之有理。[5]（拉罗什富科箴言）

学：不能肯定是否要引出处时，怎么办？比如第 4 条说不妥转述。

李：不能肯定时，为保险起见，最好注明出处。关键在于不加掩饰，问心无愧。我还碰到过另一种不道德行为。有些人很鬼啊，他第一篇文章引用我的一篇文章，作为原创方法的出处，但是随后的文章就只引他自己的了，误导读者以为这个方法是他的。这种精心掩饰的不道德行为，令人可悲可怜：明知不道德，还要"偷尝禁果"，难道他的学术生命要靠这种"禁果"维持？这使人想起西谚[6]：容许之事，魅力尽失；不许之事，迫切行之。

学：把英语翻译成汉语这种情况的照抄，应该也属于这一类吧？我就看过一篇文章，把您的文章译成汉语，发表在国内某个期刊上。我对过，主要内容都有，结构完全一样。只删不增，只是翻译。不是为了学位，他是老师。当时我还犹豫要不要引他的文章呢。

教：我也见过，好几篇呢，是一个系列，我写博士论文时发现的。个别的注明是翻译的，大多数没注明。

李：真不知道我还是这么严重的受害者。国内有的人看英文可能还有困难，这种"洋为中用"是不是对国内有点好处？我知道有剽窃我的，比如把我讲学的内容拿来申请经费，也许以为这样不大会露馅。但是，若要人不知，除非己莫为。我往往在不止在一处讲，第二年在别处再讲时，有人告诉我：某某人拿我这个来申请基金了。还有人

---

[1] Lie about others as you would like them to lie about you. 不知原始出处。

[2] M. C. Martial, *Epigrams*: An honest man is always a child.

[3] Otto von Bismarck: When you want to fool the world, tell the truth.

[4] Without some dissimulation no business can be carried out at all.

[5] La Rochefoucauld, *Maximes* (no. 86): Distrust justifies deceit.

[6] What is allowed has no charm: what is not allowed, we burn to do. 这是古罗马大诗人奥维德（Ovid）拉丁文诗句的英译。

把别人剽窃我的东西寄给我。多年前国内就有人剽窃我尚未发表的成果。当时我在国内讲学，给出了我的一篇已被录用的文章。此人马上剽窃并投往国内一份期刊。后来有人把这篇剽窃之文寄给我，我大吃一惊。幸亏剽窃之文是在我的文章发表之后才发表的，否则在别人眼里是我剽窃他了。吃一堑，长一智，从此我在国内讲学时，不得不多一个心眼。

学：如果在别人发表之前剽窃，应该很难界定。

李：未必，比如我这个想法跟别人说过。诸如此类的情况，真的打起官司来，我还是会赢。

教：由于担心自己的结果被审稿人拿去发表，计算机专业有人把它们先放到网上，如果出问题，有个凭证。我认识一个编审，说他们的期刊为了生存，大概有 1/5 或 1/6 的文章，属于人情文章，必须刊登。这时编审把关的职能就有问题了。所以，有些事情发生之后，编审就和稀泥，既不能给真正做出贡献的人应有的公平，又让有些人占用有限的资源。

李：这当然是不正之风。不过，如果编审刊登这篇文章，纯粹是因为作者的学术地位高，这在国外也不罕见。我记得一个典型例子——罗宾评审奈曼（见下框）。学术地位高，不管写什么，影响都不小，起码值得重视，这与高官和巨富的"学术论文"，不可同日而语。一个杂志，肯定希望发表的东西有影响，但如果另有原因，就不好。

"原创"高手

罗宾评审奈曼

大名鼎鼎的统计学家奈曼与人合写了一篇文章。审稿人罗宾（Herbert Robbins）觉得文章不可取，如实写了评审意见，并给出了更合理的解法。主编不想拒奈曼的文章，就让罗宾把评审意见写成文章，将两篇文章联袂同时登出。其实，这使奈曼有点丢脸，但是科学不讲情面。罗宾后来也成为著名统计学家，这是他的第一篇统计学文章。奈曼在学术上虽不无霸道，却不"记仇"。他后来著文认定的二十世纪后半世纪的几个统计学重要突破，都是罗宾开创的，其中包括大家知道的经验贝叶斯方法等。奈曼甚至建议学术评审时应当立誓，他的办公室就写有一条大字标准："蓄意歪曲事实真相而导致他人受损害的行为就是欺骗。"

5.3 何谓自我剽窃

李：国内好像不大讲自我剽窃，它比剽窃更复杂而微妙。"剽窃"是指偷东西，那么"自我剽窃"是怎么回事？

学：自我剽窃，就是一篇文章的内容和另外一篇的大同小异。

李：和剽窃一样，自我剽窃不限于全文大同小异，可以是文中的一个结果。凡是以旧充新，把自己已发表的成果冒充成新的来发表，都是自我剽窃。如果从严而论，含糊其辞、可能误导读者以为作者的旧货是新货，就有自我剽窃之嫌。新成果大多基于已有的工作，文中要分清哪些结果是新的，哪些是旧的，不分清就可能被怀疑为自我剽窃、自相蹈袭。而且，阐述旧货的部分不能太大，有些杂志明确说，超过 25% 就该受罚。与剽窃相比，自我剽窃更难防，虽然没那么恶劣，但仍然是不道德的，会被惩罚，特别是屡教不改者（比如拒收投稿、退回在审或已录的稿子），还可能侵犯版权。

关于自我剽窃欺骗——西方巧语聚珍

- 自盗者，真大盗也！[1]（英国医生诗人 Nathaniel Cotton）
- 欺骗莫过于自欺。[2]（丹麦谚语）

---

[1] Nathaniel Cotton, *Pleasure*: How great his theft who robs himself!

[2] He is most cheated who cheats himself.

- 抄袭他人是必要的，而自我抄袭却可怜可悲。[1]（大画家毕加索）
- 我谎，故我立。生存的艺术，就是富有创意地不断勇于自欺的艺术。感觉欺意识，意识骗感觉。求真者惯于说谎，他之所求是乐而非真。[2]（当代美国作家 Benjamin Casseres）
- 伪君子蔑视他所骗之人，也没有自尊。假如办得到，他也会骗自己。（英国作家哈兹里特）[3]
- 欺骗的首恶是自欺。[4]（英国诗人 Philip James Bailey）

一稿多投

最严重的自我剽窃是一文多发，其次是一稿多投

一文多发就是重复发表——发表多篇相同或大同小异的文章；一稿多投就是投发多篇相同或大同小异的文章。这都是严重的不轨行为。在审稿期间，只要尚未撤稿，就不可另投别处，即便做了修改也不行。

---

[1] To copy others is necessary, but to copy oneself is pathetic.

[2] I lie, therefore I persist. The art of survival is the art of lying to oneself heroically, continuously, creatively. The senses lie to the mind, the mind lies to the senses. The truth-seeker is a liar; he is hunting for happiness, not truth.

[3] William Hazlitt, *Characteristics*: A hypocrite despises those whom he deceives, but has no respect for himself. He would make a dupe of himself, too, if he could.

[4] Philip James Bailey, *Festus*: The first and worst of all frauds is to cheat one's self.

有一次我写综述，发现有两篇文章几乎完全相同，就在综述中特别指出这一点。我的合作者有顾虑，我坚持要披露这种不良行为。

有的人是惯犯，一而再，再而三。这恐怕像吸毒，一旦上手，尝到"甜"头，就会有瘾，很难住手，直到被抓，有可能毁了一生。被抓之前，也许还自以为得意，其实恐怕早已臭名远扬："鼽鼾惊邻而睡者不闻，垢污满背而负者不见。"（吕坤《呻吟语》）我知道一个这种反面教材，屡屡一文多发、一稿多投。其规律是：做出一个结果，无推导的写一篇，有推导的写一篇，仿真部分改动一点，投几个杂志，都想发表。我第一次发现这个"恶才"重复发表时，厌恶难禁，写了一个评论，公开披露它，打击一下。为了保护自己，我找了另一学科的一位朋友，借他之名发表这篇评论。

多年前我审一篇文章，发现参考文献里作者本人有一篇文章，跟这篇似乎很有关系。那篇文章登在一个冷僻的杂志上，我弄不到，就让学生直接找作者本人要。寄来后一对，除了标题和个别字眼，一模一样。文章并不差，登在那么不起眼的杂志上确实可惜。作者可能想让它多发挥作用，未必全是为了沽名钓誉。所以，不要投到这类杂志。

我当 Editor 时，有一次发现是一稿多投，就以匿名审稿人的身份，狠狠谴责了一通。还有一次我审一篇稿，发现是一稿多投，就建议罚他，副编审却说我们不是他的父母，不必对他的人品负责，并说"小人自有对头"，迟早要自食其果。此人在圈内的名声果然臭。这使人想起《左传》开篇《郑伯克段于鄢》所说的"多行不义必自毙"的著名故事。

学：自我剽窃、重复发表和一稿多投，违反的是什么科研道德？

李：尊重原创、合理记功、不多占资源、损害期刊的声誉，还可能违反版权法。科技论文注重原创性。自我剽窃主要罪在冒充原创：自我剽窃的部分不再是原创的。重复发表想要加倍记功，它和一稿多投都过多占用评审和出版的人力物力资源，也浪费读者的精力。而且，一文多发还侵犯出版社的版权。

国内对一文多发、一稿多投的恶劣性严重性认识不足。我就曾深受其害。我曾与一位国内学者合作，研究成果以我为第一作者在国外发表。但他居然私自在国内发表这一研究结果，而我变成了非第一作者。我知道后很生气：这会极大地损害我的学术道德声誉。第一，在国外发表时我是第一作者，而在国内发表时我却不是，有人会以为我剥削国内的合作者，其实不配当第一作者，因为确实有这种剥削者。第二，这是重复发表，它陷我于不道德。不了解我学风的人，也许会以为我是有意为之。第三，在国内发表的研究结果是改正前的结果，有严重问题，他明知故发，这可能误导他人的研究，而且不知情的人可能怀疑我的学风的严谨性。第四，他亲口答应我，凡是我署名的文章都会先征得我的同意，但实际上不仅投稿时没征得我的同意，连发表后也没告诉我。这是故意隐瞒，应问心有愧。

教：有一次，有人有两三篇投往不同杂志的稿子同时到我手里，不同文章只有小改动。研究一个课题时，结果出来有时间先后，所以可能会写一系列文章。比如，后面的文章可能描述框架更大些，或者更简化。但他是同时的，一篇就可以了，纯粹为了增加文章的数量。这让我觉得不道德。

李：这明显不妥，有一稿多投之嫌。至于是否真的不道德，主要看他是否加以掩饰。如果不加掩饰，比如这些文章都相互引用并讲清相互关系，那大概是出于无知，否则多半是明知故犯、不道德。一稿多投或者在未撤稿前又投其他期刊，只要当时就跟期刊说明情况，那并非不道德。**不加掩饰的学术失范行为往往出于无知，如果加以掩饰，则是明知故犯，那就是不道德。我认为这是一个广泛适用的判据，可称为"掩饰判据"。**套用上面所引切斯特菲尔德爵士的警句，可以说：毫不掩饰，则坏事难成。与此对应，我们应该遵循如下

无愧准则：对无把握的行为，瓜田李下，别掩饰，应明确说明。

这样既忠于自己，又无欺于人，才能问心无愧，即便因无知而失范，也并非不道德。而且，这样很快就能得到反馈，搞清这种行为是否失范。举例来说，正如蒙田所说：创新往往是未被发现的、无意识的剽窃而已。有时学后忘了，自己又重新发现，以为是独创而发表公布。这样会被别人认为是剽窃。这儿，道德与否，关键在于是否真的忘了，是否问心无愧。总之，关键是"掩饰判据"和"无愧准则"。还有，上面说过，科研道德规范与时俱变，不该以今日的标准苛求前人。比如，胡适当年就曾多次一稿两投（见下页框）。

胡适一稿两投，得享大名

作为庚子赔款生，胡适留美后，每月从中国公使馆领取生活津贴。邮寄津贴的秘书每次都在信中夹带道德和励志箴言。有一次的箴言是"废除汉字，改用字母"，劝人支持改用拼音为民众教育手段。胡适由此联想到文言与白话分离的现状，与人多次讨论争论，几经斟酌，写出《文学改良刍议》一文。在由他主编的《留美学生季报》上发表后，毫无回响，而投往《新青年》的副本发表后，风靡全国。胡适从此得享大名，文星高照。他青年时代另有几篇重要文章也是如此。

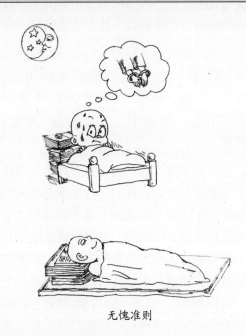

无愧准则

教：胡适这么做，不是不道德吗？

李：这应该没有版权问题，在当年也未必不道德。更有甚者，1917 年胡适留美时收到北大的聘书，选择了回国，并未正式拿到博士学位。然而，1919 年出版的《中国哲学史大纲》（卷上）赫然印着"胡适博士著"。有人说他当年标新立异，要靠洋博士的头衔壮胆，因为当时北大鸿儒云集。

教：那不是明显的欺骗和造假吗？

李：没那么简单，事实往往不是那么黑白分明的（详情见下页框）。还有，正如钱锺书在《围城》中所讽刺的那样，据说当时留美学生回国后，不论是否完成或通过答辩，大都以博士自居。这样的行为恐怕未必符合当时的道德，但我难以真正评判。世上不少事是复杂的，未必都黑白分明、是非清晰，更不能以今日的规范来臧否历史人物。比如大英雄文天祥，也曾纵情声妓，而这在当时并不出格而说明有人品问题。[1] 这正是我讲这些的用意。有一点大概可以肯定，在这方面胡适不应该是我们的楷模。声名显赫之后，胡适得到了三十多所大学的名誉博士学位，是华人中获得博士学位最多之人，远远超出名列第二者——宋美龄获得 12 个名誉博士。

胡适的博士学位之谜

胡适 1917 年回国时是否已经取得了博士学位，曾是一个颇具争议的公案。其实，胡适 1910 年赴美后在康奈尔大学先学农学后转学哲学、文学和政治学，1915 年转到哥伦比亚大学，1917 年他在回国前，的确已在哥伦比亚大学做了博士论文答辩，但未获"通过"，结论是介于"小修通过"和"拒绝因而淘汰"之间的"大修"，即要求大改，这通常要求返校重新答辩，而且即便答辩通过，当时哥伦比亚大学还一律要求先收到（100 本）正式出版的博士论文，才能授予博士学位，所以这也颇费时日。有了北大的聘书，靠《文学改良刍议》等文在国内声名鹊起的胡适当时就回国了。他的博士论文正是后来赫赫有名的《中国哲学史大纲》（卷上）一书。后来，他的博士导师、实用主义大哲学家杜威于 1919 年赴华讲学两年多，亲眼见到在中国胡适声望日隆、地位日高，那本书好评如潮，恐怕是在他的努力下，答辩"大修"的结论才被改为"小修通过"。所以，1927 年胡适再次赴美时带去在中国正式出版的博士论文后，取得了博士学位。以上所述，主要是基于美籍华人唐德刚教授的有关陈述。作为《胡适口述自传》的译述者，他有来自胡适的大量第一手资料，而且他本人也在哥伦比亚大学取得博士学位，随后留校任教和工作了二十多年，所以他的陈述比较可信。尽管他对胡适十分钦佩服膺，但应该还不至于为尊者讳。

---

[1] 当代著名科学哲学家拉卡托斯（Imre Lakatos）在其名著《科学研究纲领方法论》的导言中说："在 19 世纪初，安培感到他必须把自己有关对电磁学的推测的一本书叫作：《明确地由实验推出的关于电动现象的数学理论》。但在该书的末尾，他漫不经心地承认有一些实验从未进行过，甚至连必要的仪器也未曾建造过！"这就是电磁学中大名鼎鼎的安培，为了纪念他，电流的单位正是"安培"！

教：这个"掩饰判据"是您的首创吗？

李：它和"无愧准则"都是我提出的，但不知是否首创。

教：文章不能一稿多投，科研经费申请报告可以一稿多投吗？

李：除非资助机构明确不许，多半是可以的，但必须在申请报告中注明是同一篇申请报告多投。美国的机构大都允许。区别在于，期刊和会议都要求原创，不发表相同的文章，而同一项研究完全可以有多个资助来源。何况，科研申请的成功率明显远低于文章的录用率。一个资助机构完全可能考虑一稿多投的申请报告。不过，有些申请的批准是有条件的，要求大体相同内容的其他申请未被批准，甚至一旦今后有其他申请获准，就停止资助。

学：请问老师对国内许多科研人员用同一个科研成果申报多种科技奖励的现象怎么看？

李：首先，国内的科研奖励名目繁多。这些层出不穷、多如牛毛的计划和奖项，虽然用意良好，却大大干扰了正常科研和正常升迁的渠道，不仅劳民伤财，浪费申请者、评审人及相关人员和单位的精力和财力，引诱人们过于关注名利，疲于奔命，还为不正之风提供温床。新的奖项多半是新领导为了显示政绩而设立的。我建议逐渐取消大多数奖励。在国外，奖项极少，绝大多数要求他人提名，而不是自己申请。一位优秀科研人员很可能一辈子都没有报过奖，更与获奖无缘。

关于科研奖励我的经历不多，所以下面的看法把握不大。与经费申请类似，也许应该允许申报多种奖励，但必须说清都报了哪些奖，这符合上述"无愧准则"。硬性规定不准用同一个或同一批科研成果申报多种奖项似乎不尽合理，但也许可以规定不能领取多份奖金。如果这一成果过去领过奖，现在又获新奖，那现在只能领取奖金之间的差额。

教：说起一稿多投，期刊还好一些。为了保险，同一个时期的会议他都投，然后选最好的那个会议发表。

李：这是一稿多投，不道德，过多地占用审稿的资源。如果都发表就更不道德，占用的资源就更多，欺骗性更大。

学：不能投或发相同或大致相同的多篇杂志文章，这很清楚。我不清楚
的是：

可否投发多篇大同小异的会议文章？

李：好问题！如果是在同一领域，一般认为不妥。如果领域差异很大，那
么观点不大一致。在一次国际会议上，有人说：如果这两个领域差
别很大，那可以。不过我们大多数人都认为还是不行，至少是君子
所不为，除非后一个会议不要求原创。这有沽名钓誉之嫌，而且占
用有限资源。除非是应邀，那是两回事，就像有些杂志重载或转载
经典论文一样。最好在投稿中注明：已经在某某处发表、录用或投
往某某处，你还要不要？这样遵循"无愧准则"，就问心无愧了。如
果已经在杂志上发表了，当然就不能再投往要求原创的会议。

学：那么，先发会议，后发杂志，

会议文章和杂志文章可以有多大的重叠？

李：对这个常见问题，意见不大一致。不同杂志的规定并不一致，投稿
之前最好弄清这份杂志的规定。比如有的 IEEE 汇刊要求杂志文章
含有至少 30%的新内容。我所知道的大多数杂志要求：杂志文章必
须引用会议文章，有重要可观的改进或新内容，并点明它区别于会
议文章的"外加价值"（additional value）。外加价值必须是内容上的，
单纯的语言润色不算。一个有效例子是：期刊文章给出了会议文章
所没有的重要证明或推导。

会议和期刊的主要区别是什么？普遍认为期刊文章属于有效发表。
有效发表有几个要素。最重要的是**原创**研究成果的**首次**公布，是在
公众领域的公开发表，可以公开获取。比如单位的内部资料就不算
有效发表。以往普遍认为会议文章不算有效发表：没参加会议，就
拿不到文集。现在好多会议文章都可以靠互联网公开拿到了，但大
家一直都这么实践，短时内很难改。所以不少期刊折中，要求期刊
文章引会议文章并有"外加价值"。还有，未经审稿的文章不算有
效发表。还要求科技论文的结果具有可重复性、可检验性。有些人
觉得还要被检索了才算有效发表，因为被检索的一般比较正式。我
对此有所保留：照此理，在不入流的杂志和开源（open access）期
刊上发表不算有效发表和公布，因为未被检索，还可以再在其他

期刊上发表。而一般认为，不能在任何要求原创性的期刊上重复发表。

教：国内好像是看这个会议论文集有没有正式的出版商以及刊号。有些会议明确说明，在我这儿发了，还可以在其他期刊上发，因为这是我自己印的论文集。但我觉得其实这也算是一种公开，因为论文集在网上放着，大家都看得到。虽然它这样声明，其实投别的期刊时还是要注明。

李：如果这个算，那自己放到网上算不算？一般认为不算，未经审稿，未被检索。综上所述，一般可认为，会议文章不算有效发表，但杂志文章要引用会议文章并有实质性"外加价值"。我常在期刊文章中说明，比如是改进、扩充、完善、精细，不只是语言润色。不过，近年来期刊论文"外加价值"的要求越来越高，把会议文章当作有效发表的这个趋势越来越强。

教：国内有人总结了一个发文圣经（Journal Bible），说：为了保证会议论文能被录用，要写得好一点。录用后，为了能再投期刊，要砍去大部分，搞得面目全非，所以很多会议文集没法看。这样，一个想法就可以发两三篇文章。

李：那是邪教的圣经，损人害己。这种文章你还想看吗？多见几篇之后，其学风之低下昭然若揭。是不是还有《学界登龙术》之类的"大作"？1930 年代的《文坛登龙术》，对当时的"登龙术"，极尽讽刺之能事。

学：工作是分阶段的，做一段时间后发一篇会议文章，最后把这些文章糅合在一块，写一篇杂志文章。也许没有新加的东西，只是糅合，这种情况怎么看？

李：这属于边缘地带，行者众多，不该谴责。如果只是简单糅合，是君子所不为。糅合时，最好能打通关节，理顺关系，打"通"就有"拓扑"变化，就是"外加价值"，即便所增篇幅极其有限，也很有意义。

教：这个情况在模式识别领域比较多。前后联系确实挺重要，他们把这个叫做文章的融合，一有融合就有化学变化。

学：还有一个问题。在会议文章中可能会说"第一次提出"这种字眼，写期刊文章时，还能不能这么说？

李：可以。关键在于，期刊文章要引会议文章并明确说是基于会议文章
的。发表次序最好是会议、杂志、书。书不要求是首创，尽谈旧货
也无碍。不管用哪种语言，上述次序不变。如果已经写进书中，就
不该再写会议或杂志文章。

同一内容，可否先发中文，再发英文？

教：有人同一篇东西，先发一篇中文会议，再发一篇英文会议，再发一
篇中文期刊，再发一篇英文期刊。

李：走了个"之"字，这不妥。如果内容大致相同，已经在中文期刊上
发表了，就不该在任何要求原创之处、包括英文期刊上发表。

教：有本书说，在中文期刊上发表了，还可以在英文期刊上发表。

李：问题是：英文学术期刊要求内容是未正式发表过的，不接受译稿。
而且，如果发表中文时作者已出让了版权，发表英文还有版权问题。
关键在于，英文期刊是否接受这种已发文章，以及中文期刊是否愿
意出让版权。如果对此不服或吃不准而中文期刊又没有版权问题，
不妨遵循"无愧准则"，在投英文期刊时说明情况，这样就问心无愧
了，没有道德问题。然而，有几个"一稿两投"的人这么干？何况，
绝大多数要求原创性的期刊都不会接受这种投稿。

教：有人说，重复发表内容相同而语种不同的文章，并不违反版权，因
为版权只保护形式，不保护内容。

李：让我用归谬法。照此说法，翻译作品的出版，根本不需要版权所有
者的同意了。更进一步，字体不同形式也不同，是不是变换字体后，
比如把简体变繁体后，重复发表也不违反版权？

教：有人鼓励大家在中文期刊上发表初期成果，在英文期刊上发表后续
成果，说这不属于一稿两投。

李：为了便于理解后续成果，英文论文可以也应该简述前期成果，但必
须引用中文论文，并点明这些成果业已发表。由于早先不知道这些
前期成果，审稿人对于后续成果可能会或多或少给出偏高的评价。
但原则上，英文论文的录用与否只看后续成果的价值，如果后续成
果是前期成果的改进，原则上录用与否只看改进的价值。这基本上

是发表前后依赖的两篇论文，完全可以是同一语种的，不必一中一英。当然，有可能前期成果的价值只够在中文期刊上发表。上述建议，用心良苦，既有利于中文科技期刊争取稿源，又有助于在中文世界传播科研成果。

我很同情中文科技期刊的处境，衷心希望它们的水平能尽快超英赶美，这对于中国的科技发展，大有裨益。不过，在近期内这个希望比较渺茫。令人悲哀且后果惨重的是：科研活跃的学子，大多不读不写中文论文。原创科研成果的中文传播确实需要大力促进，值得好好研究，找到对策。比如我觉得，各学科的中文顶级期刊，录用时应保证质量，宁缺毋滥，增加每篇论文的篇幅，以免表述不清。好的论文，应中英双语全文发表。这样才能让学术活跃之人愿看愿投，提高信誉和影响，产生良性循环。如果稿源不足，不妨变月刊为双月刊甚至季刊。比如可以大大降低录用率，但每篇篇幅加倍，大比例地以中英双语发表。如果在几年中渐进地这样做，有可能会大幅度提高在读者和作者中的声誉。随着声誉的提高和稿源的改善，逐渐向所有论文都以中英双语发表的目标靠拢，最终的长期目的是只发表中文论文。

教：如果已经写了中文杂志文章，还想写成英文的，怎么办？不写成英文，人家没法引用。

李：要避免不道德，除了把它写进书里，或者综述文章、科普文章、网络文章等不要求原创性的文章里，别无他法。

学：如果别人已经发表了某个结果，但我是独立地得到的，可不可以发表？

李：大家看重的是首次发表原创性成果，首发和原创，缺一不可。先到为君，后到为臣。不管你是否独立地得到，只要有人已经发表了，就不要你的了。只有你的成果阴错阳差也发表后，大家才关心它是否独立得到，是否借鉴或剽窃了前者。如果不独立，多半就有剽窃或其他不道德之嫌。如果结果不尽相同，那可以投，不过要遵循"无愧准则"，实话实说：你是独立得到的，但现在知道了别人的相似结果。

教：有些小组做东西，文章重复发了好几遍，也没人管。比如一个做证
　　据推理的，有五篇从 2005 年到 2010 年的，没有大的变化，会议的、
　　期刊的，居然没人管这事。这不是人品，是组品有问题。

李：这往往是领头羊的责任。**关于剽窃和自我剽窃，简言之，就是要分
　　清他人的、自己以往的和自己的新结果，使之一目了然；论及他人
　　的结果或自己以往的结果时，要引用有关文献；凡是吃不准时，就
　　明说。**

5.4　知识产权

版权

李：知识产权一般牵涉三种法律：版权、专利、商标。商标法跟我们没
　　多大关系，下面我们谈谈版权和专利，重点谈版权，因为它跟大家
　　关系最大。关于版权，针对国内的认知情况，主要讨论三部分内容：
　　①版权法保护的是什么？②版权归谁？③何时开始有版权？首先注
　　意，侵犯知识产权是犯法，而不仅是不道德。

　　第一，版权法保护表达形式而非内容和想法。比如，数据本身不受
　　版权法保护，但其表达形式受保护。我的数据有这种表格形式，你
　　不能照抄，但你如果用曲线画出来，就不违反版权法。同样的内容，
　　我的是表，你的是图，就没问题；我的是图，你的是表，也没问题；
　　原来是图，变成另外形式的图，也没问题。**版权（copyright）就是
　　不被复制的权利，所以版权法保护的只是表达形式（"版"）。照抄
　　图表或大量（比如大段）引用论述，还需得到许可。**除了注明出处，
　　引用别人的论述在形式上还得明显有别于非引用内容。不想这么做，
　　就得用自己的语言重写，这样版权法就不管了。众所周知或四处可
　　得的，才不必注明出处。

学：改写了就不受版权法保护了？

李：对。照抄原文，未经许可，未注明出处，就违反版权法。越有"原
　　汁原味"，越是"忠于原著"，越地道纯真，越有问题，在这儿可不
　　能采取鲁迅的"拿来主义"。用自己的话转述，充分改写，那就不侵
　　权。转述重要内容，误导读者以为是你的首创，那是剽窃，不是侵
　　犯版权。

学：包括有些图表完全一样也算照抄原文?

李：对，比如将会议文章扩充、修改成期刊文章时，如果原封不动地用一个表或一张图，就应征得版权所有者的许可，并注明出处。版权法是"见利眼开"——一旦牵扯到利益，就瞪圆了双眼。如果有经济利益，特别是有可能损害版权所有者的经济利益，一般都管。有些例外，比如供不盈利的教学或研究用，版权法一般不管。不过，即使为教学或研究，程度也应有限，比如可以复印一本书的一章，而不是很多章，更不能复印整本书。一般来说，会议文集的版权最不受重视，期刊其次，书的版权最严肃。这很容易从商业利益的角度来理解：书的商业价值最大，期刊次之，会议文集最小。

学：我的一篇文章在 IEEE 上发表了，版权应该是 IEEE 的。我可不可以把它放在自己的网页上，以便让人直接下载?

李：IEEE 明确说，作者可以把已录而未发的文章放在自己或单位的网上，但要注明 IEEE 是版权所有者，不能把已发表的文章放在网上。不过，很多人这么做，IEEE 好像也不追究，一个主要判据是你是否谋取商业利益。国内有人把我在某一方面发表的多篇文章打包后出售，这不仅道德败坏，而且严重侵权，虽然我本人并不在意。不过，IEEE 允许作者制作多份自己文章的拷贝，以及在一定的限制条件下再用文章的内容材料。

最容易违反版权法的是用自己的图、表和论述。已经发表了，版权转让了、不属于你了，如果严格守法，用时要得到许可、注明出处。话说回来，出版商一般不追究，否则影响不好，不利于吸引作者。所以这种违反相当多，几乎到了法不责众甚至众志成城的程度。确实，要不然还得改换、重写，挺费事的。还有，美国政府的出版物、结果都没有版权，可以任意复制。政府的钱来源于民众，所以没有这种权利。

学：我们写文章经常要借鉴他人的英语说法，并不想故意抄袭。

李：我当 IEEE 汇刊的 Editor 时，有时审稿人跟我抱怨，说中国作者在引言或其他部分抄袭他的话，说要追究责任。我再三打圆场说，作者这么做是英语问题，并非道德问题。若非如此，那些中国作者可是要"吃不了兜着走"了。所以，不要逐句照抄。把多个语句糅合起来，那就不侵犯版权。至于是否剽窃，另当别论。现代美国作家Wilson Mizner 风趣地说：只偷一人是剽窃，广偷众人乃研究。一位信息融合学者学舌说[1]：仅用一源信息是剽窃，利用多源信息是融合。

现在谈第二个问题：版权归谁？除非转让，所有已发表和未发表的文稿的版权都属于作者或其雇主。如果在企业工作，版权一般归雇主。据我所知，美国的公司，聘用时得签合同，即使是业余所做，版权也属于公司。我不清楚在国内怎样。据说国内有个人想进微软，为了抬高身价，说他在原公司业余做了一项发明，他的老板不知道，他可以带给微软。这种"吃里扒外"是名副其实"挖个陷阱自己跳"，既不道德，还犯法，是"机关算尽太聪明"而冒的傻气。

与企业不同，美国大学教授联合会明确声明：在高校，学术著述的版权归作者，而不是学校。

教：为什么在公司企业的作者没有版权，而在学校的有？

李：公司的产品是由公司掌控和负责的，谁有权改变公司的产品？当然只有公司本身，所以雇员的工作成果在法律上叫做"雇用之作"（work for hire）。而教师的著述，学校既不掌控，又不负责。谁有权修改教师的著述？当然只有教师本人。按版权法，在雇用范围内的工作成果，雇主拥有版权。高校几乎是唯一的例外，除非其教师手册或雇佣合同上明确规定教师的著述属于"雇用之作"，因为高校教师的工作相当独立自由。只要不是在学校严格掌控、密切监督下完成，并对其后果负责的工作，比如课程的教学大纲，学校一般都没有版权。版权法的这种处理，与学术自由的传统相一致。

教：那上课讲义的版权是不是归教师？

李：当然归教师。不仅如此，其他由教师完成的原创课程材料，比如考试试卷和家庭作业，甚至连学生上课记的笔记，版权也都归教师。所以未得到教师的许可，学生不能出售笔记和录音。不过，学生自己做的总结，学生当然有版权。

---

[1] Belur Dasarathy: When you use information from one source, it's plagiarism; when you use information from many, it's information fusion.

学：学位论文的版权归谁？

李：在美国，学位论文的版权毫无疑问归其作者——学生。国内不少学位论文有一个版权声明，说版权归学校，这似乎于理不通。我很怀疑这是否有足够的法理依据，版权是否真的归学校。如果真的归学校，那么按理学校似乎应该对学生在学位论文上的抄袭、剽窃负责，赔偿知识产权所有者的损失。不可能好处归我，责任不归我。如果学位论文的版权归学校，那么教师的文章的版权更应归学校，教师在发表文章时就无权将版权转让给期刊。因为教师的确是学校雇用的，而学生根本不是。针对上述学位论文的版权声明，我希望有人起诉，以便弄清学生论文的版权到底归谁。

现在谈第三个问题：何时开始有版权？版权是自动就有的，不需要申请或注册。一旦完成了一个东西，以某种实际形式确定下来，比如写好一个东西，不用去申请，就有版权。版权注册的主要好处只是为了打官司——没有它，就不能起诉、索赔。

学：如果是这样，版权标记©有什么用处？

李：标准形式是：Copyright ©（年）（版权所有者之名）。它的主要作用是明确提醒：这是受版权法保护的东西，我很在乎它的版权。用它还有利于法庭诉讼，因为侵权者无法声称不知道它是受版权法保护的以减轻罪责。不少人错误地认为，只有发表了的东西才受版权法的保护。其实，未发表而已成形（fixed in a tangible medium of expression）的、在形式上原创的东西同样受到版权法的保护。最后，我说的这些是基于美国版权法，各国的版权法大同小异。而且，通过国际版权公约和协议，大部分英文文献和书籍都受美国版权法保护。

专利

李：如果研创者为了自身的利益，对创新内容保密，这不利于科技发展。如果要求无偿公开，就无法刺激创新热情。专利法是为解决这一对矛盾而建立的。它要求被保护的内容公开，以便科技发展，但使用者必须付钱，使研创者受益。专利有各种各样的规定和要求，比版权法严得多，不易得到。原则上教师有其发明的专利权，但美国高校往往声称它们有这些发明的专利权。即便在 2011 年美国最高法院明确判定教师有专利权之后，高校仍坚持己见，采取各种其他方法，剥夺发明者的专利权。没有争议的是，高校和发明者分享专利所带来的经济效益。还有，美国联邦政府支持的科研项目的科研产品，知识产权归学校。

学：专利保护不了什么，申请专利时就得把内容写清楚，别人可以用它自己开发，烧到 Flash 里面，鬼知道用的是不是你的。

李：那是犯法的，查出来，要罚款，甚至下狱。

学：关键的东西也要公开吗？公开了，就保护不了了。

李：都要公开。保护内容就是这个意思，用者要付钱给你。

学：不付钱我也不知道。即便用了你的东西，他软硬件加密，就是提出来，也恢复不了原代码。

李：还是有可能做出判断的，比如雇员不肯为他撒谎而犯法。再如，法庭下令要他解密，他要是违抗法庭，那也是犯法。申请专利就希望应用众多，否则不值。国内的发明专利权期限为 20 年，保护这些年让你能从中获利。申请专利要花钱，数额可观，每年还要交维护费，否则就是自动放弃。所以有些人不愿意申请专利：如果用者不够多，白交专利费得不偿失。总的来说，很少有人跟高校过不去。最重要的是，高校的成果不盈利，所以大家往往睁一只眼闭一只眼。

教：有些数据集明确说，可以用于研究但不能用于发表。我们有时会得到别人用 MATLAB 编的工具箱，用之前最好看看它的许可文件。有的就明确说，个人用或学术用是免费的，商用或盈利的话，就要读许可文件，但是国内很多人不读。

5.5　谁该当作者？

李：署名有两大本质问题：作者资格、作者顺序。资格，就是该不该成为作者的问题，其判定原则是：

作者 = 做出显著贡献并对内容负责者

凡是做出显著（significant）或重要可观（substantial）贡献并能对相应内容负责的人，都应是作者，也才应是作者。比如，影响颇大的国际医学期刊编委会声明[1]：署名权应基于：①对概念、设计、数据获取或数据分析和解释有实质性贡献；②起草或批判性修改重要学术内容；③终审批准其出版文本。

一个经典例子是：一个参与工作的实验员，该不该成为合作作者？界线通常是：如果他提出有创意的建议，对完成实验大有帮助，那该署名；如果他只是干分内之事，没多少创意，换个人也能完成，那么不该，尽管实验缺他不可，他对文章确有一定的责任。此外，翻译摘要或全文、绘制图表、提供有用的文献，也都类似。

教：国外很多实验室是一个老板带一两个学生实验员，实验员只干分内的事，只根据老板的设计做数据，他就不该署名？难道不属于"对……数据获取……有实质性贡献"的范畴？

李：如果只做不太动脑的实验，不该算有实质性贡献。如果实验有创意，那该署名。这儿所谓创意，有个相对于文章的主要创意的程度问题，并非指在全世界首创，但至少不是按部就班就能得到的。如果文章的创意本来就不大，那么实验中的小创意就可能足以获得署名权。当然，规则大都有一个灰色带，对于临界状态的署名权，更是见仁见智。

教：国外临床医学想当作者的专业人士太多，实验员一般成不了合作作者，因此作者几乎全是博士（MD 或 PhD）。但是，基础（生物学）实验室的文章，多是一个小老板带一两个学生(实验员)做的，实验员成为合作作者的不少。

李：这完全讲得通：一个老板带一两个学生实验员时，实验员的工作相对来说大概比在前一种情况下更重要。

教：我在美国时认识一个人，他修一门偏研究的课。老师在上课时点了

---

[1] Authorship credit should be based on 1) substantial contributions to conception and design, or acquisition of data, or analysis and interpretation of data; 2) drafting the article or revising it critically for important intellectual content; and 3) final approval of the version to be published. IEEE 的政策如出一辙：Authorship credit must be reserved for individuals who have met each of the following conditions: a) Made a significant intellectual contribution to the theoretical development, system or experimental design, prototype development, and/or the analysis and interpretation of data associated with the work contained in the article; b) Contributed to drafting the article or reviewing and/or revising it for intellectual content; and c) Approved the final version of the article as accepted for publication, including references。

一下，说这个问题可以用这个方法来做。他的课题比较接近，但问题有所不同。他按这个方法去推导，发了一篇文章，致谢了那个老师。后来这个老师竟然去找他的导师，说他这事做得很过分，他这个东西完全是受我的启发，我应该是个合作作者。对于这种情况，我就不知道该怎么办。

李：这要视具体情况而定。如果那个老师的想法对这个课题新颖而又重要，那他理应是合作作者；如果想法比较平凡、不难得到，那就过分了。单从你所说的情况来看，我偏向于应该成为合作作者。如果处于边缘情况，吃不准是否该署名时，最好商量着办，也可以与人为善，既然这不违反原则。致谢是起码的，不过致谢仅适用于不很重要的贡献者。不给显著贡献者应有的承认和荣誉，比如当合作作者，那不道德。

如果研究成果的获取缺其不可，换个人十有八九成不了，那此人理应成为合作作者。这可以称为"换人判据"。反之，将未做出实质贡献者列为作者之一，也不对，比如结盟，互署对方之名，以增加论文篇数。对做出一定贡献者，未能公开肯定其应得的功劳，也不应该。未经许可而冒署他人之名以提高发表机会，更是缺德。

教：我们的国家标准 GB 7713—87 说，作者"只限于那些对于选定研究课题和制订研究方案、直接参加全部或主要部分研究工作并作出主要贡献，以及参加撰写论文并能对内容负责的人，按其贡献大小排列名次。"这与李老师说的一致。现在太多馈赠性、照顾性、礼节性、结盟性署名。

李：照你这么说，这个标准的作者资格似乎比我所理解的要求稍高一些。

学：从提交到最后录用，更改署名顺序或者增减作者，不同杂志有不同的要求，有些压根儿就不让改。

李：这是为了杜绝有人钻空子。比如有人投稿时把有名气的人放上，录用后拿掉，这不缺德吗？杂志难以知道真实情况。我认为，杂志不该有不让改的硬性规定，应该允许全部作者在协商后更改或者增减作者。比如，修改后有重大改进，或者早先觉得不错的东西后来发现是错的或用处不大，删掉了。在这种情况下，变动作者名单并非不正常。

学：会议不让改，否则可能会少收钱。

李：不要投低水平、牟暴利的会议。严肃的会议并不像你说的这么铜臭味十足，主要还是防止钻空子。另一方面，如果是独自做出的，导师没什么帮助，包括选题和批判性地修改论文，那不该署导师的名，更不该署课题组负责人和所长之名，即便课题的研究经费是他们搞来的，也一样，当然更不该署提供经费者之名。不该在自己根本没有参与工作的文章上署名。国内这种风气不对，国外也有，但没有这么普遍严重。比如，国际医学期刊编委会明确声明[1]：从事经费获取、数据采集或指导研究团队的工作本身不足以拥有署名权。大家最好看看这个声明（ http://www.councilscienceeditors.org/i4a/pages/index.cfm?pageid=3313 ）。

换人判据

学：在国内，如果不署导师的名，导师不给出钱，还不让毕业，毕业时办手续，发的文章被认为无效。

李：这似乎于理不通。这大概是怕学生私下乱投文章，所以矫枉过正。如果独自能发表文章，不正好说明学生水平高吗？你们是不是夸张了？这种情况还不至于十分普遍吧？

教：但是现在国内就是这样。

---

[1] Acquisition of funding, collection of data, or general supervision of the research group, alone, does not constitute authorship.

李：真的吗？那我刚才说的就可能害你们了。如果确实是你独自做的，导师要署名，那不对。你要挂导师的名，他接受，在国内目前的情形和风气下，倒也情有可原。但他至少不该**要求**署名，那是胁迫。我知道，如果他很计较，你不署他的名恐怕对你不利。这使我想起了著名的"半费之讼"（见下框）。看来普氏教导有方，因而自食"良"果。今天的不少导师也同样矛盾：既希望学生能独自完成科研（打赢这场诉讼），又想联合署名（收取半费）。

半费之讼

　　古希腊智者学派的开创者普罗泰戈拉和一个学生定下合同，毕业时先付一半学费，毕业后打赢第一场官司时再付另一半。这个学生毕业后老不出庭打官司。普氏收费心切，把他告上公堂，并说：如果对方胜了这场官司，按合同，他得付我那另一半学费；如果败了，按法庭裁决，他也得付我那另一半学费。所以他总得付我那另一半学费。学生反驳说：如果我胜了这场官司，按法庭裁决，我当然不用付那另一半学费；如果败了，按合同，我也不用付那另一半学费。所以我根本不用付那另一半学费。

教：真是"教会了徒弟，饿死了师傅"。

李：流传下来的故事到此为止，但那位学生其实高兴得太早了，因为作为智者学派的开创者，普氏肯定不傻：这次败诉后，他肯定会再根据合同重新起诉，就能胜诉，讨回半费，因为此时学生确确实实已经打赢过一场官司。其实，普氏一开始就"聪明反被聪明误"，急于求成，想一蹴而就。如果他分两步走，就必定能讨回半费：先找个借口或指使他人胡乱把学生告上公堂，败诉后再根据合同亲自起诉。

学：现在国内要求署名的老师有很多，不署名的话压力巨大，毕不了业啊。而且，比如升职或项目合作可能会有困难。

李：附带说一下，我一般这样掌握：如果我是主要作者，里面有问题，那我的声誉受损最大，所以要求最严。我的学生的文章是第二档的要求。因为是我的学生，如果不好，我要负重责。第三档是与人合作，不是我的学生，我就会通融一些，不把我的标准强加在人家头上，当然我还是有一定的把握。所以，情况不同，标准有别，其实是有三重标准。

一般认为，即使不是主要作者，出了问题，导师仍应负主要责任，不可推卸。所以，学生不可瞒着老师自己投稿。据说在欧洲某些国家，不管学生做了多少工作，导师的功劳仍旧最大，要放第一。罗宾、柯兰为署名而反目就是一个典型故事（见下框）。这种传统今天看来不合理，未必仍旧盛行，但他们未加掩饰，所以并非不道德。名著《数学物理方法》（*Methods of Mathematical Physics*）的署名作者是柯兰和他的老师希尔伯特，但据说后者根本没参与写作。当然，这恐怕出自柯兰，希尔伯特不会在乎这本书对他的好处。

罗宾、柯兰为署名反目

有一本畅销书 *What Is Mathematics?*（《什么是数学》），是著名应用数学家柯兰（Richard Courant）和罗宾合写的。写这本书时，柯兰已名闻遐迩，是美国纽约大学柯兰数学研究所所长。这个所声名煊赫，是国际应用数学研究中心之一。罗宾还很年轻，没有名气。柯兰邀请罗宾合写这本书，他们花了大量时间精力。写好后看到清样，罗宾发现柯兰是唯一的作者，很气愤和不解。别人劝他说，欧洲的传统就是这样（柯兰来自欧洲），但他就是不同意。后经多方调停，定为两个作者，柯兰在前，罗宾在后，版权归柯兰。两人从此不和。

教：署名单位应该是目前的单位呢，还是做研究时的单位？

李：应该是做研究时的单位。不过，可以而且最好注明目前所在单位。

教：国内有些单位的领导，比如所长，主持某个项目，就明确要求全所的人发文章的时候，都挂上这个项目，以便汇报科研成果或报奖时用，这合理吗？道德吗？

李：如果工作不属于这个项目，项目并未支持那个工作，要求发表工作时挂上这个项目，那明显不合理、不道德。

教：所长会说，你是我们所的人，这样做对所里有好处，而且到处都这样做。

李：是所里的人，所以署名时署上工作单位是合理的。参与这个项目的人所做的工作，可以挂这个项目，除非明显不相关。未参与这个项目的人，不该挂这个项目。为了所里好，就可以弄虚作假？弄虚作假对所里有好处？这是不正之风，虽然够不上"逼良为娼"，却有点像"逼女搔首弄姿"。现在此风盛行，如果无法独善自身，被迫"弄姿"，大家多少也能谅解。要警惕，千万不要发展成"偷情"以至"卖色"。更不能积非成是，以为这么做是天经地义的。

教：你不挂我就不给你出版面费，更别说后面的奖励。

教：李老师说的无疑很有道理。上面所说的国内实际情况，我觉得有点夸张了。事情并没有那么糟糕。很多人，实际上出于自身的恐惧，有些是为自己的行为做的掩饰性的解释或安慰。但这种言行和心理，对中国建立健康的科研环境很不利。

李：非常感谢你的澄清，帮我避免被误导。恐怕是有人由于种种原因，言过其实，把情况想得、看得或说得比实际更糟。

5.6　署名顺序怎么定？

李：我在美国攻博时第一次写文章，就不知道是该我放前还是导师放前。后来大着胆子把自己放前，因为这个东西难得很，我做了半年，在方法上突破，才做出来。其实我的导师的科研道德不错。再举一例。我还是助理教授时，有一位业内大名鼎鼎之人，主动找我合作。谈起合写文章，他建议按姓氏的字母顺序署名。这在数学等少数领域流行，但我们的领域不兴这个。他种建议明显过分，他的字母在我的之前。虽然他的地位明显比我的高不少，我当场斩钉截铁地说绝对不行。在国内像我这样明确干脆，恐怕不多：如果名人找你合作，求之不得，巴结还来不及，更别说拒绝这种不合理的要求。说实话，这个建议使我对他多少有点儿看法。不过，后来我们合作得蛮愉快，他也并没有多少科研道德问题。

教：有个故事，不知道是不是真的。说一个老师姓丁，要按姓氏笔画排序，别人要比他笔画少只能姓一了。

李：即使姓卜姓刁，还是排在他后面。不过，如果很在乎，不妨为此改姓甚至造姓嘛，比如姓乙啊。

教：在我们这个领域，一般都认为第一作者的功劳最大，越往后越小。在生物学领域，头尾都很重要。

李：不仅是生物学领域，在不少领域，第一作者往往是深入研究之人，最后作者常常是通讯作者，是通盘负责之人。通讯作者责任重大，他代表各个作者对期刊负责，对全盘工作负主要责任，并保证文章的信誉，特别是作者资格的信誉。我们的领域基本上是按次序，但不同的团队有所不同。我的博士导师，往往排在最后，因为大多数工作都是他指导学生做的。后来别人说他多年没有第一作者的文章，他很生气，此后有时候他就是第一作者。我的团队历来明确，要论功行赏，不管地位，所以我的名字，什么位置都可能出现。

不少人认为，每个作者都应对全文负全责。我觉得这个传统原则过于极端，不太符合相互依赖日益增强的今日现实。事实上，没有多少合作者会认为要对全文负全责，往往只认为要对自己参与的部分负责。如未标明，责任应由所有作者共同承担，而不是每人对全文负全责。美国科学院的一个报告也说，除非明确标明责任范围，所有作者必须分担全部责任。比如，一位严谨的导师并不能完全杜绝一名学生在某些细节上作假。但学生伪造的令人吃惊或具有轰动效应的结果得以发表，导师无论如何难辞其咎。——对于这种结果，导师理应特别慎重。我觉得，比较理想的署名是像出书和电影致谢一样，注明分工和责任范围。

说到底，署名是双刃剑，既有荣誉，又有责任。主要作者应得最大的荣誉，也应负最大的责任。荣誉和权利离不开责任。人们往往看重荣誉，忘了责任，因为责任是对他人的期求[1]，而荣誉却是对自己的赞许。如果出错，第一作者首当其冲，通讯作者把握全局，要对大局上的问题负主要责任。有些学者的名声不佳，就是因为有太多缺乏新意的文章。荣誉和责任都落实到"贡献"上，归根结底是关于"贡献"的荣誉和责任。所以，署名顺序往往取决于贡献的大小。

学：问题在于：

如何判定贡献大小？

李：我觉得主要应看：不平凡的原始想法出自何人？主要或关键困难是谁克服的？课题是谁定的？谁实际主导这一课题的研究？谁是论文的主要执笔者？谁对这一工作的理解最全面深刻？注意，贡献主要

---

[1] Duty is what one expects from others. 这是英国著名作家王尔德的妙语。

看质而不是量，比如，不看谁花的时间多少或努力多大。我进一步展开说。

先说想法。如果这个想法比较平凡，那无足轻重；如果不平凡，就很重要；如果极具创意，提出者无疑应是主要作者。一个人的水平越低，越会忽视想法的重要性；水平越高，越重视想法。举一个例子。在导师的指导下，有一名研究生观察天体，做得很好，导致发现第一颗无线电脉冲星，她的导师因此获诺贝尔奖。有人问她，文章是合写的，而奖却只给了导师，她有没有意见。她说没有，她只是观察而已，是用导师设计的设备、在导师的指导下、建立的项目中工作，她的工作得到了其他形式的承认，她很知足。她后来也成为一位著名学者。可见，基于深刻理解而富有创意的想法、策略最重要，人们最看重这种东西。以实验、观察为主的学科尚且如此，的确很能说明问题。

再说困难。做研究都会碰到困难，关键在于有多难。如果非常难，绞尽脑汁，花了好几个月甚至更长的时间才克服，那么是谁克服的，就至关重要。如果并不艰难，就不太重要。

正像提出问题往往比解决问题更重要一样，原始想法一般也比克服困难更重要。原始想法有多不平凡、克服的困难有多难才算至关重要？我觉得关键在于：换一个人，十有八九是不是还会有此想法，是不是还能克服这一困难？这是"换人判据"的又一要素。

不少课题是导师定的，有些是学生自己选的。重要的是，这一课题的确定是否有赖于胆识和学识。这儿说的原始想法主要是针对选题、描述和解法的。还有，文章往往是第一作者起草的。

教：作者们事先怎么知道这些规则呢？

李：所以，要坦率面对联合署名问题，事先定好游戏规则，公开透明，中途不得改变。不事先定好，只会有利于掌权者，比如导师或团队负责人，只有他们能中途改变。规则要尽量合理、透明、公开，虽然不可能尽善尽美。问题和矛盾常常产生于规则不够透明或中途改变。

在我的团队，规则比较透明。比如，有一次我们研究变结构多模型的一种方法，该方法的不平凡的原始想法是我的，但是另一位老师做了具体的推导来实现它，克服了一定的困难，并设计了演示例子。

所以，我们当时就明确说，作者排名取决于谁能从理论上把这个方法弄清说透。后来，我得到了一些理论结果，成为该方法的理论基础，所以我成了第一作者。再举一例，说明我掌握的分寸。我指导一名博士生做一项研究，研究的主要思路想法都是我的，他做了不太容易的具体推导。得到足够结果后，他实现了我所设计的例子。于是，我让他以第一作者的身份写论文，可是随后我发现他的推导有若干严重错误，特别是在最令人迷惑之处。我重新推导之后，我们的署名顺序就对调了。

教：在数学界，作者按字母顺序排序，那么读者怎么区分各个作者贡献的大小呢？

李：是有这个问题，这是一种回避矛盾的做法。数学界也并不都按这个顺序。多年前我有一位朋友在北美做博士后，他的导师跟他都按姓氏字母顺序发表文章，他排在末尾。但是有一次导师突然改变规则，不按字母顺序了。他当时很迷惑，事后才明白，吃亏上当了。你们知道为什么吗？他的导师很鬼，这么一干，他们合写的文章都变成是按重要性排序了，因为按字母顺序有反例啊。导师这么算计他，他很生气。导师也是人，也有正有邪。其实，你算计人家，人家不傻，你真的赚了么？这是鼠目寸光，只顾眼前利益。因小失大，本可以继续合作，却闹得形同陌路。人很复杂，无奇不有。切切牢记：你的合作者不傻，可能心知肚明。不要以为你的缺德行为人家不知道，到时候声名狼藉，没人跟你玩。我遇到这种人，自然就不想多打交道，还有时就宽容宽容算了：大环境如此，要求"出淤泥而不染"是奢望。

还有一点：

未经合作作者同意，不得投联合署名的文章。

比如文章有四个作者，都得同意，才能投稿。我有个博士后，离开后过了一阵子告诉我，他投的一篇文章被录用了。是在我那里做的，我们多次认真讨论过，不该不署我的名。我问，为什么没事先征得我的同意？他说怕我不同意投。结果被我说了一顿：中了才告诉我，谁知道你投了多少个地方；质量不高，才会怕我不同意。所以找合作者应该慎重。别自讨苦吃，找个难弄的人。没征得他的同意就投，那不对。学生瞒着老师挂老师之名往外投，不道德。这比合作者私自投稿更坏，因为老师的主要职责之一就是把关。如果是导师指导的，不署导师之名，也不道德。所以这是个两难问题。

学：如果是学生独自做的工作，导师不是作者，学生是不是可以自己往外投？

李：可以，不过最好还是让导师看过之后再投，这样既尊重导师，又得到他的把关。这种情况下直接投并非不道德，一个正直的导师也不该要求当作者，除非他的把关明显提高了文章的质量。国内不少导师不愿看或看不懂学生的文章，更说不上把关，这在欧美不多见。还有，未经许可，不得公开别人未公开的东西。即使写清楚是人家的东西，也不应该。

学：有些虽然没发表，但说是将要发表，这个算不算？

李：如果只是供内部或私下用，还没公开，那不应该。如果已经公之于众，他肯定乐意被引用。吃不准时，问他好了。

5.7　其他学术不当行为

作者的不当行为

李：现在讨论其他种类的学术不当行为。原创性对研究性论文至关重要，不发表缺乏新意的文章。这样的文章损人又害己：浪费自己和读者的时间，自损声誉。比如，不要为多发表论文而拆分完整的结果，应该写成一篇的，不可强拆成多篇。为了多发表文章，想方设法灌水以最少的内容发表一篇论文，这是歪门邪道。也不该强拉硬扯，拼凑成文。

学：发表一篇还是一系列，这个问题怎么把握？

李：我喜欢写系列，已经写了好几个系列。我觉得系列很有好处，更能系统深入。最重要的是，写完系列，体系也就出来了。这种形式很难自我剽窃，还节省时间，各部分之间明显不同，必要的重复少。尽管如此，每一部分的内容还可能多得很。有一部分长达 IEEE 汇刊的 67 页，相当于 200 页左右的一本书。

教：我总觉得自己的结果意义不大。

学：我倒是一开始觉得挺大的，后来变得越来越小。

李：正确对待自己的研究结果，宁可言之不足，也不夸大其辞。避免夸大结论，不下根据不足的大结论，更不能哗众取宠，自吹自擂。否则在明眼人眼里，适得其反：夸大其实总是削弱。[1] 夸大成果的价值，无异于向明眼人宣布自己水平低或修养差。因为你说多么多么好是基于你的标准和判断，所以自我吹嘘其实是自我贬低。夸大其辞让人怀疑你的见识、品味或者诚信。培根有箴言[2]：自吹自擂之人遭智者轻蔑，被蠢人美慕，是寄生虫的偶像，自己大话的奴隶。另一方面，也不应自轻自贱，小看自己的成果。不自信的人往往低估自己的成果，而自信者一开始往往高估，后来随着对局限性认识的加深而下调估计价值。不发表不够成熟或证据不足的结果，否则说明学风轻率。

有道是[3]：原创就是隐藏来源的艺术。最常见的不当行为之一，是故意不引或避而不谈他人或自己相关的重要工作，以误导读者对论文新意的判断。这不道德，除非有充足的理由，比如认为那是抄袭的或者过于平庸而不值一提。不该不引用自己直接相关的文章，包括尚未正式发表但已录用或投出的。屡教不改者就会受罚（比如拒收投稿、退回在审或已录的稿子）。还有更鬼的，投稿时不引，录用后再补上。这是掩耳盗铃，一旦被察觉，作者人品之卑下，昭然若揭，人们就会对他失去信任，他的值钱货也都因而大打折扣。所以，论文正式录用后，如果又做了实质性改动，比如增减参考文献，就得明确告知编审人员这些改动，以便他们裁决，否则是学术失范。老不引用他人相关的文献，无异于标榜自己或者是斗筲小人或者孤陋寡闻。

教：按您的说法，相关的工作如果很平庸就可以不提，是吗？

李：是的，如果很平庸肤浅，对你的工作根本没有启发借鉴参考作用，在文献中其实没有一席之地，是不该提，提了就抬举它了。这种不负责任胡乱地对付一个研究问题，就像轻薄一位淑女一样。"一个窃

---

[1] 法国诗人 Jean Francois de La Harpe, *Mélanie*: We always weaken what we exaggerate。

[2] Francis Bacon, *Of Vain-glory*: Glorious men are the scorn of wise men, the admiration of fools, the idols of parasites, and the slaves of their own vaunts.

[3] Franklin P. Jones: Originality is the art of concealing your source.

窈淑女曾被无行纨绔轻薄过，不等于她被真正爱过；而规定后来诚心爱她的好逑者，必须先察看曾遭轻薄的痕迹，然后才能施爱，在这样的恋爱规范束缚下，还能达到爱情的高潮吗？"（陈克艰《"双搞斋"言筌·"学术规范"》）

与他人结果比较时，应尽量公平，不带偏见。不拿放大镜看别人的弱点，攻其一点，不及其余。这是自欺，难以欺人。只会给人坏印象，认为你尖刻，不近情理。

别隐瞒自己成果的缺陷。不必强调缺陷，但不该隐瞒，否则会被当做非傻即骗。坦然面对尚未解决的问题，公开局限性和不足之处，承认替代方案，反而会增强可信度，取得评审人和读者的信赖。另外，选用明知不当的实验、仿真或统计数据处理方法，过度或不当自我引用或者罗列大量未读过的文献，也是出轨行为。只有真正"参考"过的直接相关的他人或自己的论文才该出现在"参考文献"列表中。

申请、申报中的浮夸、失真，不仅应受谴责，还可能受到处罚。美国有个博士生，在一个基金项目的申请报告中，谎称一篇正在写的文章已被录用。系里得知并确认后，将他除名。这是严惩，对国内很震撼。这种违规在国内恐怕是家常便饭，而且是小菜一碟。我有个学生，在申请留学时撒谎。我得知确认后，考虑再三，建议他走人。因为一叶知秋，我不愿费力培养这种人，而且难以消除担心，生怕他哪天做出什么不端行为，损害我们的声誉。临走前，我晓之以理，希望他吸取教训，努力改正。

学：做出来的东西都有优缺点，在写文章说到缺点的时候，要事无巨细地全说呢，还是遮遮掩掩？有时候看文章，刚开始很兴奋，看完后仔细一想，其实很多东西都没说清楚。很少有人写得很诚实。

李：往往越诚实，文章价值就越高。瑕不掩瑜，大家不会因为白玉微瑕，就贬低其价值。只有一文不名的石头，才不愿暴露无遗。如果清楚自己成果的主要缺陷，那得明说，次要的不需啰唆，更不必事无巨细地全说。语气上不要把它说得太差。比如可以说，虽然有此缺陷，但在某某方面相当不错。如果真的自认为很差，为什么还要发表？

另外，在申请报告中的种种不当行为，与文章中的大体相似。但也有些特殊的，其中常见的包括：有意夸大创新性；为了成功，用明知是似是而非的东西糊弄人；明知不切实际或此路不通，却写进申请报告，以便骗取经费；夸大其词，夸饰拔高预期成果，以图卖高价；故弄玄虚，以新取宠，滥用各种新奇含糊空洞而时髦的字眼（buzz words）；挂羊头，卖狗肉；滥竽充数，塞进劣质低值之货凑数。不少这些行为在国内相当普遍。

学：有些导师或团队的头儿是"包工头"，只负责揽项目，不做项目。有些甚至是"承包商"，把项目的所有研究都转包给其他单位或个人。这样做究竟对不对？

李：项目"转包"明显不对，难道国内允许明目张胆地转包？"包工头"只揽项目，不参与具体科研，比如技术方案的制定。长此以往，老不在实际科研队伍之中，也就不宜再头顶"科学家、专家、学者"的光环，不该再参与论文的署名。欧美也有这种"包工头"，但比例远比国内小。我们应该首先在道义上认清这是不正之风，然后在体制上加以惩罚和抑制。在美国，校长院长一般都不再做科研，绝大多数没有或不再有自己的团队，因而以权谋私之弊没有国内严重，"有者更有，无者更无，多者愈多，少者愈少"的马太效应也远不如国内大。

教：您是从哪里学到上面所说的这些道德规范的？

李：大多数活跃的研究者都了解不少科研道德规范。上面说的这些大多是潜移默化、逐渐体会学到的。另外，我也看过一些有关的论述。美国科学院、工程科学院、医学科学院有一个专家组关于科研道德的报告，包括 On Being a Scientist: Responsible Conduct in Research，已有中译本，名为《怎样当一名科学家——科学研究中的负责行为》，中英文稿都可以从网上下载。还有 Responsible Science 的第一卷 Ensuring the Integrity of the Research Process，等等。

评审中的不当行为

李：上面所说的是作者的学术失范或不轨行为。评审论文或奖项，也有种种学术不端或不当行为，包括：盗用或泄露他人未公开的想法或成果，评审不公正、不负责任或有意拖延时间，泄露评审意见或评审人信息，送礼，收礼，等等。

在国内，谁是重大奖项的评审人，几乎无密可保。我参加过一些这种专家评审，包括国家自然科学奖、千人、长江、杰青、优青、霍英东等以及一些科研项目。不时有人来打招呼，还有时旁人告诉我，当事者知道我是评审人，但没来打招呼，恐怕因为我"恶名在外"，比如不收礼。

在美国，评审人的身份绝对保密，从不泄露，大概也没人去打听谁是评审人。举个例子。美国国家科学基金委关于我的生涯奖的专家组会审结论，好得很，说我对领域做出了开创性贡献，等等。但事过多年，我至今仍不知道有谁在那个专家组，根本没人向我"邀功"。这么多年来，所有涉及我的工作的匿名评审，我对评审人的信息都毫无所知，总共只有一次有人有向我邀功之嫌。有一次我参加美国国家科学基金委的专家组会审，基金委的当事官员对我的一位朋友的申请很有偏见，并以此影响评审。我真想告诉我的朋友此事，但不能以错纠错，——泄密不对，而我又没法不泄密而让他得知此事。后来我只向他建议，而不提评审之事。

国内认为泄密没什么大不了，邀功更属正常，连正直之士也不以为不妥。这不奇怪，久处鲍鱼之肆，自然不觉其臭。再举一个我的切身例子。多年前，为了长江讲座教授的申报，我请哈佛的何毓琦教授写推荐信。当时国内的学校要我收齐所有推荐信后再转给学校，据我所知，国内含有推荐信的申请，都是这么做的，这明显不符合国际上这种信件保密（包括对被推荐人）的惯例，使推荐信（letter of reference）变成了赞同信（letter of endorsement）。我很为难，就把学校的这个要求直接告诉何先生。结果，何先生把信直接寄给了国内的学校，还在信中指出学校的这个要求很不合理，与国际惯例背道而驰，并明确要求对信的内容保密。国内负责此事之人虽然正直，却说何先生此举"迂腐"，而我却赞同何先生的做法。这就是差别。

教：我们无法抗衡评审中的种种不正之风，只有"同流合污"。发展到今天的地步，即使国家想要对付，也很难办。

李：多年前这些不正之风还不盛行时，没有及时刹住，现在问题确实很棘手，这令人伤感和痛惜。迟至今日，有效对策恐怕真的不多了。

我想，也许最好充分利用海外学者资源，多邀请他们参与重要奖项的评审。他们虽然并非人人都"冰清玉洁"，但多半应该没有这种不正之风，即使有，大概也不至于像国内这么严重。评审前，有关机构应该与学者签署包含保密等事项的诚信协议，国内现在确实已经有机构这么做了。不论哪一方违约泄密，都该严惩。海外学者大多比国内更遵守协议。利用国外的专家资源来评审基金申请报告，是近年来不少国家的共同举措，我本人就收到过不少国家的邀请。类似这样的办法也许能遏制这愈演愈烈的不正之风。说实话，我不喜欢参加这些评审，但海外学者有义务为改善国内的学风尽力。此外，如前所述，应该大大减少各种大可不必的评审、鉴定、验收，它们是不正之风的温床。何况，事多必滥，如果评审太多、任务太重，即便正直认真之士也难以次次认真。

教：据说千人计划学者在国内评院士、申请基金，命中率非常低。有人说是外来的和尚难念经。

李：事情没那么简单。对于院士评审，我虽有些了解，但无直接经验、所知不够，不该胡言乱语。

国内科研项目的申请和评审存在严重弊端，①申请书难以反映真实的科研水平，它要求写得像八股文，各部分的先后次序、内容和字数都有规定，容易误导评审人只注意写作技巧，而非科研水平。而且，申请书大多流于浮泛表浅，特别爱搬弄空洞的新词。我知道，有些人是怕被剽窃而不敢写得明确具体，但这确实给没有真才实学的投机者可趁之机。②权势和关系网的作用大得出奇，事先或事后总能搞清评审专家是谁，总能通过关系找人说情。面对这种情况，千人计划学者中学风严谨的，不屑也很难念好这部人脉之经，成功率低。说得好听点，能念好这部经的海外学者是"适应国情""入乡随俗"，说得难听点严重点，就是未能做到"出淤泥而不染"。但无论如何，他们的引进对于改善国内学风也就价值不大了。③评审专家往往只是大同行，而不是真懂。唯其如此，申请书和答辩常常是看谁会说，而不是真有水平、真有办法解决问题。申请书和答辩往往只注重提出所谓的重要问题，因时间或篇幅的限制而少有如何解决的方案。这才会有如下怪现象：有些团队做过的项目不少，却没有多少真正像样的成果，有些问题一再被改头换面地研究而无实质进展。有些人一再夸耀自己完成了很多项目，却拿不出什么像样的成果。

此外，有些外单位的实力派人物在科研项目的评审上排斥千人学者，这有种种或多或少可以理解的"人之常情"，比如不希望外来的和尚来分粥，千人学者已经有很好的科研支撑了，不需要这些项目，或者说千人学者太傲，等等。

5.8　独善不够，见蛇应打

李：众所周知，现在国内学风问题很大。比如 IEEE 每年出黑名单，列出有严重学术不端行为者，禁止旗下所有百种期刊受理他们的稿件，包括联合署名的。黑名单上多半是中国人。大家的基本假设就是国内的学风败坏，一旦有事，就往坏处想。

举一个具体例子，说明仅仅"出淤泥而不染"还不够。国内有位年轻教授与学生合写了一篇文章，投到一个 IEEE 汇刊，投稿时对"这篇文章有没有投过别处？"回答不实，虽然投过仍可考虑。主编发现不实后，作为惩罚，不仅退回此文，还退回了另一篇已录用之文，再加上禁投两年。这位教授很难受，申辩说文章是学生投的，学生隐瞒，他不知情。并说，退回另一篇我也认了，但不要禁投两年，搞得我名誉扫地。主编不为所动，坚持原判。这位教授通过熟人找到我，我跟那个主编很熟。我了解情况以后，虽然觉得主编做得有些过分，但还是很难帮忙。为什么呢？

第一，国内的大环境、学风声名狼藉。设想一下，如果这事发生在我头上，主编决不会这么处置，因为我的信誉在，他不会认为我是故意欺骗。作者是国内的，所以他往坏处想。后来我跟他提起此事，他果然作如是观，并说重病需用猛药。华为和德国全球和区域研究所（German Institute of Global and Area Studies）2016 年的中德研究报告称（见 www.huawei-studie.de）：关于中国，竟有高达 11% 的德国人会联想到抄袭和剽窃。城门失火，殃及池鱼。不要觉得洁身自好就行了，别人怎么干跟我没关系，其实影响很大。你稍有失误，人家就往坏处想、下猛药。对于正直之人，这不可悲么？

第二，说不知情，似乎有理，其实站不住脚。要当作者，就得负责。

没把握就不该让学生去投。招一堆学生，好处都有我，文章我都署名，出了问题就推卸责任："学生太多管不过来，不是我的责任。"岂有此理。这好比让学生跑运输，盈利要分成，出了车祸就说与我无关，因为我手下的车太多。学风不严而要求高产，高压苛求而又欠监管，说得严重点，这不是逼人诱人堕落甚至铤而走险吗？平时不把关，出事是咎由自取。丑闻曝光后，头儿往往说不知情，好像没责任似的。其实，头儿要对整个氛围负责，手下乱干，他难脱干系。套用拿破仑的名言"没有劣卒，只有劣将"（There are no bad soldiers, only bad generals），极而言之：没有劣生，只有劣师。

第三，国内鱼龙混杂，我不了解那位教授的人品和学风，怎么跟主编说？难道撒谎说我知道他的学风严谨？

总之，自守洁身还不够，见蛇未打三分错。

这些横线直吗、平行吗？身处污秽之地的正直之士，其"正直"在他人眼中是否如此？

学：我觉得投稿时把所有作者的电子邮件地址都带上，出了问题，老师就无法推卸责任，说这是学生弄的，他不知情。

李：这对防止学生自己乱投有好处。那位教授并不否认他同意投稿，只是投稿时对是否投过别处这个问题，答复不实。往往是，一回答说投过，就要问投过哪里，为什么给拒了。很多人讨厌这个，我也觉得问得有点过分，不尽合理，投过别处又怎么地？比如有本书说[1]：有时你并不想告诉编审说你的论文曾投过它处而被拒——这可能给评审带来先入之偏见。不过现在越来越多的杂志明确要求作者回答

---

[1] In some cases, you may not want to inform editors of the second journal that the manuscript was submitted elsewhere and rejected—it might prejudice the process. 引自 *Making the Right Moves—A Practical Guide to Scientific Management for Postdocs and New Faculty*.

这个问题。虽不乐意，还得如实回答。

不久前我投一篇文章，明确说是两篇会议文章的扩充完善。会议文章是在此前 4 年写的，副编审就问为什么现在才投？我直接如实说没投过任何其他杂志，由于忙，刚写出来，免得他怀疑我也许投过好几处呢，如果录用，他这个杂志不成了最下三滥的？他有可能心里这么想，但不好意思直说。

教：我想，问题不在于不少人只是独善其身，见蛇不打，而在于大环境很差。

李：当前的大环境不好，这确实是问题的关键，必须大力改善。如何改善？国家、社会和个人都有责任。作为个人，一方面，我们要大声疾呼，献计献策，促成大环境的改善。另一方面，不该把责任都往大环境上推，——即便在"逼良为娼"的环境中，也并非人人皆娼。也不该袖手旁观，指望别人去改善大环境。如果"人人之事，无人事之"（Everybody's business is nobody's business），都"各人自扫门前雪，莫管他人瓦上霜"，大环境怎能改善？英国政治家伯克有名言[1]：只要好人不作为，邪恶就会取胜。这使我想起台湾著名女作家龙应台的著名散文《中国人，你为什么不生气》，建议大家读读。国家有责任改善大环境，同时我们也该从自身做起，提高诚信修养，并和遇到的劣风恶习斗争，为改善大环境尽绵薄之力。比如美国人好管闲事，这样容易形成好风气。

出淤泥而不染，行为端正而谴责大环境，那是身正气壮，我深表敬意。否则，一味谴责大环境而不从自身做起，真的心安理得、于心无愧甚至底气十足？如果做过愧事或于理不该的"无愧"事，在一定的氛围里，也许情有可原，但这种行为事实上助长了不正之风。这时还一味谴责大环境，是不是有找借口推卸责任的嫌疑？极而言之，"我们必须认识到，眼下整个社会都为之寝食难安的恶劣风气，其实正是全体社会成员共同造下的孽。"（刘东《用书铺成的路·道德资源：中国发展的瓶颈》）虽然存在主义大哲学家萨特的名言"在黑暗的时代不反抗就意味着同谋"言过其实，但顺应恶劣风气的确助长了它。如果不能"时穷节见"或洁身自好，至少该有内疚心理，

---

[1] Edmund Burke: The only thing necessary for the triumph of evil is for good men to do nothing.

不该一味归咎于大环境不好。当然，人都好为自己的行为辩护，不论怎么辩护，关键在于是否内心有愧。

何况，今天我们座谈的宗旨，是想实实在在地提高对科研道德问题的认识，以便更好地实践，而不是要出口恶气，对当前的大环境口诛笔伐。当然，后续的座谈是该谈谈大环境不好的症结所在和药方。

教：连孟子也说，穷则独善其身。看来李老师的要求比孟子的还高。

李：不对。首先，我这只是倡议，不是要求。其次，只有在穷困落魄潦倒、力所不及的"穷"时，才独善自身。除此之外，此时还能做什么？何况，孟子的这句话，要和下一句"达则兼济天下"结合起来：一旦显达、力所能及，就要泽被社会群体，造福他人。其实，孟子的要求高多了。同样在《尽心上》，他说得很清楚："天下无道，以身殉道。"即：在无道之世，要誓死捍卫道义。这是对仁人志士的要求。

教：说实话，我们对道德说教不仅麻木，而且反感。比如我就很讨厌某些人的心灵鸡汤。比如有些人在百家讲坛上满嘴仁义道德，私下里却一肚子自私自利。

李：我想，反感和厌恶主要是因为觉得说教者言行不一，不践行自己的说教，是伪君子。反衬之下，说教的内容也就显得伪善。这种说教，效果适得其反。所以清朝学者王昆绳说："行符其言者，真也，言不顾行者，伪也。真则言或有偏，不失为君子，伪则其言愈正，愈成其为小人。"著名作家王小波说："善是非常好的（从理论上说，没有比它更好的东西），但不能有假的成分。否则就是伪善，比没有还坏。"（《思维的乐趣·积极的结论》）这太过苛刻。他这一代人深受文革之害，有些矫枉过正，所以不少观点过于反道德传统。不过，他的独立思考精神和黑色幽默，令人敬佩，值得学习。

其实，有两类伪君子。一类能辨善恶，有羞耻之心、向善之心，他们未能践行自己的善言，只因当时心魔压倒了良心。我们大都或多或少有这类伪君子的成分。对于这类并非一意存心欺骗之举，我们多少应该宽恕原谅。这种"伪善"源于私心与善心的冲突，相当普遍，因为人都兼有私心和善心。另一类伪君子，是"货真价实"的假货、"名副其实"的伪善。他们根本不信自己所说的，言方行圆，说一套，做一套。他们的善言旨在伪装自己、欺骗他人，所以他们的危害恐怕比强盗还坏：强盗公开侵占他人的权益，而他们既骗取非分权益，又腐蚀人际信任，还给善良抹黑。不过，从他们的言行，我们还是能得到正面教育：连这种卑鄙之人都要伪装成正直善良，不更说明正直善良确实是人心所向，否则他们何必伪装？正如拉罗什富科箴言所说[1]：伪善是邪恶对美德的臣服进贡。这类伪君子其实也很可怜：他们既无法言行一致，不能按本来面目生活，又很孤独，没有人可以交心，还十分辛苦，否则很容易被人识破。不过，在没有确凿证据之前，不该认为某人是伪君子。蒙田说得好："信任别人的善良，实在是自己的善良的明证。"所以好心人容易"轻信"他人。

假如说教者言行一致，其人格力量是感人的。李叔同建议殉职、以诚感召的故事（见下框），是一极端之例。

李叔同建议以诚感召直至殉职

　民国时名宿李叔同的高风亮节，名闻遐迩。他在浙江一师任教时，有一次学生宿舍失窃，大家猜测是某生所为，却无证据。他的同事、时任舍监后来成了著名学者的夏丏尊束手无策，向他求教。他建议：出张布告，说三日内如无自首者，足见舍监信誉未孚众望，誓一死以殉教育。这样定可感动盗者来自首。万一无人自首，真的非自杀不可，否则便无效力。夏丏尊自惭无法照做，而李叔同是真心的流露，并无虚伪之意，令人敬佩，尽管这个建议本身可谓迂腐。

事实上，的确有自杀殉职的。钱学森的岳父蒋百里任保定军校校长时，就是如此（见下页框）。这真是"生命诚可贵，事业价更高。若为品格故，二者皆可抛。"对于这样的真君子，若不肃然起敬，良心何在？我们会认为他们的教诲伪善吗？这种视人格道德高于生命之人，也许会被视为迂腐。但坚持道德情操之人，在他人眼里往往过于迂腐，所以苏东坡说："忠厚近于迂阔，老成初若迟钝。"（见《宋史》）

---

[1] La Rochefoucauld, *Maximes* (no. 218): Hypocrisy is homage vice paid to virtue.

> **蒋百里自杀殉职**
>
> 著名军事家蒋百里在民国初年任保定军校校长，治校严明。他就职时说：如不称职，当自杀殉职。后来由于北洋政府的问题，军校经费困难，办学维艰，他赴京谋款未果。无奈，他对全校说：我曾教导你们，我要你们做的事，你们必须做好，否则该罚；你们希望我做的事，我也得做好，否则也该受罚、辞职。说罢，拔枪自杀，师生顿时一片痛哭。幸亏身边的勤务兵反应迅速，出手制止使其未能击中心脏，终被救活。

当然，傅雷说得对："世界上最有力的论证莫如实际行动，最有效的教育莫如以身作则；自己做不到的事千万勿要求别人；自己也要犯的毛病先批评自己，先改自己的。"(《傅雷家书》)我们是该身体力行，尽量如此，但不必强求百分之百做到。傅雷是十分真诚之人，但我仍不相信他能够百分之百做到他上面所说的。不过，我不会因此谴责他出尔反尔、言而无信或虚伪——世上有谁能完全真正做到自己所说的一切？真正的虚伪与否，关键在于是否真心认为如此、践行自己所说的，未能践行时是否有内疚惭愧之心，而不在于能否完全按所说的去做。

5.9　结束语

李：投机取巧，钻营不端，短时能占小利，长期会吃大亏，例外不多。从长远来看，不道德的行为，终将自食其果。心机犹如刀剑，弄刀剑之士必被刀剑所伤，玩心机之人终为心机所害。虽然不该因人废学，但一个品德低下的学者，在人们心目中的水平地位难免大打折扣。大奸相蔡京原来名列书坛宋四家"苏黄米蔡"，后来被蔡襄取代。据说奸臣秦桧书法造诣极高，却名不见经传，没有书名。

大多数著名学者之所以成功，声誉好是一大原因。行隆则名盛，德高乃望重，拉罗什富科箴言说得对[1]：德誉的实利不比恶行的小。这很容易理解：人们都由衷地喜善厌恶，进而褒善贬恶、助善遏恶。当然，这种好处未必是眼前的，更多的是长期的。汉朝大学者郑玄听服虔讲《春秋传》，注和自己的相同，就把自己的稿子悉数相赠。

---

[1] La Rochefoucauld, *Maximes* (no. 196): The name of virtue is as serviceable to interest as vice is.

没有这样的品德，很难想象他会被尊为打通古文经学和今文经学之人，流芳百世。大数学家欧拉善待青年才俊、后来成为大数学家的拉格朗日，传为美谈。司马光在其史学巨著《资治通鉴》中说得好："才德全尽谓之圣人，才德兼亡谓之愚人，德胜才谓之君子，才胜德谓之小人。凡取人之术，苟不得圣人，君子而与之，与其得小人，不若得愚人。"

不道德大都是高压下丧失本真的结果。谈了这么多，大家多少应该有些体会，我所说的治学**"趣宗"**一以贯之的是：**跟着兴趣走。**这样就不大会做不道德之事。走这条路不大会错，就像练正宗武功，一步一个脚印，不走旁门左道。在短期内或许不见得比旁门左道好，但最终还是正宗好。不少走旁门左道的人更聪明，聪明反被聪明误，他们的大愚蠢来自小聪明。如果把精力才智放到正道上，会更有成就。他们"天生丽质"，却被高压逼迫而堕落"卖淫"。我们既要防止"逼良为娼"的大环境，又要加强"贞操"教育，还要惩治"老鸨"。

治学最重要的并非天分和机缘，而是热爱、兴趣和熟悉。好客者多客，爱美者得美，学问也爱呆在热爱者身上。"情必进乎痴而始真，才必兼乎趣而始化。"(《幽梦影》)乐之不倦，造诣必深。热爱就肯花时间精力，就会做得好，做得好就更喜欢，这是良性循环，会产生飞跃。正如英国桂冠诗人梅斯菲尔德的诗句所说[1]：成就欢乐的日子成就睿智。计较约束，往往难有所成；急功近利，更会误入歧途乃至走火入魔。要培养好心态来卸掉高压。这样，遵循科研道德并非高不可攀，**吃不准时，做到问心无愧即可，这就是"无愧准则"。**美国大作家海明威说得好[2]：对于生命和事业，品性重于才智，心地重于头脑，基于判断的自制、耐心和训练重于天资。

明暗同处，是非兼在，善恶共存，人心都有善恶二重性。我们要扬善抑恶。名列"孔孟朱王"的明代大哲、心学集大成者王阳明有句名言："圣人之道，吾性自足"，即指人人心中都大有圣道。佛教禅

---

[1] John Masefield: The days that make us happy make us wise.

[2] Ernest Hemingway, *True Nobility*: In the affairs of life or of business, it is not intellect that tells so much as character, not brains so much as heart, not genius so much as self-control, patience and discipline, regulated by judgment.

宗也说"本性是佛"。人非圣贤，孰能无过？何况圣贤亦有过。正直之人未必没做过违心、有愧或失范之事，否则何必每日三省吾身？美国总统伟人林肯甚至说[1]：无恶之人寡德，这是我的经验。傅雷在罗曼·罗兰的名著《约翰·克里斯朵夫》的"译者献词"中说得好："真正的光明决不是永没有黑暗的时间，只是永不被黑暗所掩蔽罢了。真正的英雄决不是永没有卑下的情操，只是永不被卑下的情操所屈服罢了。"我读中学时就很喜欢这句话，抄下来写在日记本的扉页上，尤其因为日记中会记下一些这种"黑暗时刻"和"卑下情操"。

当前国内的科研道德氛围不好，如果做了一些错事憾事，大家多少能体谅。清楚道德底线后，就能自己把握了。如果误入歧途，就应幡然梦醒，回头是岸。如果心术不正，明知故犯，无视道德，那是不归之路，别人想帮也难。如果是我的门生，要被"逐出师门"，如果是合作者，就一刀两断或敬而远之。也可以倒过来，炒缺德老师的鱿鱼。我们应该宽容不太符合规范的行为，特别是无意之失，采用"掩饰判据"——未加掩饰的不当行为往往出于无知或认识。但是，对于蓄意和严重缺德的恶劣行径，要坚决斗争。我衷心希望大家不要把讨论的这些当作"正确的空话"。

科研道德规范要略

科研道德有原则：尊重首创求实是，资源宜少占，记功要合适。
弄虚作假是大恶，如此何苦做科研？毋曲解数据，不劣汰优选。
他人之功为己有，无心有意皆剽窃。一稿勿多投，内容忌同叠。
荣誉责任双刃剑，未立大功不署名；但凡有贡献，记功得酌情。
作者排序要素：巧思导题解难。换人会否成功？规则透明不变。
莫避相关结果，囤求多而拆分，别瞒己法缺陷，合理公平申审。
采用掩饰判据，宽容失之无心。但凡灰色模棱，务须无愧于心。
高压扭曲失贞，追随兴趣保德。知过能改即贤，人心皆有善恶。
助桀为恶孽重，合污同流大错，独善洁身不够，近蛇未打可责。

---

[1] Abraham Lincoln: It has been my experience that folks who have no vice have very few virtues.

总结束语

回学习录

李：乐趣乃成功之母，乐趣高于成就，成就增强乐趣。兴趣先于能力，能力重于知识，知识高于学历。了解自己，选择最适合自己之路。不赶时髦，慎重选题。注重研究策略，合理安排时间。擅长学习，取长补短，善于掌握强大的工具。遵循科研道德。拜名家为师，与高手合作。我曾把选题比喻成找对象（见 1.8 节）。不过，它们有一大不同：选题不是"终身大事"。对多数人来说，选职业、选学科领域才是"终身大事"。男怕入错行，女怕嫁错郎。当然，允许"离婚"，但往往代价惨重。所以，要量才适性，选择最适合自己的职业和领域。人人各有所长，兴趣往往与长处重叠，要选长处能被看重、能很好发挥的行当。正像有人所说[1]：超人在其出生地稀疏平常，而在地球上却超凡入神。所谓"干一行，爱一行"大有问题，因为这样难以真爱。应该是"爱一行，干一行"，因为爱花花结果，爱柳柳成荫。

整个座谈系列，没说多少冠冕堂皇的大道理，也不太在乎时下的潮流，多是有感而发，发自肺腑。希望不仅对科研治学，对大家的为人处事也有些影响，使生活更加丰富充实愉快。正如刘勰的巨著《文心雕龙》的结语"文果载心，余心有寄"所说，如果这些实话不被当成空谈虚议、浮文泛辞，或者陈词滥调、常聊赘述，乃至诳言诈语、误论妄说，我将十分欣慰。

下面的要诀凝练地总结了整个座谈系列的精髓，希望大家认真仔细研读。

科研治学要诀

题先于术，术高于力。扬长弃微，避潮趋喜。

沉潜质疑，多枝一干；迡退兼顾，虚实互舍。

明题晓述，再解后评。顺穷逆达，易状更形。

果独法通，殊优共劣；重特避难，合魂简魄。

劣焚换炉，迷岔标塔。分治合融，综要普化。

特创扩升，独击聊置，反省自悟，碎习整思。

宜广重深，师高近俊。集读提要，晓事知人。

究原索义，练觉补基。学研教用，批问思疑。

意正思新，理明序顺。避歧去冗，释疑设身。

稿长晦舍，亮前精得。他误自咎，人怨吾决。

事必求实，行弗掩饰。律己无惭，谅人有失。

思题解难，换穷值名。随趣保德，毒蛇应到。

---

[1] On Krypton, Superman was just an average Joe. But on Earth, he was Superman.

索引